Die Heizerschule

Vorträge über die Bedienung und die Einrichtung von Dampfkesselanlagen

mit einem Anhang
über Niederdruckkessel für Heizungsanlagen

Von

F. O. Morgner

Regierungsgewerberat
Leiter der Heizer- und Maschinenkurse in Chemnitz

Dritte, umgearbeitete und vervollständigte Auflage

Mit 158 Textfiguren

Springer-Verlag Berlin Heidelberg GmbH
1921

ISBN 978-3-662-24104-2 ISBN 978-3-662-26216-0 (eBook)
DOI 10.1007/978-3-662-26216-0

Ursprünglich erschienen bei Julius Springer in Berlin 1921.
Softcover reprint of the hardcover 3rd edition 1921

Aus dem Vorwort zur ersten Auflage.

Das vorliegende Buch enthält im wesentlichen meine Vorträge für Dampfkesselheizer. Hieraus erklärt sich manche seiner Eigentümlichkeiten. Zunächst habe ich in meinen Vorträgen vermieden, die Wärmelehre und die sonstigen wissenschaftlichen Grundlagen des Dampfkesselbetriebes in besonderen Abschnitten für sich zu besprechen, sondern an verschiedenen Stellen des Buches verstreut in ihrem Zusammenhange mit der praktischen Anwendung behandelt. Ich verspreche mir hiervon für die in der Praxis Stehenden ein besseres und bleibenderes Verständnis für die Theorie des Dampfkesselbetriebes und die hieraus abgeleiteten praktischen Bedienungsregeln.

In eingehender Weise sind die Verbrennungsvorgänge und die Bedienung des Kesselfeuers vom Standpunkte der Rauchverhütung und des möglichst sparsamen Kohlenverbrauches aus besprochen. Zur größeren Anschaulichkeit habe ich die Skizzen 9—17 beigefügt, die in ihrer Einfachheit eine wertvolle und nachhaltige Ergänzung zu dem geschriebenen und gesprochenen Worte bilden sollen. Ich hoffe hiermit um so mehr einen glücklichen Griff getan zu haben, als sie (mit gütiger Genehmigung des Verlages) dem in seiner Art wohl allseitig als vorbildlich anerkannten, im Auftrage des Vereins Deutscher Ingenieure herausgegebenen Werke von Haier „Die Dampfkesselfeuerungen" entnommen sind. Im übrigen sind auch die neuzeitlichsten Erscheinungen auf dem Gebiete der Dampfkesseltechnik, die Rauchgasprüfer, die mechanischen Rostbeschickungsapparate, die Wanderroste, die Steilrohrkessel, die künstlichen Zuganlagen, der Gitterschornstein, das autogene Schweißverfahren usw. gebührend berücksichtigt worden.

Bei der Besprechung der verschiedenen Kesselarten und der vielerlei zugehörigen Ausrüstungsgegenstände habe ich mich nicht auf eine Beschreibung beschränkt, sondern auch eine kritisierende Stellung eingenommen und neben den Vorzügen auch Mängel nicht übersehen, ohne jedoch hierbei brauchbare technische Leistungen verkleinern oder verwerfen zu wollen.

Die Zeichnungen und Abbildungen sind sorgfältig ausgewählt.

Mit Genehmigung des Verlages sind die Figuren 15, 18, 20—23, 29, 31—33, 35—39 und 76 dem bereits erwähnten Haierschen Werke und die Zeichnungen 51, 52, 63 und 64 dem Buche „Die Dampfkessel" von F. Tetzner (4. Auflage) entliehen.

Chemnitz, März 1913.

Aus dem Vorwort zur zweiten Auflage.

Die seit längerer Zeit vergriffene erste Auflage meiner Heizerschule hatte eine günstige Aufnahme und einen flotten, auch durch den Krieg nicht wesentlich verzögerten Absatz gefunden. Ausländische Fachkreise planten vor dem Kriege Übersetzungen derselben in die russische, polnische und holländische Sprache.

Die vorliegende zweite Auflage ist, dem fließenden Stande der Maschinen- und Feuerungstechnik entsprechend, in vielen Abschnitten wesentlich umgearbeitet worden. Hierbei habe ich namentlich mehrere von mir in letzter Zeit in Fachzeitschriften veröffentlichte Aufsätze über:

Die physikalischen Vorgänge im Kesselfeuer (der Einfluß und das Verhalten der Kohlennässe im Feuer).

Die Verhütung von Stichflammen bei der Verfeuerung von Kohlenschlamm auf Schrägrosten.

Die Lebensdauer und Schonung der Roststäbe.

Eine Gasexplosion in einem Kohlensilo (ein Beitrag über die Selbstentzündlichkeit von Braunkohlenbriketts).

verwertet.

Die Kapitel über die Verbrennungsvorgänge und die Bedienung des Kesselfeuers sind in Anbetracht ihrer besonderen Wichtigkeit einer gründlichen und ausführlichen Umarbeitung unterzogen worden, von denen der Kesselheizer und das sonstige Kesselhauspersonal mit Interesse Kenntnis nehmen werden. Maßgebend war hierbei für mich u. a. der Umstand, daß während der Kriegszeit ein erheblicher Mangel an geübten Kesselwärtern eingetreten ist, dem durch die leicht faßlichen Beschreibungen in meiner „Heizerschule" nach Möglichkeit vorgebeugt werden soll, und daß ferner die gegenwärtig eingetretene, ganz ungeheuerliche Verteuerung und Knappheit der Kohle die fachmännische Bedienung der Dampfkesselfeuerungen zu einem zwingenden Gebot für die Industriekreise machen. In dem Abschnitt über die Vorgänge im Kesselfeuer habe ich die physikalischen und chemischen Vorgänge scharf voneinander geschieden. Soweit mir die einschlägige Literatur bekannt, ist diese ausdrückliche Form bisher noch nirgends angewendet worden, so daß ich, obgleich meine Heizerschule in einer durchaus volkstümlichen Fassung geschrieben ist, in dieser Hinsicht wohl die Priorität für mich in Anspruch nehmen darf.

Einem vielfach geäußerten Wunsche der Teilnehmer an meinen Heizerkursen entsprechend und mit Rücksicht darauf, daß den Wärtern von Hochdruckkesseln auch vielfach die Bedienung von Heizungsanlagen obliegt, sind in einem Anhang (Abschnitt XIII) die Bauart und die Bedienung von Niederdruckdampfkesseln besprochen worden.

Chemnitz, März 1918.

Vorwort zur dritten Auflage.

Die zweite, seit dem Herbst 1920 vergriffene Auflage meiner Heizerschule erfreute sich, wie ihr schneller Absatz beweist, derselben Beliebtheit wie die erste. In vielen Schulen wurde sie als Lehrbuch eingeführt; sehr zahlreich war auch der Schriftwechsel, den ich ihretwegen mit Heizern, Maschinisten, Leitern von Lehranstalten und Ingenieuren aus allen Teilen des Deutschen Reiches zu führen hatte.

In der vorliegenden dritten Auflage haben besonders die Apparate zur Feuerungskontrolle, die Zugmesser und die Kohlensäurebestimmer, deren Bedeutung für die Industrie infolge unserer ungünstigen Kohlenversorgung erheblich zugenommen hat, eine eingehende Beachtung erfahren. Ferner ist aus demselben Anlaß auf die Verfeuerung der gemischten Brennstoffe und namentlich auf die der Rohbraunkohle näher eingegangen worden. Eine eingehende kritische Besprechung, die nach meinen Erwartungen in vielen Industriekreisen gern willkommen geheißen wird, habe ich den Unterwindfeuerungen zuteil werden lassen, deren Verbreitung in den letzten Jahren sehr zugenommen hat.

Im übrigen sind die Abschnitte über die Bedienung der Dampfüberhitzung und über die Niederdruckdampfkessel sowohl im Text wie auch durch Hinzufügen einiger neuerer Abbildungen den Fortschritten unserer Feuerungstechnik entsprechend verbessert worden.

Wie die Bearbeitung der ersten und zweiten Auflage habe ich auch in der vorliegenden dritten den Standpunkt aufrechterhalten, mich einer volkstümlichen Schreibweise zu bedienen und die beim Dampfkesselbetrieb zu beobachtenden Vorgänge in elementarer Auffassung zu erklären.

Möge die Heizerschule denn auch in der neuen Fassung das bleiben, was sie bisher war, nämlich ein volkstümliches Lehrbuch und möge der Beifall und die Anerkennung, die sie bisher in so hohem Maße gefunden hat, auch der neuen Auflage beschieden sein. Allen ihren Freunden und denen, die mich bei ihrer Ausarbeitung durch Kritik, Anregungen und Überlassung von Zeichnungen unterstützt haben, sei hiermit noch pflichtschuldiger Dank entboten.

Chemnitz, den 25. Mai 1921.

F. O. Morgner.

Inhaltsverzeichnis.

Einleitung.

1. Die Brennstoffe.

2. Die Verbrennung.

3. Die einzelnen Brennstoffsorten.

4. Die Bedienung des Kesselfeuers.

5. Die Feuerungsanlagen der Dampfkessel.

11. Bau und Reparatur der Dampfkessel.

12. Die Ausrüstung des Dampfkessels.

13. Verhaltungsregeln für Damfkesselheizer.

14. Die Niederdruckdampfkessel.

Sonstige Zubehörteile zur Dampfanlage.

Kondenstöpfe
Druckminderungs- (Reduzier-) ventile
Rohrleitungen
Pulsometer
Dampfentöler
Schmierapparate

sind im Leitfaden **„Die Maschinistenschule“** über die Bedienung von Dampfmaschinen und Dampfturbinen von demselben Verfasser behandelt.

Fremdwörter-Erläuterungen siehe ebendaselbst.

Einleitung.

Die Wärmeverteilung in einer Dampfanlage. In einer Dampfanlage mit Auspuffdampfmaschine findet ungefähr folgende Wärmeverteilung statt. Von der in der verfeuerten Kohle enthaltenen Wärme gehen 12 Prozent durch Ausstrahlung durch das Mauerwerk, das eiserne Feuergeschränk, die Asche und Schlacke verloren, 18 Prozent ziehen in den Schornsteingasen ab und 70 Prozent enthält der erzeugte Dampf. In der Rohrleitung nach der Dampfmaschine entsteht durch die unvermeidliche Ausstrahlung ein weiterer Verlust von 5 Prozent.

In der Dampfmaschine gehen 10 Prozent der Wärme des eintretenden Dampfes durch Kondensation und Ausstrahlung verloren, 13 Prozent werden zur Überwindung der inneren Reibung der Dampfmaschine selbst verbraucht, 65 Prozent verbleiben in dem Auspuffdampf, so daß nur 12 Prozent der in die Dampfmaschine gelangten Wärme für die Nutzleistung (Abgabe von Kraft) der Dampfanlage zur Verfügung stehen.

Aufgabe des Bedienungspersonals ist es in erster Linie, auf die unbedingt nötige Betriebssicherheit der Kesselanlage zu achten und ferner dafür zu sorgen, daß dieser bei mittleren Anlagen normale Nutzeffekt durch grobe Fehler nicht herabgemindert wird. Namentlich ein tüchtiger, geschulter Kesselheizer kann durch sorgfältige Bedienung des Kesselfeuers, der Feuerungsapparate, des Dampfüberhitzers, des Ekonomisers, durch regelrechten Gebrauch der Speiseapparate, durch genaue Beobachtung des Manometers, der Zugmesser und Rauchgasprüfer, sowie durch ordentliche Instandhaltung des Kesselmauerwerks und der Wärmeschutzverkleidungen wesentliche Ersparnisse machen und Wärmeverluste rechtzeitig erkennen und vermeiden.

1. Die Brennstoffe.

Entstehung und innerer Aufbau der Brennstoffe. In Deutschland kommen für die Dampfkesselfeuerungen hauptsächlich die festen Brennstoffe: Steinkohle, Braunkohle, Torf, Holz und Koks in Betracht. Die Stein- und Braunkohlen sind, wie die Versteinerungen der Kohle und das deutliche Holzgefüge mancher Braunkohlensorten noch erkennen lassen, die Überreste von Wäldern, die vor einer langen, sich jeder menschlichen Schätzung entziehenden Zeit durch Wetterkatastrophen und Erdumwälzungen fortgeschwemmt und verschüttet worden sind. Unter dem Einfluß der Wärme, des Druckes und der Feuchtigkeit der darauf lastenden Erdschichten sind die Holzmassen dann allmählich zu Kohle geworden. Diese urzeitlichen Vorgänge haben sich in verschiedenen Zeitabständen wiederholt, so daß in den Kohlengruben Erdschichten und Kohlenflöze in mehrfacher Anzahl übereinander liegen. In einigen Kohlenrevieren gibt es bis zu 23 übereinander liegende Kohlenflöze.

Die Entstehung der Kohle weist auch ohne wissenschaftliche Untersuchung darauf hin, daß die Kohle kein einheitlicher Körper, wie z. B. das Blei oder das Kupfer, sein kann, sondern aus ähnlichen Bestandteilen wie das Holz aufgebaut sein muß. Das Holz besteht, wie beim Betrachten eines Baumstammes sofort zu ersehen ist, aus der eigentlichen Holzfaser, aus Harzen oder teerartigen Stoffen und aus Wasser. Außerdem enthält es sogenannte mineralische Bestandteile, die beim Verbrennen als Asche zurückbleiben. Dieselben Bestandteile des Holzes müssen auch in der Kohle wieder zu finden sein. Sie haben sich jedoch während der allmählichen Umbildung der verschütteten Holzmassen zu Kohle wesentlich verändert. Die anfänglich weiße oder grünliche, weiche und leichte Holzfaser ist schwarz, glänzend, steinartig, dichter und schwerer geworden: die teerartigen und harzigen Bestandteile des Holzes haben sich unter Abgabe von Gasen (d. s. die Grubengase — schlagende Wetter) gleichfalls verdichtet und der Wassergehalt der Kohle hat mit deren zunehmendem Alter abgenommen. Ferner vermischte sich die Kohle während ihrer langen Entstehungszeit stellenweise mit den darauf lastenden Sand- und Erdmassen, und nahm in manchen Gegenden auch weitere Bestandteile, z. B. Schwefel, daraus auf, die im Holze fehlen.

Die Folge davon ist, daß die Kohle mehr Asche und Schlacke enthält, daß sie sich erst bei einer höheren Temperatur entzündet und einen viel höheren Heizwert als Holz besitzt. Die Unterschiede, die in dieser Hinsicht unter den verschiedenen Kohlensorten bestehen, sind um so größer, je verschiedenartiger die ursprünglichen Holzsorten und die umgebenden Erdschichten waren und je größer der Altersunterschied der betreffenden Kohlen ist. Je jünger die Kohle ist, um so weniger weit ist der Verkohlungsprozeß fortgeschritten und um so näher steht sie noch dem Holze.

Die chemische Zusammensetzung der Brennstoffe.

Vom Standpunkte der Chemie aus untersucht man die Zusammensetzung von Körpern, wie z. B. der Kohle, auf ihren Gehalt an sogenannten Urstoffen oder Elementen, das sind solche Stoffe wie das Blei, Kupfer oder Zink, die sich auf chemischem Wege durch Säuren, Erhitzung usw. nicht weiter zerlegen lassen. Solche für die Verbrennung wichtige Grundstoffe der Brennmaterialien sind der Kohlenstoff, der Wasserstoff, der Sauerstoff und in geringerem Maße der Schwefel. Der Kohlenstoff kommt in den Brennstoffen einmal in fester Form (als Überrest der ursprünglichen Holzfaser) sowie in Verbindung mit Wasserstoff in den teerartigen Bestandteilen vor, die deshalb auch Kohlenwasserstoffe heißen. Das in nachstehender Tabelle mit aufgeführte Stickstoffgas beteiligt sich nicht an der Verbrennung. Es heißt Stickstoff, weil es die Flammen erstickt. Sein Vorkommen in der Steinkohle (etwa 2 Prozent) ist nur insofern von Bedeutung, als eine wertvolle stickstoffhaltige Verbindung, das Ammoniak, bei der Leuchtgasfabrikation als Nebenprodukt gewonnen wird.

100 kg Brennstoff enthalten	Kohlenstoff kg	Wasserstoff kg	Sauerstoff u. Stickstoff kg	Schwefel kg	Wasser kg	Asche kg	1 kg Brennstoff enthält Kalorien
Steinkohle, Kaisergrube Gersdorf bei Ölsnitz	71,45	4,76	10,06	1,30	8,91	3,52	6780
Steinkohle, Wilhelmschacht Zwickau-Oberhohndorf . . .	75,95	5,35	11,17	0,63	3,68	3,22	7295
Braunkohle, Schacht Fortschritt, Meuselwitz.	44,47	3,67	14,69	1,72	27,13	8,32	4014—4059
Roh-Braunkohle	31,12	2,79	9,42	3,87	47,45	5,35	1600—2600
Steinkohlenbriketts	83,24	4,05	3,13	1,26	1,06	7,26	7816—7830
Braunkohlenbriketts	51,73	4,34	16,37	1,50	19,40	6,68	4770—4780
	54,35	4,66	15,21	2,28	15,77	7,73	5165—5100
Holz lufttrocken	42,50	5,10	35,7	0,85	15,0	0,85	3700
Gaskoks	86	0,5	2,00	1,00	3,5	7,00	7040
Koksabfall	69,13	1,84	4,75		8,3	15,98	5000—5500
Teer.	81,0	7,0	11 + 1	—	—	—	8230

Diese Bestandteile sind nun nicht etwa in der Kohle nebeneinander geschachtelt, sondern innig miteinander verbunden. So wie etwa jedes kleine Feilspänchen eines Messingrohres aus zwei Teilen Kupfer und einem Teile Zink besteht und durch Schneiden oder Meißeln nicht in Kupfer oder Zink zerlegt werden kann, sind die Bestandteile der Kohle nicht durch Zerteilen der Kohlenstücke voneinander trennbar.

Der Kohlenstoff bildet, wie schon sein Name sagt und aus vorstehender Tabelle ersichtlich ist, den Hauptbestandteil der Steinkohle, des Kokses und der besseren Braunkohlensorten, während bei den übrigen Brennstoffen der Wassergehalt überwiegt. Nahezu reiner Kohlenstoff ist die Holzkohle (98 Prozent). Graphit und Diamant sind reiner Kohlenstoff in natürlicher Form. Ruß ist gleichfalls reiner Kohlenstoff. Er entsteht, wenn kohlenstoffreiche Verbindungen bei Luftmangel verbrennen, wie dies in den Rußbrennereien geschieht, oder wenn kohlenstoffhaltige Flammen abgekühlt werden. Er setzt sich daher sofort beim ersten Anheizen eines Kessels aus den Rauchgasflammen an den Kesselwandungen ab und bleibt auch während der ganzen Betriebszeit des Kessels daran haften, da er sehr schwer verbrennbar ist. Nur an den Kesselblechen, die von den heißesten Feuergasen bestrichen werden, das ist das Flammrohr über und hinter dem Rost, kann sich die Rußschicht nicht halten und verbrennt. Graphit ist gleichfalls sehr schwer brennbar, wovon man sich leicht überzeugen kann, wenn man eine Bleistiftspitze, die bekanntlich aus Graphit besteht, ins Feuer hält. Man benützt ihn daher zum Ausstreichen feuerfester Schmelztiegel und als Zusatz zu Schmiermitteln, die hohen Temperaturen oder großen Belastungen, z. B. durch schwere Transmissionswellen ausgesetzt sind. In der Hahnschmiere verhütet der Graphitzusatz das Festbrennen der Wasserstandshähne, wie dies bei reiner Talg- oder Ölschmierung schnell vorkommt. Daß Graphit, Diamant und Ruß trotz ihrer äußerlichen Verschiedenheit tatsächlich nur aus Kohlenstoff bestehen, ergibt sich, wie wir später noch ersehen werden, insbesondere auch daraus, daß sie beim Verbrennen dasselbe Verbrennungsgas, nämlich Kohlensäure, bilden.

Der Wasserstoff ist in reinem Zustande ein farbloses und geruchloses Gas, das bei der Verbrennung unter allen Gasen die höchste Hitze entwickelt. Er ist das leichteste von allen bekannten Gasen, weshalb er zum Füllen der Luftballons verwendet wird. Sein Verbrennungsprodukt bildet, auf gewöhnliche Temperatur abgekühlt, das Wasser (daher sein Name Wasserstoff). Der Wasserstoff ist im Wasser der Kohle enthalten und ferner an einen Teil des Kohlenstoffes gebunden und bildet dann mit diesem die sogen. Kohlenwasserstoffe, das sind die teerartigen Bestandteile. Aus ihnen werden in den chemischen Fabriken das Benzol, die Teerfarben und andere Stoffe gewonnen.

Der Sauerstoff ist gleichfalls ein farbloses und geruchloses Gas. Er ist in der Kohle zum großen Teil an den Wasserstoff, ferner an den Schwefel und an die in der Schlacke enthaltenen Elemente gebunden. Der Sauerstoff ist derjenige Bestandteil der Luft, der die Butter verdirbt, die Milch sauer macht und daher mit Recht den Namen „Sauerstoff" verdient.

2. Die Verbrennungsvorgänge.

Allgemeines über die Verbrennung. Die Verbrennung (gleichviel ob es sich um Kohle, Holz, Koks, Teer oder Gase handelt) besteht darin, daß sich die brennbaren Bestandteile mit dem Sauerstoff der Luft vereinigen. Hierbei entstehen hocherhitzte Verbrennungsgase (Heizgase), und es gerät der Brennstoff ins Glühen oder bildet eine leuchtende Flamme. Zur Einleitung der Verbrennung muß der Brennstoff zunächst auf seine Entzündungstemperatur erwärmt werden, wie wir dies beim Anzünden eines Streichholzes durch Reiben auf der Zündfläche sehen. Ist er einmal angezündet, so brennt er gewöhnlich von selbst weiter und vermag auch andere Brennstoffe mit höherer Entzündungstemperatur durch Wärmeabgabe in Brand zu setzen. Ein Feuer kann aber auch umgekehrt durch Absperrung der Luftzufuhr oder durch Abkühlung stark vermindert oder ganz ausgelöscht werden, wie wir dies beim Betreten eines Eiskellers mit einer brennenden Kerze an dem Kleinerwerden der Flamme und am Verlöschen einer Kerze unter einer luftdicht abgeschlossenen Glasglocke ersehen können.

Die Luft ist ein Gemisch aus mehreren Gasen. 100 Kubikmeter Luft enthalten (abgerundet) 21 Kubikmeter Sauerstoff und 79 Kubikmeter Stickstoff. Der Sauerstoff ist für die Verbrennung unentbehrlich. Der Stickstoff brennt überhaupt nicht. Für die Ausnutzung der Kohle ist dies sehr nachteilig, da er mit erwärmt werden muß und die Temperatur im Feuer herabdrückt. Ein Verfahren, den Sauerstoff der Luft vom Stickstoff zu trennen und ihn allein dem Feuer zuzuführen, gibt es noch nicht. Würde die Verbrennungsluft nur aus Sauerstoff bestehen, so würde die Temperatur der Verbrennungsgase 10015° Celsius betragen, infolge des Stickstoffgehaltes der Luft beträgt sie nur 2716° Celsius. Hierbei ist allerdings vorausgesetzt, daß nur die nach der theoretischen Berechnung nötige Luftmenge zur Feuerung hinzuströmt. Durch den unvermeidlichen Luftüberschuß in der Feuerung ermäßigt sich die Temperatur eines gut in Ordnung gehaltenen Feuers auf 1000 bis 1500° Celsius (d. i. ungefähr die Schmelztemperatur des Eisens).

Die vier Verbrennungsabschnitte. Bei der Verbrennung treten an jedem in ein Feuer geworfenen Kohlenstück in nachstehender zeitlicher Reihenfolge vier hauptsächliche Vorgänge auf, nämlich:

1. die Verdampfung des Wassers oder das Trocknen des Brennstoffes,
2. die Vergasung und Verbrennung der teerartigen Bestandteile oder die Verkokung der Kohle,
3. die Verbrennung der kohligen Bestandteile (d. i. der Kohlenstoff),
4. die Bildung der unverbrennlichen Rückstände, der Asche und Schlacke.

Die Verdampfung des Wassergehaltes, die Entgasung der Kohle und die Bildung der Rückstände stellen keine eigentlichen Verbrennungserscheinungen dar, weil der Wasserdampf und die aus den teerartigen Bestandteilen bestehenden Gase im Feuer nur ihre Zustandsform geändert haben, keine Verbindung mit dem Sauerstoff der Brennluft eingegangen sind und durch Abkühlung wieder in ihre anfängliche Form zurückgeführt werden können. Man nennt sie deshalb auch **physikalische Vorgänge.**

Bei der Verbrennung der vergasten teerartigen Bestandteile und des Kohlenstoffes entstehen aber völlig neue Stoffe (Gase) und zwar die chemischen Verbindungen mit dem Sauerstoff der Luft. Man nennt diese Vorgänge daher auch **chemische Vorgänge.**

Die Verbrennung der Kohle besteht demnach aus physikalischen und chemischen Vorgängen, die indes teilweise ineinander übergehen und sich weder in der Praxis noch vom wissenschaftlichen Standpunkt aus scharf voneinander trennen lassen. Die weitaus wichtigeren sind die chemischen Vorgänge, weil sie sich an dem Hauptteil der Kohle, an deren Brennmasse, abspielen und Wärme erzeugen, während die physikalischen Vorgänge nur kurze Zeit andauern, Wärme verbrauchen und nur insofern von Bedeutung sind, als sie die chemischen Vorgänge zu erschweren oder zu erleichtern vermögen.

Die einzelnen Bestandteile der Kohle, der Kohlenstoff, die teerartigen Bestandteile (die Kohlenwasserstoffe) und das Wasser verhalten sich bei der Verbrennung der Kohle sehr verschieden voneinander.

Das Verdampfen und die Bedeutung der Kohlennässe. Die beim Beschicken des niedergebrannten Feuers aufgeworfene Kohle muß von der vorhandenen Kohlenglut zunächst auf ihre Entzündungstemperatur (ungefähr 330° Celsius) erwärmt werden.

Bei dieser Erwärmung entweicht, sobald die Temperatur der aufgeschütteten Kohle auf 100° Celsius gestiegen ist, das in der Kohle enthaltene Wasser als Wasserdampf. Dieser Vorgang dauert nur kurze Zeit, aber bei Braunkohlen länger als bei Steinkohlen, da sie mehr Wasser enthalten als diese. Da die Umwandlung des Wassers in Dampf einen, wenn auch nur geringen Teil von Wärme erfordert, so verursacht der Wassergehalt der Kohle immer einen Wärmeverlust. Obgleich die Kohle demnach in möglichst lufttrockenem Zustande verfeuert und vor dem Verfeuern nicht noch besonders naß gemacht werden sollte, ist doch das vielfach übliche Anfeuchten der Steinkohle mitunter vorteilhaft. Es ist dies der Fall, um durch den aus der Kohle entweichenden Wasserdampf das Zusammenbacken der Schlacken oder um beim Verfeuern von trockener feinkörniger Kohle das Fortreißen von unverbrannten Kohlenteilen in die Feuerzüge zu verhüten. Durch den Wassergehalt kann aber auch die Entgasung der Kohle vorteilhaft verzögert und hierbei eine Kohlenersparnis erzielt werden, denn bei einer verlangsamten Vergasung ist es leichter, die Rauchgase zu verbrennen. Auch wird die Schädlichkeit des Gehaltes an äußerer Feuchtigkeit der Kohle vielfach insofern bedeutend überschätzt, als die zu ihrer Verdampfung erforderliche Wärme verhältnismäßig gering ist. Bei anderen Brennstoffen, wie Braunkohle, Koks usw., kann das Anfeuchten nicht in Betracht kommen.

Die Entgasung oder Verkokung der Kohle. Nach dem Verdampfen des Wassergehaltes entweichen die teerartigen Bestandteile, die Kohlenwasserstoffe, und gehen, wie das Wasser, in Dampfform über. Man sagt, die Kohle entgast oder verkokt. Sie lockern, zertreiben und blähen die Kohlenstücke auf, verhindern also ihr Zusammenbacken und Zusammenschmelzen bis zu einem gewissen Grade und erleichtern der Luft den Zutritt zu der Kohle. Sie verbinden sich beim Verbrennen gleichfalls mit dem Sauerstoff der Luft und bilden die Flamme. Sie zerfallen in der Hitze zunächst in ihre Urbestandteile, den Kohlenstoff und den Wasserstoff, woraus als Verbrennungsprodukte Kohlensäure und sehr hoch erhitzter Wasserdampf entstehen. Entweichen aus der Kohle viel Gase, so können sie sich nicht sofort mit der Verbrennungsluft vermischen und füllen nicht nur den Verbrennungsraum über dem Rost aus, sondern treten auch in den dahinter liegenden Feuerzug über. Es brennt dann bei solchen Kohlensorten die Flamme weit in den Feuerzug hinter der Feuerbrücke hinein.

Die Entstehung des Rauches. Ist die Temperatur im Feuerraum durch das Aufschütten frischer Kohle zu weit abgekühlt, und zwar unter die Entzündungstemperatur der entweichenden Teerdämpfe (300° Celsius), so ziehen letztere unverbrannt als grauer oder schwarzer Rauch ab. Der Rauch, der demnach aus brennbaren Gasen, und zwar aus Teer- und Erdpechdämpfen besteht, bedeutet somit immer eine unvollständige Ausnutzung der Kohle oder einen Verlust bei der Kohlenfeuerung.

Treffen die aus der frisch aufgeworfenen Kohle austretenden Gase zwar eine genügend hohe Temperatur im Feuer an (wie dies etwa bei Vorfeuerungen mit gemauertem Feuerraume der Fall ist, Fig. 23), fehlt es aber an der genügenden Luftmenge, so können sie gleichfalls nicht verbrennen. Sie kühlen sich dann auf dem Wege bis zur Schornsteinmündung weiter ab und verdichten sich auch in diesem Falle zu Rauch. Brennstoffe mit geringem Gehalt an teerartigen Bestandteilen, Anthrazit, Holzkohle, Koks usw., lassen sich daher leichter rauchschwach verfeuern als Kohlensorten mit hohem Gas- und Erdpechgehalt. Die flüchtigen Bestandteile der Kohlen sind im allgemeinen um so leichter brennbar, je jünger die Kohle ist, infolgedessen ist auch die Rauchentwicklung beim Braunkohlen- oder Holzfeuer leichter vermeidbar als beim Steinkohlenfeuer.

Die vollständige und unvollständige Verbrennung des Kohlenstoffes. Der Haupt- und Stammbestandteil der Kohle, der Kohlenstoff, verbrennt in zwei Abstufungen; er verbindet sich an seiner glühenden Oberfläche mit dem Luftsauerstoff zunächst zu Kohlenoxydgas, das bei ausreichendem Luftzutritt und bei der verhältnismäßig niedrigen Temperatur von 300° Celsius zu Kohlensäure weiterverbrennt (d. i. dieselbe Kohlensäure wie in den Kohlensäureflaschen für die Bierdruckapparate und im Selterswasser), bei Luftmangel in der Feuerung (also bei verschlacktem Rost, ungenügendem Essenzug oder zu hoher Feuerschicht, die einen sehr hohen Luftbedarf und infolgedessen einen sehr starken Essenzug erfordert) jedoch unverbrannt abzieht. Die Kohlensäure ist nicht weiter brennbar. Man nennt daher allgemein die Verbrennung zu Kohlenoxydgas die **unvollständige** und die Verbrennung zu Kohlensäure die **vollständige** Verbrennung des Kohlenstoffes. Um zu Kohlensäure zu verbrennen, verbraucht 1 Kilogramm Kohlenstoff 2,4 Kubikmeter Sauerstoff, der in 11,4 Kubikmeter Luft enthalten ist. Für die Verbrennung zu Kohlenoxydgas ist jedoch nur die Hälfte dieser Sauerstoff- oder Luftmenge erforderlich.

Diese Verbrennungsvorgänge sind insofern von größter Wichtigkeit für die Dampfkesselbedienung, als bei der Verbrennung des Kohlenstoffes zu Kohlenoxydgas, also bei seiner unvollständigen Verbrennung, nur etwa der **dritte Teil** der Wärmemenge wie bei der vollständigen Verbrennung entsteht. Der Heizer muß daher darauf sehen, daß die Rauchgase kein oder möglichst wenig Kohlenoxydgas enthalten. Dies ist auch der Grund, weshalb man die Rauchgase im Essenfuchs auf ihren Gehalt an Kohlensäure und Kohlenoxydgas untersucht. Der geübte Heizer erkennt das Kohlenoxydgas an der bläulichen, kurzen Flamme, mit der es über der Grundglut des Feuers zu Kohlensäure verbrennt, doch kann diese Verbrennung auch bereits innerhalb der Glühschicht erfolgen und dabei keine Flamme sichtbar sein. Im übrigen sind die Kohlensäure und das Kohlenoxydgas farblos und geruchlos. Der Heizer muß also, da äußerlich wahrnehmbare Unterscheidungsmerkmale zwischen beiden Gasen nicht vorhanden sind, darauf achten, daß genügend Luft zum Feuer hinzutreten kann, den Rost erforderlichenfalls abschlacken, den Luftzug verstärken oder die Feuerschicht niedriger halten oder mit dem Schüreisen aufbrechen und lockern.

Tritt die unvollständige Verbrennung nicht bloß vorübergehend auf, und erstreckt sie sich ferner auf die ganze Feuerung, so macht sich der damit verbundene enorme Wärmeverlust durch schnelles Fallen des Dampfdruckes bemerkbar, so daß der Heizer einen deutlichen Hinweis auf einen Mangel im Feuer erhält. (Das Kohlenoxydgas ist übrigens giftig und wirkt, in größeren Mengen eingeatmet, tödlich, indem es das Blut verändert.)

Die unverbrennlichen Bestandteile der Brennstoffe bleiben zurück. Je nachdem sie einen mehr oder minder hohen Schmelzpunkt haben, fließen sie zusammen und bilden auf dem Rost eine zusammenhängende Masse, die Schlacke, oder fallen als einzelne Körner (Asche) durch die Rostspalten hinunter in den Aschenfall.

Von den sonstigen Bestandteilen der Kohle ist noch der **Schwefel** brennbar. Er verbindet sich beim Verbrennen mit dem Sauerstoff der Luft zu schwefliger Säure, die für den Heizwert der Kohle ohne Belang ist, sich aber mitunter durch ihre Schädlichkeit für die Umgebung der Kesselanlage bemerkbar macht.

Der theoretische und praktische Luftbedarf des Feuers. Die Luft muß ausreichen erstens für die Verbrennung der brennbaren Gase aus den teerartigen Bestandteilen der Kohle und zweitens für die vollständige Verbrennung des festen Kohlenstoffes zu Kohlensäure.

In der Praxis ist es jedoch nicht möglich, nur mit derjenigen Luftmenge auszukommen, die nach der wissenschaftlichen Berechnung gerade zur Verbrennung ausreichen würde. Es läßt sich die zugeführte Luft auch bei den besten Rostanlagen nicht so verteilen, daß der gesamte darin enthaltene Sauerstoff beim Verbrennen restlos aufgezehrt wird. Man muß daher in allen Dampfkesselfeuerungen mit einem Luftüberschuß arbeiten. Da indes ein Luftüberschuß ebenso wie ein Luftmangel, wie wir gesehen haben, Wärmeverluste und somit einen unnötigen Aufwand an Kohle herbeiführt, muß er möglichst gering bleiben. Seine Höhe kann man aus dem Sauerstoff- und Kohlensäuregehalt der Heizgase ersehen und durch die Schichthöhe des Feuers oder durch verändertes Einstellen des Essenzuges regulieren. Würde es möglich sein, die Kohle nur mit der theoretischen Luftmenge vollständig zu verbrennen, so würden die aus dem Feuer abziehenden Gase bei einer Kohle mittlerer Güte etwa 19,2 Prozent Kohlensäure enthalten, die übrigen 80,8 Prozent würden in erster Linie Stickstoff sein, da derselbe, wie schon früher erwähnt, überhaupt nicht brennt; je nach dem Wassergehalt der Kohle würden diese 80,8 Prozent auch etwas Wasserdampf und die Verbrennungsgase des Schwefels, Schwefeloxydgas, enthalten; Sauerstoff würde völlig fehlen. Arbeitet man mit einem Luftüberschuß im Feuer, so ändert sich die Zusammensetzung der Heizgase derart, daß ein Sauerstoffgehalt in den Heizgasen auftritt und der Kohlensäuregehalt dagegen geringer wird. Im allgemeinen begnügt man sich bei den Dampfkesselfeuerungen damit, wenn die im Essenfuchs abziehenden Gase 11 bis 14 Prozent Kohlensäure aufweisen, Kohlenoxydgas soll nicht darin enthalten sein. Der Sauerstoffgehalt soll in gut bedienten Feuern etwa 4 bis 5 Prozent, jedenfalls nicht über 8 Prozent betragen. Ist der Gehalt an Kohlensäure geringer als 9 bis 14 Prozent, und an Sauerstoff größer als 4 bis 5 Prozent, so ist der Luftüberschuß in der Feuerung zu groß.

In der Praxis muß man dem Kesselfeuer das $1^1/_2$fache bis das Doppelte derjenigen Luftmenge zuführen, die eigentlich zur vollständigen und richtigen Verbrennung der Kohle ausreichen würde und die man deshalb auch die theoretische Luftmenge nennt. Läßt man zum Feuer weniger als das $1^1/_2$fache der theoretischen Luftmenge hinzutreten, so ist dies nicht wirtschaftlich, weil dann die Entstehung großer Mengen von Kohlenoxydgas unvermeidbar ist und hierbei, wie wir bereits gesehen haben, erst recht keine gute Wärmeausnutzung der Kohle erreicht wird.

Wie schnell die Wärmeverluste bei größerem Luftüberschuß zunehmen, zeigt nachstehende Tabelle, die für mittelgute Steinkohle und eine Abgastemperatur von 270° Celsius berechnet ist. Man ersieht daraus, wie wichtig es ist, daß der Luftüberschuß in der Feuerung nicht zu groß wird.

Bei einem Kohlensäuregehalt von . .	19,2	15	13	12	10	8	6	4	2 Prozent
ist der Luftüberschuß	1	1,3	1,5	1,6	1,9	2,4	3,2	4,7	9,5 mal so groß als theoretisch erforderlich.
Der Kohlenverlust beträgt dann . . .	0	12	14	15	18	23	30	45	90 Prozent

Untersuchung der Feuergase. Es empfiehlt sich, die Dampfkesselfeuerungen durch öftere Untersuchung der Heizgase zu kontrollieren. Man benutzt hiezu besondere Apparate, sogenannte Rauchgasprüfer, mittels welcher man feststellt, wieviel Kohlensäure, Kohlenoxydgas und Sauerstoff in den Essengasen enthalten sind. Die gebräuchlichsten dieser Untersuchungsverfahren bestehen darin, daß man mittels jener Apparate aus dem Essenfuchs eine bestimmte Rauchgasmenge — gewöhnlich 100 Kubikzentimeter — heraussaugt und diese Gasprobe der Reihe nach durch drei Behälter mit je einer besonderen Flüssigkeit hindurchdrückt. Die eine Flüssigkeit saugt dann die Kohlensäure, die andere das Kohlenoxydgas und die dritte den Sauerstoff aus der Rauchgasprobe auf, so daß man aus der in drei Abstufungen entstehenden Verringerung der Rauchgasprobe die Mengen der darin enthalten gewesenen einzelnen Gase ersehen kann. Preßt man z. B. 100 Kubikzentimeter Rauchgase durch eine Ätzkalilösung, so wird nur die Kohlensäure der Gasprobe von der Ätzkalilösung aufgesaugt, während die übrigen Gase wieder aus ihr austreten. Bleiben dann von der Gasprobe nur noch

88 Kubikzentimeter übrig, so betrug der Kohlensäuregehalt der Feuergase = 100 — 88 = 12 Prozent. Für die gewöhnliche Kesselhauskontrolle genügt die Bestimmung des Kohlensäuregehaltes.

Ein neuer vielfach in Gebrauch befindlicher derartiger Apparat ist in Fig. 1 und 2 abgebildet. Er stammt von dem Zivilingenieur Arndt, der sich als Spezialist seit etwa 1895 mit der Konstruktion dieser Apparate befaßt und von dem auch die Arndtsche Rauchgaswage (Fig. 3) und der weit verbreitete Adosapparat herrühren. Der

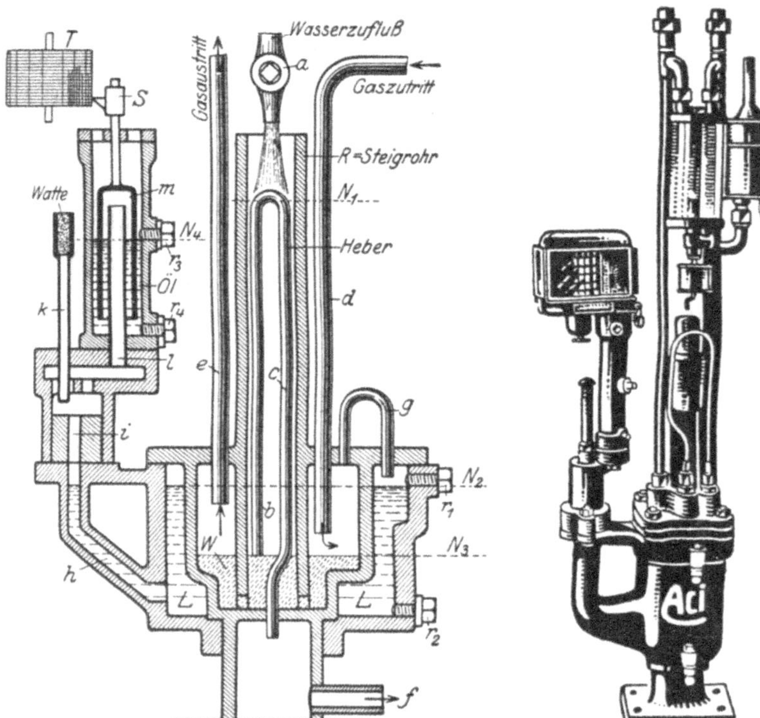

Fig. 1 u. 2. Feuerungskontrollapparat Aci der Firma Gesko M. Arndt & Co., Köln.

Aciapparat arbeitet wie folgt. Durch den kleinen Hahn a fließt ständig Wasser zu. Letzteres steigt in dem Rohr R und zugleich in dem Schenkel b des Hebers in die Höhe. Hierbei wird die Rauchgaszufuhr aus dem Gasrohr d unterbrochen, sobald dessen untere Öffnung vom Wasser verschlossen ist. Die Gase in dem Behälter W können beim weiteren Ansteigen des Wassers zunächst noch durch das Rohr e entweichen, bis auch dieses unten durch das Wasser versperrt wird. Die in dem Behälter W alsdann eingeschlossenen Rauchgase werden nunmehr durch das Röhrchen g hindurch nach dem Behälter L gedrückt, dessen Lauge die Kohlensäure absorbiert. Die Lauge wird hierbei in den Kanälen h und i in die Höhe gedrückt, und zwar um so mehr, je weniger Kohlensäure aufgesaugt worden ist. Beim Ansteigen der Lauge tritt zunächst die Luft durch das Rohr k hindurch aus dem Apparat heraus, bis das untere Ende des Rohres k durch die Lauge verschlossen wird und die im Rohr l eingeschlossene Luft die bewegliche Glocke m hebt, die an einem Hebelgestänge die Schreibfeder S auf der Papierrolle T aufwärts schiebt.

Ist das Wasser in dem Rohr R bis zur Höhe N_1 gestiegen, so tritt der Heber in Tätigkeit. Das Rohr R und der Behälter W werden alsdann schnell bis zur unteren Mündung des Rohrschenkels b entleert, so daß die Rauchgase wieder durch den Apparat hindurchströmen können und die Lauge wieder in die Lage N_2 zurückkehrt. Zugleich gehen auch die Glocke m und mit ihr der Schreibstift S in die Anfangsstellungen zurück.

Die Lauge ist durch das Entlüftungsrohr täglich bis zur Niveauschraube r^1 aufzufüllen; ebenso das Öl im Glockenbehälter bis zur Schraube r_2. Die Schrauben r_2 und r_4 sind Ablaßschrauben. Das Rohr k erhält oben zur Verhütung der Verschmutzung durch Staub einen Wattepfropfen. Das aus dem Heber periodisch abfließende Wasser wird durch das Rohr f abgeleitet. Die Rauchgase werden am zweckmäßigsten am Ende des ersten Feuerzuges entnommen, weil hier die Verbrennung beendet ist und die Rauchgase auch noch nicht durch falsche Luft, die etwa durch undichtes Mauerwerk Zutritt erlangt hat, verändert sind. Das Ansaugen der Gase wird durch einen kleinen, mit Wasser betriebenen Injektor am Gasrohr e bewirkt. Bevor sie in den Apparat gelangen, werden sie in einem (nicht gezeichneten) Filter mit Holzwolle vom mitgeführten Staub gereinigt. Der Apparat muß genau in der Wage stehen und selbstverständlich gut abgedichtete Rohranschlüsse haben. Er ist aus Metall hergestellt, also sehr dauerhaft.

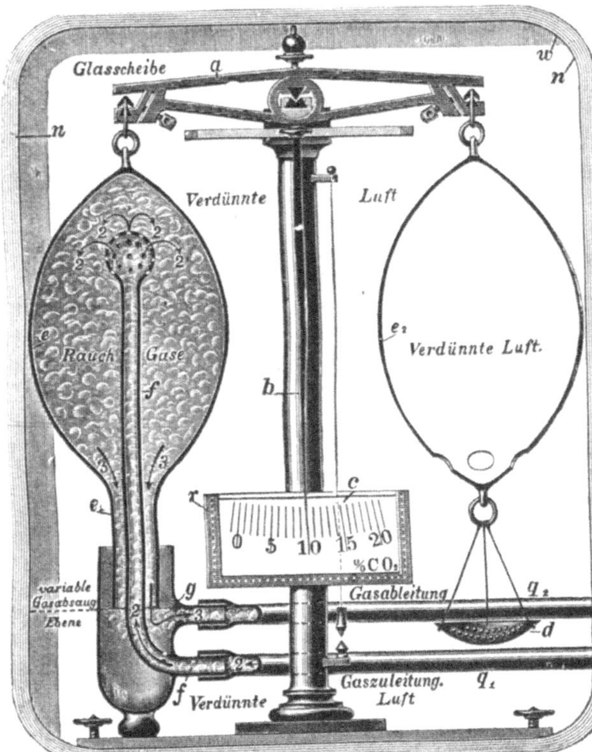

Fig. 3. Arndtsche Rauchgaswage zur Kohlensäurebestimmung.

Ein Rauchgasprüfer anderer Art ist die Arndtsche Patent-Gaswage von der Firma Wwe. Schuhmacher, Köln (Fig. 3). Sie beruht darauf, daß die Kohlensäure ungefähr 1,5mal so schwer ist als die atmosphärische Luft. Es wird daher das in nebenstehender Abbildung links befindliche, mit Rauchgasen gefüllte Hohlgefäß den Wagebalken um so tiefer nach unten ziehen, je mehr Kohlensäure darin enthalten ist. Der Zeiger auf der Skala zeigt während der Benutzung der Wage ohne weiteres an, wieviel Prozent Kohlensäure in den Rauchgasen enthalten sind. Der Apparat wird durch zwei Rohre mit den Rauchgaskanälen verbunden, so daß infolge des Schornsteinzuges fortwährend ein Teil der Rauchgase in langsamem Strome hindurchfließt. An einer Seitenwand besitzt der übrigens luftdicht verschlossene Apparat eine mit einem Wattepfropfen ausgefüllte Öffnung, die einem schwachen Luftstrome den Zutritt zum Innenraume des Apparates gestattet. Bevor die Rauchgase in den Wägeapparat eintreten, werden sie in Holzwolle- und Wattefiltern gereinigt und in einem mit Kalziumkarbid gefüllten Behälter vom Wasserdampf befreit. Die Geschwindigkeit, mit welcher die

Rauchgase den Apparat durchströmen, ist mittels eines Tropfenzählapparates vom Heizer einzustellen. Sie darf nicht zu groß und auch nicht zu klein sein, da andernfalls der Apparat den Kohlensäuregehalt der Rauchgase nicht richtig anzeigt. Namentlich durch eine zu große Geschwindigkeit wird das Hohlgefäß von den durchströmenden Rauchgasen nach unten gezogen und ein zu hoher Kohlensäuregehalt angezeigt. Die Rauchgaswage hat mehr ein historisches Interesse, sie ist nur in wenigen Exemplaren ausgeführt worden.

Der Gebrauch der Rauchgasprüfer erfordert zwar einige Übung, ist jedoch von jedem Kesselheizer leicht erlernbar. Zeigt der Apparat zu wenig Kohlensäure an, so ist nicht nur das Feuer besser zu bedienen, sondern der Heizer muß auch nachsehen, ob das Kesselmauerwerk dicht hält und nicht irgendwo kalte Luft in die Kesselzüge einströmt, da auch hierdurch der Kohlensäuregehalt der Rauchgase in schädlicher Weise vermindert wird. Die Apparate sind gewissenhaft zu bedienen und gut instand zu halten, wenn sie immer richtig arbeiten sollen. In diesem Falle machen sie sich aber auch durch die Kohlenersparnis bald bezahlt. Eine eingehende Gebrauchsanweisung und eine der jeweils verfeuerten Kohlensorte entsprechende Tabelle, ähnlich wie auf Seite 7, werden jedem Apparate beigefügt und sind im Kesselhause auszuhängen. Der Heizer kann daher jederzeit ersehen, mit welchem Luftüberschuß und Kohlenverlust er arbeitet, und dementsprechend die Zugstärke ausfindig machen, bei welcher letzterer am geringsten ist und der Dampfdruck sich am besten halten läßt.

Unter dem **Heizwert der Brennstoffe** versteht man die Zahl der Wärmeeinheiten, die man aus 1 Kilogramm Brennstoff bei der vollständigen Verbrennung erhält. Eine Wärmeeinheit oder Kalorie (vom lateinischen Worte calor d. i. Wärme) ist die Wärmemenge, die notwendig ist, um die Temperatur von 1 Kilogramm (= 1 Liter) Wasser um 1° Celsius zu erhöhen (siehe Tabellen Seite 2 u. 11).

Der Heizwert ist abhängig von der Zusammensetzung des Brennstoffes, d. h. von seinem Gehalt an brennbaren Bestandteilen, an Kohlenstoff, Wasserstoff und den unverbrennlichen Bestandteilen, der Asche und der Schlacke. Für die praktischen Verhältnisse kommt außerdem noch das Verhalten des Brennstoffes im Feuer in Betracht. Haben wir z. B. zwei Kohlensorten, die nach der wissenschaftlichen Untersuchung gleichen Heizwert haben, so kann der Wert dieser Kohlen doch sehr verschieden sein, je nachdem die eine Kohlensorte mehr oder weniger bösartig backt, schlackt usw. und infolgedessen für die Feuerung weniger Wert hat. Eine Kohlensorte mit hohem theoretischen Heizwert kann daher einen geringeren praktischen Heizwert haben und eine geringere Verdampfung ergeben als eine andere Kohle mit geringerem theoretischen Heizwerte, die aber gleichmäßig verbrennt und eine lockere Schlacke zurückläßt. Der theoretische Heizwert der Kohle kann daher nicht allein für den Preis der Kohle maßgebend sein. Er wird in chemischen Laboratorien bestimmt, indem man aus einer Kohlenprobe (ungefähr 1 Gramm) feststellt, wieviel Kohlenstoff, Wasserstoff, Sauerstoff und Schwefel darin enthalten sind, und man berechnet dann auf Grund einer Formel den Wärmegehalt. Genauere Ergebnisse erhält man bei einer anderen Methode, die darin besteht, daß man eine genau abgewogene Brennstoffmenge in einem geschlossenen Gefäß (Kalorimeter) verbrennt und die Verbrennungsgase in einer vom Wasser umspülten Rohrschlange bis auf die Temperatur der Außenluft abkühlt. Aus der Temperaturerhöhung des Kühlwassers berechnet man dann den Wärmegehalt der verbrannten Kohlenprobe.

Ganz genau läßt sich der Heizwert einer Kohle überhaupt nicht bestimmen, bei aller Gründlichkeit und Gewissenhaftigkeit zeigen sich in den Untersuchungsergebnissen beträchtliche Heizwertunterschiede. Das Schwierige bei der Feststellung des Heizwertes ist aber nicht die Laboratoriumsuntersuchung, sondern die Probeentnahme, bei welcher die größte Vorsicht anzuwenden ist, um einen richtigen Durchschnittswert zu erhalten. Bei großen, namentlich den staatlichen Kaufabschlüssen ist es üblich und jedenfalls auch sehr zweckmäßig, von den Kohlenzechen eine Garantie über einen Mindestheizwert der Kohle zu verlangen.

In der Tabelle auf Seite 2 ist der Heizwert einiger Brennstoffe angegeben. Man ersieht daraus, daß die Steinkohle einen viel höheren Heizwert besitzt als die Braunkohle. Der Heizwert von Braunkohlenbriketts kommt dem Heizwert einer mittelguten Steinkohle ziemlich nahe. Die in der Tabelle genannten Zahlen beziehen sich zwar nur auf ganz bestimmte Brennstoffe, doch lassen sie auch allgemeine Schlüsse auf die Heizwertunterschiede zwischen den verschiedenen Kohlensorten zu. Es enthalten im allgemeinen 1 Kilogramm

deutsche Braunkohlen	2400—3000	böhm. Braunkohlen	4000—4500
bayrische Steinkohlen	4500—5400	sächsische Steinkohle	5800—6400
schlesische Steinkohlen	6300—7300	Saarkohle . . .	6500—7700
Ruhrkohle	7000—8000	englische Steinkohle	7700—8000
Braunkohlenbriketts .	4700—5000	Steinkohlenbriketts .	6000—6400
Rohbraunkohle . .	1600—2500	Koks	6000—7000

Wärmeeinheiten.

3. Die einzelnen Brennstoffsorten.

Der Heizer muß über den Heizwert, die sonstigen Eigenschaften und möglichst auch über den Preis der verfügbaren Kohle unterrichtet sein.

Die Steinkohle ist von allen Kohlensorten am ältesten: daher besitzt sie den größten Heizwert. Nach ihrem Verhalten beim Erhitzen bezeichnet man sie als Sandkohle, wenn sie in eine lose Masse zerfällt, als Sinterkohle, wenn sie sich zu einer aus kleinen Stücken bestehenden Masse verbindet, und als Backkohle, wenn sie sich im Feuer stark aufbläht, schmilzt und zusammenbäckt. Für die Dampfkesselfeuerung eignet sich am wenigsten eine backende Kohle, weil sie das Feuer verschlackt und den Luftzutritt erschwert.

Man mischt daher derartige Kohlen etwa bis zu einem Drittel oder Viertel mit Braunkohlenbriketts oder kleinstückiger Braunkohle, die schneller als die Steinkohlen verbrennen, durch ihre sandartige Asche das Zusammenbacken der Steinkohle verhindern und das Feuer luftdurchlässiger halten.

Für das Verhalten der Kohlen im Feuer ist noch ihr Gehalt an flammbaren Bestandteilen von Wichtigkeit, die sich aus dem Teer der frisch aufgeworfenen Kohlen als Gase verflüchtigen und beim Verbrennen die Flamme des Feuers bilden. Man bezeichnet daher die Kohlen auch nach ihrer Flammenbildung als lang-, mittel- und kurzflammig oder nach der Höhe des Gehaltes an teerartigen Stoffen als Fett- oder Eßkohlen und als Magerkohlen. Eine sehr kurzflammige Kohle ist der Anthrazit mit etwa 5 bis 10 Prozent flüchtigen Bestandteilen. Wegen seines hohen Preises wird er nur zur Hausbrandkohle und zu Erzeugung von Sauggas für Gasmotoren verwendet. Eine sehr gasreiche Kohle ist die Cannelkohle (vom englischen candle = Licht, weil sie mit lebhafter Flamme brennt). Die sächsischen Steinkohlen enthalten im allgemeinen weniger vergasbare Bestandteile als die übrigen deutschen Steinkohlen. Die gasarmen Kohlen erfordern zu ihrer Entzündung sehr hohe Anfangstemperatur und sehr lebhaften Essenzug.

Die Braunkohle ist jünger als die Steinkohle. Manche Sorten haben noch deutliches Holzgefüge, während dies bei anderen nicht mehr der Fall ist. Man unterscheidet nach ihrer äußeren Beschaffenheit Lignit oder fossiles Holz, ferner erdige Braunkohle, das ist ein geringwertiger, pulveriger und glanzloser Brennstoff, und stückige, der Steinkohle äußerlich ähnliche Braunkohle, z. B. die böhmische Braunkohle. Die

Braunkohle enthält im Gegensatz zur Steinkohle viel Wasser und zwar 25 bis 35 Prozent. Man erkennt daher auch die Braunkohlenfeuerungen mitunter schon von weitem an dem weißlichen, dem Schornsteine entströmenden Dampfschwaden. Braunkohlen mit hohem Wassergehalt haben einen niedrigen Heizwert und können daher, wenn weite und teure Transportwege in Frage kommen, nicht mit der Steinkohle in Wettbewerb treten. Die Entzündungstemperatur der Braunkohle und namentlich auch der darin enthaltenen teerartigen Stoffe liegt wesentlich niedriger als bei der Steinkohle. Infolgedessen läßt sich der Rauch in den Braunkohlenfeuerungen leichter verhüten. Der Verbrennungsrückstand der Braunkohle besteht nur zu einem geringen Teile aus zusammenhängender Schlacke, zum großen Teil ist er bröcklig und fällt durch die Rostspalten hindurch in den Aschenraum. Infolge ihrer Minderwertigkeit erfordert die Braunkohle große Rostflächen (Treppenroste), wenn im Kessel dieselbe Dampfmenge wie bei Steinkohlenfeuerung erzeugt werden soll. Dies gilt namentlich für die **Rohbraunkohle**, die viel erdige Rückstände (Asche), 40—50% Wasser enthält und auf Planrosten nur als Streckmittel (bis zu $^1/_4$) für Steinkohle und Briketts und mittels Unterwind verfeuerbar ist. Zur Erzielung einer hohen Feuertemperatur ist bei ihrer alleinigen oder vorwiegenden Verfeuerung ein feuerfestes Gewölbe einzubauen.

Der Torf ist der Überrest verschiedener Sumpf- Wiesen- und Heidepflanzen, die sich unter Wasser bei mittlerer Temperatur zersetzt haben. Er kommt nur in Ländern der gemäßigten Zone vor. Indem auf den abgestorbenen Pflanzen immer wieder neue wachsen und untergehen, haben sich Torfablagerungen von ziemlich großer Höhe und weiter Fläche gebildet. So bedecken die Moore bei Ems eine Fläche von annähernd 3000 Quadratkilometern. Infolge seines hohen Wassergehaltes, der bei lufttrockenem Torfe immer noch ein Viertel bis ein Drittel des Gewichtes beträgt, ist er ein ziemlich minderwertiger Brennstoff, und es kann auch der durch Pressen verdichtete Torf, der sogen. Preßtorf, nur in der Umgebung der Torflager verfeuert werden. Auf weite Entfernungen würde sich sein Transport nicht lohnen. Häufig ist der Torf noch mit beträchtlichen erdigen Beimengungen durchsetzt, die beim Verbrennen als Asche zurückbleiben.

Das Holz kann bei uns für Dampfkesselfeuerungen nur als Abfall, in Sägewerken, Tischlereien usw. in Betracht kommen. Es hinterläßt beim Verbrennen sehr wenig Asche und hat frisch gefällt 40 Prozent, in lufttrockenem Zustand 20 Prozent Wasser, wodurch sein Heizwert sehr herabgedrückt wird. Die vergasbaren Bestandteile des Holzes sind noch leichter entzündlich als bei der Braunkohle, weshalb Holzfeuerungen bei einigermaßen richtiger Anlage sehr wenig rauchen. Große Holzstücke, die bei unserer Kohlennot vielfach als Notbehelf verfeuert werden, sind zu zerkleinern, wenn ihr Heizwert gut ausgenutzt und der Luftüberschuß nicht zu hoch werden soll.

Briketts oder Preßkohlen. In den Braunkohlengruben wird ein sehr beträchtlicher Teil, mitunter die Hälfte und drei Viertel der gesamten gewonnenen Kohlenmenge, als Feinkohle zutage gefördert, die man früher auf der Halde liegen ließ oder nur mühsam in der nächsten Umgebung der Kohlengruben zu schlechten Preisen unterzubringen vermochte. Heute trocknet man diese feinen und lockeren Braunkohlen in besonderen mit Dampf geheizten Apparaten und preßt sie dann unter einem Drucke von 1000 bis 1500 Atmosphären zu Briketts. Bei der Erwärmung dieser Braunkohlen wird das darin enthaltene Harz oder Erdpech zähflüssig und verkittet die Kohlenteile beim Erkalten zu einer festen, dauerhaften Masse. Da die Braunkohlen bei der Brikettierung nahezu ihr sämtliches Wasser verlieren, wird der Heizwert der Briketts gegenüber dem der Förderkohle erheblich gesteigert, so daß er dem einer mittleren Steinkohle gleichkommt.

Die Steinkohlenbriketts werden aus dem bei der Förderung und Aufbereitung erhaltenen Kohlengrus bis zu 7 Millimeter Korngröße hergestellt. Da die Steinkohle von Anfang an viel weniger Wasser als die Braunkohle enthält, wird sie vor der Brikettierung nur in beschränktem Maße, hauptsächlich nur bei Verwendung von gewaschener Kohle, getrocknet. Sie muß jedoch vor dem Brikettieren, was mit einem Drucke von 200 bis 300 Atmosphären geschieht, mit einem besonderen Bindemittel, wie Pech, Harz oder Asphalt, innig gemischt werden, da die Steinkohlenbriketts andernfalls nach dem Erkalten und beim Lagern wieder zerbröckeln.

Die Stein- und Braunkohlenbriketts sind ein sehr gutes Feuerungsmaterial. Ihre Vorzüge bestehen in der gleichmäßigen Größe, der gleichartigen Zusammensetzung und in der erhöhten, in der Verminderung des Wassergehaltes begründeten Heizkraft. Auch sind die Steinkohlenbriketts infolge des Zusatzes an Bindemitteln und die Braunkohlenbriketts infolge des verringerten Wassergehaltes leichter entzündlich und verbrennen mit längerer Flamme als die Rohkohlen. Manche Braunkohlenbriketts haben jedoch eine sehr geringe Wetterbeständigkeit und Festigkeit und zerfallen bei der Lagerung im Freien mitunter schon nach ganz kurzer Zeit.

Der Koks entsteht in den Kokereien und Gasanstalten, indem aus Back- oder Sinterkohlen die vergasbaren Bestandteile ausgetrieben werden und die festen Bestandteile als Koks zurückbleiben. Er verbrennt fast rauchlos, enthält weniger Schwefel als die Kohle und wird daher für Dampfkesselfeuerungen verwendet, bei denen eine Belästigung der Umgebung durch Rauchgase unter allen Umständen vermieden werden muß, z. B. bei Straßenwalzen, Dampfkesseln für die pneumatische Düngerabfuhr in den Städten usw. Die Schlacke sammelt sich hauptsächlich im Koksabfall an. Es gibt Stückkoks, der nahezu völlig (bis zu 97 Prozent) aus verbrennbaren Bestandteilen besteht und infolgedessen wenig Asche und Schlacke hinterläßt. Koksabfall hat jedoch einen Schlackengehalt bis zu 20 Prozent seines Gewichtes, so daß sein Heizwert beträchtlich niedriger als der des Stückkokses ist.

Infolge seines ganz geringen Gehaltes an flüchtigen Bestandteilen entzündet er sich sehr schwer und wird während des Brennens nicht locker und mürbe. Er verbrennt im wesentlichen an der Oberfläche und verlangt eine möglichst innige Berührung zwischen Luft und Oberfläche. Für Kesselfeuerungen sind daher in erster Linie gebrochener Koks kleiner Körnung oder auch Siebkoks zu empfehlen. Auch muß die Schütthöhe größer gewählt und ein scharfer (künstlicher) Zug verwendet werden. In manchen Feuerungen ist Koks als ausschließlicher Brennstoff überhaupt nicht verwendbar. Gemische aus Kohlen und Koks müssen sorgfältig ausprobiert werden, wenn der Koks richtig mitverbrennen und nicht in der Schlacke verloren gehen soll. Eingehende während der Kriegszeit angestellte Versuche haben ergeben, daß schon eine Koksbeimischung von nur 10 v. H. für den Wirkungsgrad der Feuerung und die Verdampfung nachteilig ist.

Der Braunkohlenkoks entsteht nur als Nebenprodukt bei der Vergasung von Braunkohle zum Zwecke der Paraffingewinnung. Er ist bröcklig, leicht zerreiblich und wird für Dampfkesselfeuerungen überhaupt nicht benutzt. In Tischlereien, Kartonnagenfabriken und anderen Betrieben dient er in kleinen Öfen (Grudeöfen) zum Warmhalten des Leimes.

Lagerungsverlust und Selbstentzündung der Kohle. Bei längerer Lagerung im Freien verwittert jede Kohle und verliert dabei mitunter einen ganz wesentlichen Teil ihres Heizwertes. Der Verlust ist um so größer, je feiner und gashaltiger die Kohle ist. Bei Feinkohle steigt er mitunter nach 3 Monaten bis zu 20 Prozent an. Die Verwitterung der Kohlen vollzieht sich beträchtlich schneller, wenn sich der Kohlenhaufen im Innern durch den eigenen Druck erwärmt. Diese Erwärmung kann zur Selbstentzündung der Kohle führen. Um der Verwitterung vorzubeugen, darf man daher die Kohle nicht in zu hohen Haufen lagern, und muß man sie vor Regen schützen. Ganz gering sind die Lagerungsverluste und die Gefahren einer Selbstentzündung bei Koks. Er nimmt jedoch viel Wasser auf und muß daher vor Regen bewahrt werden.

Manche Braunkohlenbriketts geraten nach verhältnismäßig kurzer Lagerfrist im Kohlensilo infolge des eigenen Druckes in Brand. Abhilfe ist in solchen Fällen möglich durch Benutzung eines Kohlensilos mit Druckentlastung durch schräg eingebaute Querwände oder durch Beimischung einer Gruskohle, die die von den Briketts gebildeten Zwischenräume ausfüllt und ein Zerbröckeln und allzu festes Zusammendrücken der Briketts verhindert; auch müssen die Kohlen trocken in den Silo gebracht werden, da die Nässe das Zerbröckeln und Zusammenballen der abgebröckelten Braunkohlen begünstigt. Zur Vermeidung der wiederholt in den Dachräumen der Kohlensilos vorgekommenen Gasexplosionen sind dieselben gut zu entlüften. In Brand geratene Silozellen sind ins Freie zu entleeren, die brennende Kohle ist in dünner Schicht auszubreiten, mit Wasser zu löschen und sofort zu verfeuern. Hören die Silobrände trotz aller Maßnahmen nicht auf, so muß eine andere Brikettsorte verwendet werden.

Als **flüssige Brennstoffe** werden in Deutschland nur Teer und Steinkohlenteeröle verfeuert, die in Gasanstalten und in großen Mengen in Kokereien als Rückstände entstehen. Sie werden selten unter den Dampfkesseln verbrannt, da die Kohle billiger ist. Insbesondere der Teer wird zum größten Teil auf die wertvollen Bestandteile Benzol und Naphthalin weiter verarbeitet. Das bei seiner Verarbeitung zurückbleibende Schwarz- oder Steinkohlenpech wird zum Imprägnieren von Dachpappen oder Holz und als Bindemittel bei der Steinkohlenbrikettierung verwendet. Die Teeröle ergeben bei der Verbrennung eine sehr hohe Verdampfung, hinterlassen keine Rückstände, insbesondere keinen Rauch, weshalb auch die Dampfkessel der Torpedoboote damit beheizt wurden.

Mit **Gas** beheizte Dampfkesselfeuerungen sind nur vereinzelt, und zwar in Eisenhüttenwerken und in Glashütten anzutreffen. Das in den Gasanstalten erzeugte Steinkohlengas ist für Dampfkesselfeuerungen oder sonstige größere industrielle Feuerungsanlagen zu teuer. Für Dampfkesselfeuerungen kann daher nur das Gas aus den sogenannten Schachtgeneratoren in Betracht kommen. Diese bestehen aus einem mit Schamottesteinen ausgemauerten, turmförmigen eisernen Schacht, der unten einen Plan- oder Treppenrost und oben einen Gasabzug hat. Zur Herstellung des Gases wird auf dem Rost ein Feuer angezündet und der ganze Schacht mit Kohle ausgefüllt. Infolge des ungenügenden Luftzutrittes bildet die Kohle brennbare, aus Kohlenoxydgas und Kohlenwasserstoffen bestehende Gase, die in Rohrleitungen abgeleitet und an der Verwendungsstelle mit Luft vermischt und angezündet werden. Von dem Leucht- oder Brenngas aus den städtischen Gasanstalten unterscheidet sich das in den Schachtgeneratoren gewonnene Brenngas insofern wesentlich, als es aus der dem Feuer zugeführten Luft auch Stickstoff enthält und sein Heizwert dementsprechend geringer ist. In Betrieben, in denen derartige Gasanlagen zur Befeuerung von Eisen- oder Glasschmelzöfen erforderlich sind, benutzt man mitunter das Gas auch mit zur Dampfkesselbefeuerung.

In Hüttenwerken verwendet man die aus Hochöfen, Koksöfen usw. entweichenden Gase, die sogen. Gichtgase, die gleichfalls noch brennbar sind, entweder zum Betriebe von Gasmaschinen oder, was heute seltener ist, zur Befeuerung von Dampfkesseln (siehe auch „Gasfeuerungen", Seite 48).

4. Die Bedienung des Kesselfeuers.

Beim **Anzünden des Feuers** ist auf die Entzündbarkeit des Brennstoffes Rücksicht zu nehmen. Bei Braunkohlen und leicht entzündlichen Steinkohlen genügt ein Holzfeuer, auf welches allmählich einige Schaufeln Kohle zu legen sind, bis eine genügend hohe, für den Betrieb ausreichende Brennschicht vorhanden ist. Will man schwer entzündliche Steinkohle, Kohlenschlamm oder Koks auf dieselbe Weise beim Anzünden des Feuers in Brand setzen, so würde sehr viel Holz verbraucht werden. Man hilft sich in solchen Fällen damit, daß man in das Holzfeuer zunächst einige Schaufeln Braunkohle anlegt und erst, nachdem letztere in Brand geraten sind, mit dem Verfeuern des Kokses oder der schwer entzündlichen Steinkohle beginnt. Man erspart hierdurch nicht nur Holz, sondern das Anbrennen des Feuers geht auch schneller vonstatten. Dies ist namentlich bei den mit Koks beheizten Niederdruckkesseln für Zentralheizungen in Schulen, Kirchen, Krankenhäusern usw. zu beachten.

Die gleichmäßige und lockere Beschaffenheit der Brennschicht. Das Kesselfeuer erfordert in mehrfacher Hinsicht eine aufmerksame und fachkundige Bedienung. Zunächst hat der Heizer den Rost gleichmäßig mit Kohle bedeckt zu halten. Sind auf dem Roste unbedeckte Stellen vorhanden oder ist das Feuer stellenweise durchgebrannt, so strömt durch diese „Löcher im Feuer“ kalte Luft in den Feuerraum. Diese Luft kann zwar zur Verbrennung halb verbrannter Rauchgase im Feuerraum beitragen; im allgemeinen aber ist sie schädlich, weil sie den Luftüberschuß in der Feuerung erhöht und die Temperatur der Heizgase herabdrückt. Die Folge ist dann ein zu großer Kohlenverbrauch. Derartige schädliche Stellen im Feuer fallen ohne weiteres durch ihr schwarzes Aussehen in der hellroten Kohlenglut auf. Sie lassen sich vermeiden, wenn die Kohle in gleichmäßiger Höhe aufgeschüttet wird, da das Feuer an etwaigen dünnen Stellen schneller als an den dickeren durchbrennt. Sie treten aber auch auf, wenn die Kohlen im Feuer zusammensintern. Bemerkt der Heizer derartige Unregelmäßigkeiten, so muß er das Feuer besser beschicken oder öfters mit der Krücke ausgleichen. Letzteres ist namentlich dann öfters — etwa je nach 10 Minuten — erforderlich, wenn die Kohle durch mechanische Rostbeschickungsapparate auf den Rost geschleudert wird. Denn diese Apparate haben trotz ihrer vielen Vorzüge den Nachteil, daß eine völlig gleichmäßige Schütthöhe nicht erreichbar ist.

Das Ausgleichen des Feuers verursacht jedoch stets eine sehr beträchtliche Rauchentwicklung, da bei demselben die noch nicht völlig durchgebrannten Kohlenstücke mit der Grundglut innig durcheinander gerührt werden und sehr schnell und lebhaft entgasen. Der Heizer muß also darauf sehen, daß das Feuer von vornherein möglichst gleichmäßig bedeckt ist und ohne Rühren gleichmäßig niederbrennt. Bei Kohlen, z. B. Braunkohlenbriketts, die im Feuer zerfallen, hat das Rühren außerdem zur Folge, daß ein großer Teil derselben unverbrannt in den Ascheraum hindurchfällt.

Die Brennschicht soll aber nicht nur eine gleichmäßige Höhe besitzen, um einen zu großen Luftüberschuß zu verhüten, sie muß dabei auch locker und luftdurchlässig gehalten werden, damit in der Feuerung kein Luftmangel eintritt und die unwirtschaftliche Bildung von Kohlenoxydgas vermieden wird. Sintert also die Kohle während des Abbrandes zusammen, so muß sie vor dem Beschicken vom Heizer mit dem Schüreisen aufgebrochen und gelockert werden.

Das Aussehen der Flamme. Wie wir bereits früher gesehen haben, wird die Flamme des Kohlenfeuers von den vergasbaren Bestandteilen der Kohle gebildet. Ihr Leuchten beruht darauf, daß in ihr infolge von Luftmangel fein verteilter Kohlenstoff ausgeschieden wird, der zur Weißglut erhitzt wird. Hiervon kann man sich leicht überzeugen, wenn man in die Flamme (etwa einer Kerze) einen kalten Körper hineinhält (etwa einen Porzellanteller oder einen Eisenstab), auf welchem sich dann der weißglühende Kohlenstoff als Ruß absetzt. An der Oberfläche und am Rande der Flamme verbrennt der weißglühende Kohlenstoff zur Kohlensäure, wobei sich der beim genauen Hinsehen bemerkbare farblose Rand an der Flamme bildet.

Nach dem Aussehen der Flamme läßt sich beurteilen, ob der Feuerung genügend oder zu wenig Luft zuströmt. Beobachtet man das Feuer nach dem Beschicken mit frischer Kohle, so reicht der Luftzug zur Verbrennung der Rauchgase gewöhnlich nicht aus. Die Flamme leuchtet dann nicht hell auf, sondern sieht dunkelrot aus und stößt schwarze Rauch(Ruß)wolken aus. Der Kohlenstoff aus den Rauchgasen kann nicht verbrennen und wird nur bis zur Rotglut erhitzt. Öffnet man in solchen Fällen die Feuertüre ein wenig, so daß durch einen schmalen Spalt noch Luft hinzutreten kann, so wird die Flamme helleuchtend und die Rauchgase verbrennen.

Die Stichflamme. Leitet man in das Innere einer helleuchtenden Flamme einen Luftstrom, so verbrennt der weißglühende Kohlenstoff schon hier. Die Flamme wird dann nichtleuchtend und sehr heiß, wie wir dies bei den Lötlampen sehen. Infolge der Temperaturzunahme und weil bei der Verbrennung des weißglühenden Kohlenstoffes große Mengen Kohlensäure entstehen, wird die Flamme aber auch plötzlich vergrößert, so daß sie sich explosionsartig ausbreitet, d. h. es entsteht eine Stichflamme.

Auch beim Öffnen der Feuertüre entstehen durch die einströmende Luft öfters Stichflammen, die beim Herausschlagen aus der Feuerung für den Heizer gefährlich sind. Solange das Feuer noch mit heller Flamme brennt, ist die Feuertüre überhaupt geschlossen zu halten. Muß der Heizer aber in einem solchen Falle dennoch einmal die Feuertüre öffnen, etwa beim Ausgleichen des Feuers, so sorge er für einen kräftigen Luftzug in dem Feuerraum, entweder durch Aufziehen des Essenschiebers oder durch Schließen der Klappe vom Aschefall, so daß, falls durch die eintretende Luft wirklich eine Stichflamme gebildet wird, diese nicht zur Feuertüre herausschlägt, sondern in das Flammrohr oder in den Essenzug hineingesaugt wird. Dieselbe Vorsicht ist auch beim Verfeuern von Kohlenschlamm auf Schrägrosten (Fig. 25) geboten, der beim Schlackenziehen leicht durch die Rostspalten hindurch fällt und alsdann unter Entwicklung einer Stichflamme plötzlich verbrennt. Abhilfe ist in solchem Falle durch einen geeigneten Rost möglich (siehe auch Unterwindfeuerungen, Seite 45).

Der zu große Rost. Kann der Heizer mit einem stellenweise unbedeckten Rost trotzdem die Dampfspannung im Kessel gut auf gleicher Höhe halten, so ist dies ein sicheres Zeichen dafür, daß der Rost zu groß ist und verkleinert werden muß. Es ist dann entweder eine Reihe Roststäbe herauszunehmen oder ein Teil des Rostes mit Schamottesteinen abzudecken. Das teilweise Abdecken des Rostes hat den Vorteil, daß es wenig Arbeit verursacht und daß man den Rost durch Herausziehen der Schamottesteine schnell wieder auf die ursprüngliche Rostfläche vergrößern kann. Diese Verminderung der Rostfläche ist namentlich bei den Dampfkesseln zu empfehlen, die im Winter stärker als im Sommer beansprucht sind. In derartigen Betrieben sollte kein Heizer versäumen, im Sommer mit einer kleineren Rostfläche auszukommen.

Will der Heizer trotzdem mit einem offensichtlich zu großen Rost auszukommen versuchen, indem er die Feuerschicht möglichst dünn hält, so hat dies zwar den Vorzug, daß die Rauchgase leichter verbrennen und die Feuerung rauchschwach arbeitet; es ist dies jedoch immerhin nicht vorteilhaft, da alsdann die Brenngeschwindigkeit durch starke Drosselung des Essenzuges vermindert werden muß und ein mattes, schwelendes Feuer entsteht, in welchem Wärmeverluste durch die unvollständige Verbrennung des Kohlenstoffes zu Kohlenoxydgas kaum zu vermeiden sind. Das Feuer soll lebhaft brennen.

Der **zu kleine Rost** macht sich nach außen hin durch starkes Rauchen des Feuers bemerkbar und daß sich der Dampfdruck schwer hoch halten läßt. Die Brennschicht muß durch öfteres und reicheres Beschicken sehr hoch gehalten werden, brennt trotz des erforderlichen lebhaften Essenzuges nicht genügend durch und verschlackt schnell, so daß der Heizer zur Vermeidung von Wärmeverlusten infolge von Luftmangel und um überhaupt genügend Dampf erzielen zu können, öfter abschlacken muß, was für den Wirkungsgrad der Feuerung natürlich nicht zuträglich ist. Der zu kleine Rost kennzeichnet sich daher ferner durch großen Brennstoffverbrauch und die starken Anforderungen an den Heizer aus. Ist ein ausreichender Schornstein vorhanden, so empfiehlt es sich, in solchen Fällen den Rost um eine Stabreihe zu verlängern.

Die richtige Größe der Rostfläche muß durch die Erfahrung im einzelnen Fall bestimmt werden. Je hochwertiger der Brennstoff und je kräftiger der Essenzug ist, um so kleiner kann sie sein. Auch die Rauchverhütung aus Rücksichtnahme auf die Anwohner erfordert oft eine Vergrößerung der Rostfläche, nach der alten Erfahrung, daß mit zunehmender Rostbelastung die Rauchentwicklung zunimmt und das wirksamste Mittel, die Rauchbildung ohne Zuhilfenahme besonderer rauchverzehrender Feuerungen zu verringern oder zu vermeiden, geringe Rostanstrengung, d. h. Vergrößerung der Rostfläche ist. In Steinkohlenfeuerungen kann man bei mäßigem Betriebe 70, bei flottem Betriebe 100, bei angestrengtem Betriebe 150 Kilogramm Kohle auf einem Quadratmeter verbrennen. Für Koks nehme man $^2/_3$, für Braunkohle das 1,5- bis 2,5fache, für Holz und Torf das $1^1/_3$fache dieser Werte.

Die Größe der Rostfläche findet man, indem man ihr Breitenmaß mit dem Längenmaß multipliziert. Ist ein Rost 0,7 Meter breit und 1,5 Meter lang, so beträgt die Rostfläche $= 0{,}7 \times 1{,}5 = 1{,}05$ Quadratmeter. Je nach der Stärke des Essenzuges macht man die Rostfläche

eines mehrfachen Walzenkessels	$^1/_{25}$ bis $^1/_{30}$
„ Flammrohrkessels	$^1/_{28}$ bis $^1/_{35}$
„ Heizrohr-, Wasserrohr- oder Lokomotivkessels .	$^1/_{40}$ bis $^1/_{50}$
„ kombinierten Flammrohrkessels mit Heizrohrkessel	$^1/_{55}$ bis $^1/_{60}$

der Heizfläche des Kessels.

Die Höhe der Brennschicht. Beim Verfeuern grobstückiger, nicht backender Kohle muß die Brennschicht hoch sein, weil sich in diesem Falle weite Zwischenräume zwischen den Kohlenstücken bilden und die Luft leicht hindurchzieht. Je kleinstückiger die Kohle ist, um so dichter liegt sie und desto kleiner sind die Zwischenräume zwischen den Kohlenstücken in der Brennschicht. Die Verbrennungsluft wird daher in einem derartigen Feuer in viel größerem Maße zerteilt und in innige Berührung mit der Kohle gebracht. Infolgedessen muß die Brennschicht in diesem Falle auch niedriger sein.

Die Höhe der Brennschicht richtet sich demnach in erster Linie nach der Stückgröße der verfeuerten Kohle. Je grobstückiger die Kohle ist, um so höher muß sie sein. Kohle von zu erheblicher Stückgröße, etwa die sogenannte Stückkohle, würde eine sehr hohe Brennschicht erfordern und müßte daher vor dem Verfeuern zerkleinert werden. Sehr zustatten kommt der Industrie, daß die Kohlenzechen die Kohlen nach der Stückgröße sortieren und in verschiedenen Sorten von sehr gleichmäßiger Korngröße liefern. Die gleichmäßige Stückgröße hat den Vorteil, daß die Brennschicht gleichmäßig abbrennt, während beim Verfeuern von unsortierter, sogenannter Förderkohle, der Kohlengrus schneller als die grobe Kohle durchbrennt und sehr leicht ausgebrannte Stellen im Feuer entstehen.

Die Förderkohle wird daher, nachdem sie in den Kohlenwäschen von den beigemengten unverbrennlichen Steinen und Schieferstücken (Berg) befreit ist, auf großen Siebtrommeln nach folgenden Kohlensorten sortiert: Stückkohle über 65 Millimeter, Würfelkohle I 50 bis 65 Millimeter, Würfelkohle II 35 bis 50 Millimeter, Würfelkohle III 30 bis 35 Millimeter, Nußkohle I 25 bis 35 Millimeter, Nußkohle II 15 bis 25 Millimeter, Nußkohle III 8 bis 15 Millimeter und Kohlengrus. Für die Dampfkesselfeuerungen werden hauptsächlich die letzteren Kohlensorten verfeuert, die in großen Mengen abfallen und am billigsten sind. Den höchsten Heizwert und den geringsten Aschengehalt zeigen die meist für den Hausbrand oder besondere Feuerungen benutzten groben Kohlenstücke.

Grobstückige Kohle wird wegen des hohen Preises und der vor der Verfeuerung erforderlichen umständlichen Zerkleinerung von Hand nicht zu Dampfkesselfeuerungen verwendet. Eine Ausnahme macht nur die Staatseisenbahn, die die Lokomotiven mit Stückkohle befeuert, die vor dem Aufschütten von dem Hilfsheizer zerkleinert wird.

Die Gründe hierfür sind der hohe Heizwert und die große Wetterbeständigkeit der Stückkohle, die auf den Bahnhöfen in großen Stapeln im Freien vorrätig gehalten werden muß.

Die Briketts erleichtern infolge ihrer gleichmäßigen Größe gleichfalls die Bedienung des Feuers. Für die Höhe der Brennschicht ist neben der Stückgröße auch die Schlackenbildung der Kohle maßgebend. Stark backende Kohle erfordert eine niedrige, vor dem Beschicken zu lockernde Brennschicht und wird am besten durch leichtes Aufstreuen auf die Brennschicht verfeuert. Koks ist in höheren Schichten zu verfeuern, da er luftdurchlässig ist.

Einen ungefähren Anhalt für die Höhe der Brennschicht ergeben die praktischen Erfahrungen, nach denen bei gutem Schornsteinzug Nußkohle I und II in einer etwa 10 Zentimeter hohen Schicht, Koks und Würfelbriketts in einer 20 Zentimeter hohen Schicht gute Verbrennungsergebnisse liefern. Die klare und leichte Braunkohle muß in etwas dünneren Schichten von etwa 5 bis 8 Zentimeter Höhe verfeuert werden. Der namentlich in der Nähe von Kohlengruben verfeuerte Kohlenschlamm aus den Kohlenwäschen ist in abwechselnder Beschickung mit einer besseren Kohlensorte (Nußkohle II und III) oder mit dieser vermischt zu verfeuern, wenn eine flotte Verbrennung erreicht werden soll, da sein hoher Wassergehalt und seine teigartige Beschaffenheit die Entwicklung eines lebhaften Feuers stören. Dies gilt auch für Rohbraunkohle.

Die Beschickungszeit. Nach der Entgasung werden die an ihrer glühenden Oberfläche verbrennenden Kohlenstücke von der vorbeiziehenden Brennluft allmählich aufgezehrt, bis sie zuletzt ganz verschwinden und schließlich nur noch die Asche und die Schlacke zurückbleiben und das Feuer allmählich schwarz wird und auslöscht. Der Heizer darf daher das Feuer nie herunter brennen lassen und muß immer für eine gute, nicht zu niedrige, etwa handhohe Grundglut sorgen, welche die frisch aufgeworfene Kohle rasch in Brand setzt und ununterbrochen Heizgase erzeugt.

Die Regulierung des Feuers ist dem Dampfverbrauche anzupassen. Beginnt die Dampfspannung zu fallen, so ist das Feuer durch öfteres Beschicken zu verstärken und die Brenngeschwindigkeit durch Aufziehen des Essenschiebers zu erhöhen. Die Brennschicht wird dabei höher und gibt infolge der größeren Berührungsfläche mit der lebhaft zuströmenden Brennluft mehr Wärme und mehr Heizgase ab, so daß auch die Dampferzeugung steigt. Ist die Dampfspannung zu hoch gestiegen und wird wenig Dampf gebraucht, so ist umgekehrt zu verfahren, d. h. es ist weniger Kohle aufzugeben und der Essenzug durch teilweises Herablassen des Essenschiebers zu vermindern. Nicht vorteilhaft ist es in letzterem Falle, durch Öffnen der Feuertüren kalte Luft in die Feuerung einströmen zu lassen. Die einströmende kalte Luft bewirkt zwar eine sofortige Abkühlung des Feuerraumes und verhütet ein weiteres Anwachsen der Dampfspannung; der schroffe Temperaturwechsel erzeugt aber möglicherweise Risse im Blech und in den Nietreihen. Da das Speisewasser in der Regel kälter als das Kesselwasser ist, muß die Speisung bei fallender Dampfspannung abgestellt werden, bei steigender Dampfspannung kann sie wieder beginnen. Treten die Schwankungen im Dampfverbrauch regelmäßig zu bestimmten Tagesstunden auf, so muß der Heizer dafür sorgen, daß der Kessel zu Beginn des höchsten Dampfverbrauches auch regelmäßig voll Wasser ist.

Die automatischen Zugregler. Bei Dampfkesseln mit Handbeschickung ist der Luftbedarf des Feuers nach dem Beschicken am größten und nimmt hierauf allmählich ab. Wollte man von einer Beschickung zur anderen die Luftzufuhr in das richtige Verhältnis zum Luftbedarf bringen, so müßte in demselben Maße, wie die Entgasung der Kohle vonstatten geht und die Höhe des Kesselfeuers durch Abbrand abnimmt, auch der Essenzug durch Herablassen des Essenschiebers verringert werden. Diesen Zwecken dienen die sogenannten Zugregler. Bei Kesselanlagen, die mit solchen Apparaten ausgerüstet sind, wird der Essenschieber nicht fest eingestellt, sondern durch ein Gewicht ausbalanciert und mit einem selbsttätigen Hemmwerk (Uhrwerk, Katarakt oder dergl.) verbunden, welches den Essenschieber während des Abbrandes bis zu einer gewissen Stellung langsam niederläßt und hierdurch den Luftzug in der Feuerung allmählich verringert. Nach jeder Beschickung ist der Apparat aufzuziehen, wobei der Essenschieber hochgeht. Die Apparate werden mit einem Klingelwerk ausgerüstet, welches dem Heizer anzeigt, daß der Schieber niedergelassen und der Rost zu beschicken ist. Dieser Feuerzugregler eignet sich am besten für Dampfkessel mit nur einer Feuerung, die nicht von früh bis abends ununterbrochen überlastet ist, da während des Niedergehens des Schiebers die Verbrennung und die Verdampfung verlangsamen. Er ist nur noch bei kleinen Kesseln zu finden.

Der patentamtlich geschützte Zugregler der Berlin-Anhaltischen Maschinenbau-A.-G. reguliert den Essenschieber nach dem Dampfdruck (Fig. 4). Steigt letzterer, muß also das Feuer abgeschwächt werden, so läßt er den Essenschieber herunter, und umgekehrt wird letzterer aufgezogen, wenn der Dampf zu fallen beginnt. Der Dampf drückt durch Rohr 5 auf eine Membran in dem Gehäuse 1, durch deren Bewegungen der Schieber zu dem mit Wasserdruck arbeitenden Kolben im Gehäuse 2 gesteuert wird, so daß sich der letztere hebt und senkt und hierbei mittels des Hebels 3 den Essenschieber 4 auf- und abwärts bewegt. Rohr 6 leitet das erforderliche Druckwasser zu dem Kolben 2; durch Rohr 7 fließt die geringe verbrauchte Wassermenge wieder ab (etwa in einen Speisewasserbehälter). Auch diese Zugregler sind verhältnismäßig wenig angewendet, da sie nicht vollständig regulieren.

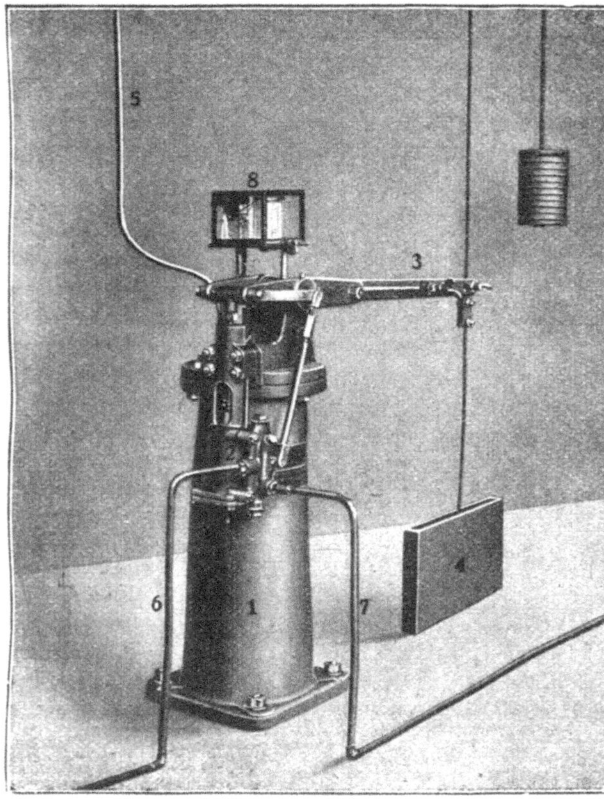

Fig. 4. Automatischer Essenschieberregler der Berlin-Anhaltischen Maschinen-Bauanstalt.

Während des Abschlackens müssen die Zugregler abgestellt werden.

Die Beschickung des Planrostes. Der Heizer kann das Feuer auf verschiedene Weise beschicken. Die hauptsächlichsten Bedienungsarten des Planrostes sind:

1. gleichmäßige Beschickung der ganzen Rostfläche,
2. Beschickung des vorderen Teiles der Rostfläche nach vorherigem Zurückschieben der Glut, das sogenannte Kopfheizen,
3. abwechselndes Beschicken einzelner Stellen des Rostes.

Die erste Bedienungsart ist diejenige, bei welcher die Rostfläche am höchsten beansprucht werden kann und der Kessel am leistungsfähigsten ist. Aus diesem Grunde ist sie auch am häufigsten. Sie hat aber den Nachteil, daß das Feuer stark raucht, sobald der Heizer die Kohlenglut weit niederbrennen läßt und beim Auffeuern viel Kohle aufwirft. Soll die Feuerung rauchschwach arbeiten und die Kohle möglichst gründlich ausgenutzt werden, **so muß die Kohle öfter und jedesmal in dünner Schicht aufgestreut werden** (Fig. 5).[1] Die Temperatur des Feuerraumes wird dann nicht zu sehr abgekühlt und die aus der aufgeworfenen Kohle entweichenden Gasmengen sind so gering, daß sie leicht verbrennen. Beschickt der Heizer hingegen seltener und jedesmal mit einer großen Kohlenmenge (was für ihn schließlich die bequemste Bedienungsart des Feuers ist), so wird der Feuerraum nach dem Beschicken zu weit abgekühlt, und es treten aus der frisch aufgeworfenen Kohle plötzlich so große Gasmengen aus, daß sie nicht verbrennen können. Der Schornstein raucht dann so lange, bis endlich die Flammen die Kohlenschicht durchbrechen und die Rauchgase entzünden. Bei der zweiten Beschickungsart, dem *sogenannten* **Kopfheizen**, wirft der Heizer den *Brennstoff* nicht gleichmäßig auf das Feuer, sondern er schiebt zunächst die im vorderen Teile der Feuerung liegende obere Kohlenglut nach hinten und legt die frische Kohle in Form eines Haufens vorn auf die Kohlenglut auf. Die Rauchgase werden dann nur allmählich aus der frischen Kohle frei und sind beim Abzuge gezwungen, über das Feuer auf der hinteren Hälfte des Rostes hinwegzustreichen, wobei sie verbrannt werden (Fig. 6 und 7). Eine andere, dem Kopfheizen ähnliche Methode besteht darin, daß der Heizer auf dem vorderen Teile des Rostes überhaupt keinen Brand unterhält, sondern die Kohle (etwa 3 bis 5 Schaufeln) dort unmittelbar auf den Rost legt. Ist das Feuer hinter diesem Kohlenhaufen niedergebrannt, so schiebt der Heizer die inzwischen entgaste Kohle nach hinten und schüttet vorn frisch auf. Die Entgasung der Kohle dauert bei dieser Heizmethode etwas länger als beim Kopfheizen. Zu beiden Seiten der frisch aufgeworfenen Kohle bleibt je ein Streifen der Kohlenglut liegen; bei Luftmangel können die vordersten Rostspalten auf 2 bis 5 Zentimeter Länge unbedeckt bleiben (Fig. 8 und 9).

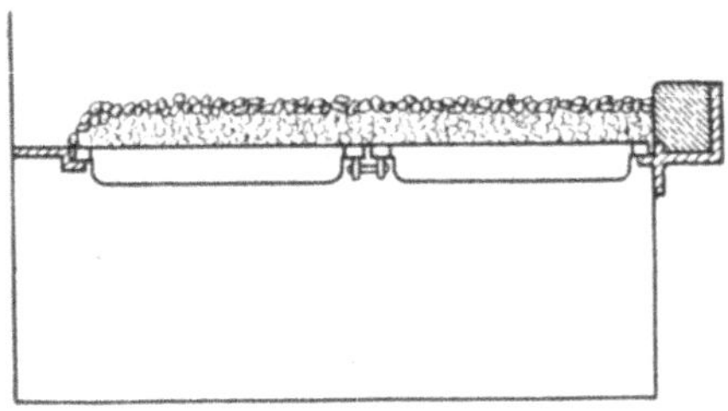

Fig. 5.

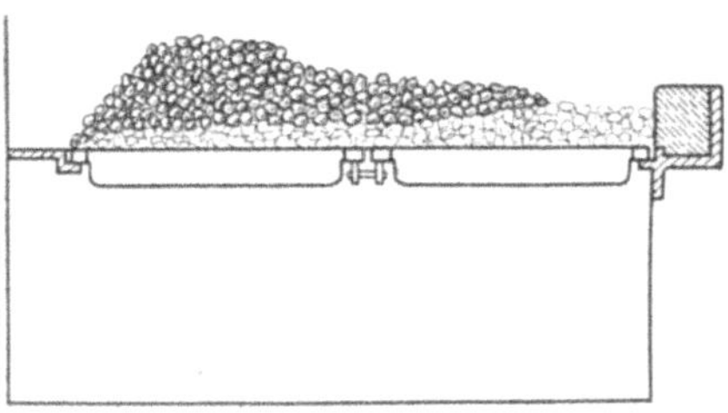

Fig. 6.

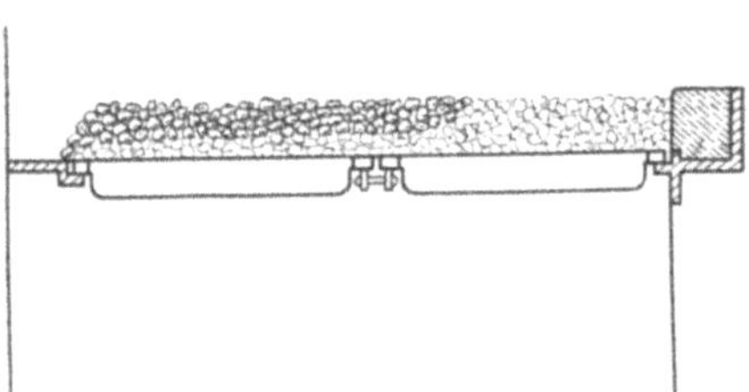

Fig. 7.

Diese beiden Heizmethoden haben sich bei nicht allzu hoch beanspruchten Feuerungen außerordentlich gut bewährt. Ihr Vorteil beruht in einer merklichen Kohlenersparnis und in der wesentlichen Verminderung des Rauches. Es sollte daher kein Heizer versäumen, beide Heizmethoden gründlich auszuprobieren. Dabei hat er ins-

[1]) Fig. 5 bis 12 sind mit Genehmigung des Verlages aus „Haier, Dampfkesselfeuerungen, 2. Aufl.", entnommen.

besondere zu beachten, daß die frisch aufgeworfene Kohle schnell genug entgast und sich während dieser Entgasung keine leeren Stellen auf dem hinteren Teile der Rostfläche bilden.

Da bei diesen Beschickungsarten der vordere Teil des Rostes nicht für die eigentliche Verbrennung der Kohle mit ausgenutzt wird, muß natürlich die hintere Rostfläche mehr leisten oder der ganze Rost vergrößert werden. Auch mit einer dritten Beschickungsart, abwechselnd nur gewisse Teile der Rostfläche mit frischer Kohle zu bewerfen, oder bei der Beschickung die Seiten des Rostes nur teilweise zu bedecken (Fig. 10, 11 und 12), will man eine sparsame und rauchfreie Verbrennung dadurch erzielen, daß

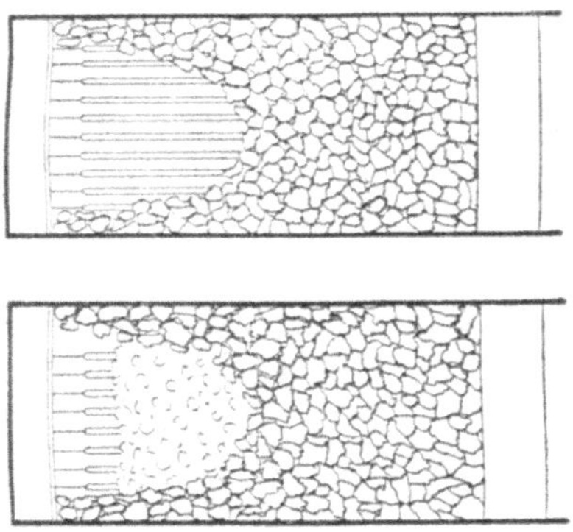

Fig. 8 und 9.

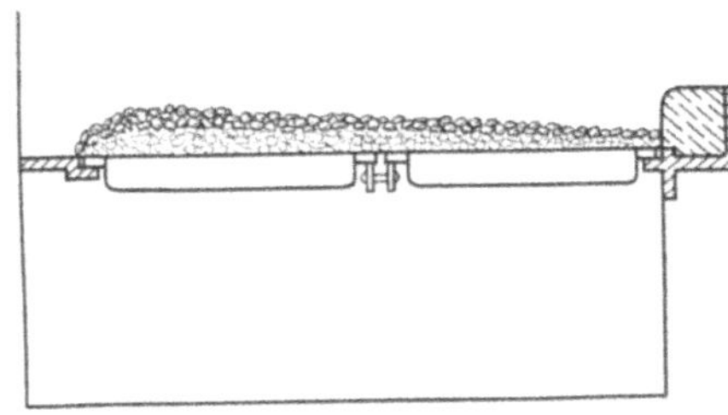

Fig. 10.

die aus den frisch aufgeworfenen Kohlen freiwerdenden Gase sich beim Hinstreichen über hellbrennendes Feuer entzünden. Eine weitere, bei breiten Rostflächen mit mehreren Feuertüren gebräuchliche Bedienungsart, die auch bei Zweiflammenkesseln zur Rauchverminderung angewendet werden kann, besteht darin, daß durch die einzelnen Türen abwechselnd beschickt wird.

Bei allen diesen Heizmethoden muß der Heizer darauf achten, daß das Feuer hinten hell brennt. Für Kessel mit sehr stark beanspruchten Feuerungen eignen sie

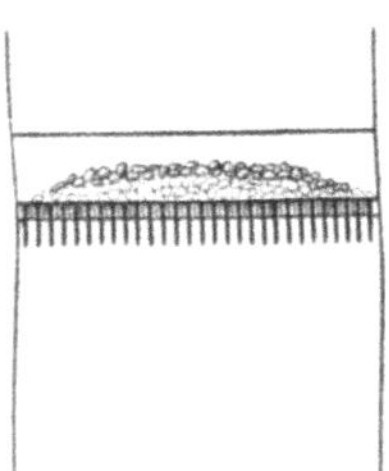

Fig. 11

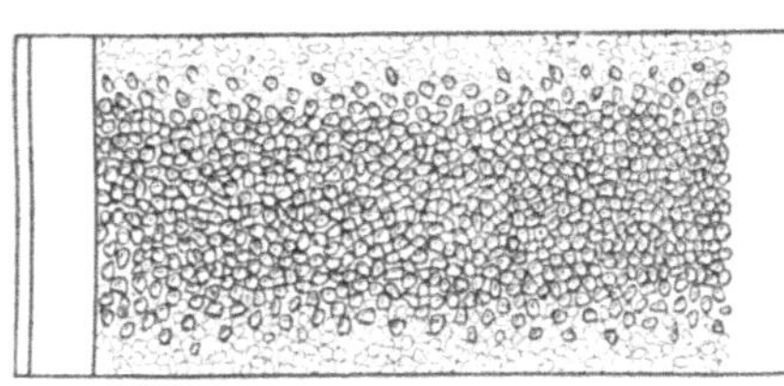

Fig. 12.

sich insofern weniger, als sie für den Heizer beträchtlich mehr Arbeit verursachen und dessen Aufmerksamkeit fortgesetzt in höherem Maße erfordern als die gewöhnliche gleichmäßige Beschickung des ganzen Rostes. Sie sind daher nur für nicht zu stark beanspruchte Kesselanlagen anwendbar.

Der Heizer darf beim Bedienen des Kesselfeuers nicht schematisch verfahren, treten im Betriebe Stunden mit geringerem Dampfverbrauche ein, so muß er versuchen, mit dem Kopfheizen oder dem abwechselnden Beschicken verschiedener Roststellen auszukommen. Steigt der Dampfverbrauch wieder, so muß er nach dem ersten Verfahren, d. h. regelmäßig die ganze Rostfläche mit frischer Kohle beschicken.

Das Abschlacken. Die Verbrennungsrückstände der Kohle aus dem Roste, die Schlacken, müssen zeitweilig entfernt werden, da sie den Luftzutritt durch die Rostspalten verhindern. Die Stellen, wo die Schlacke lagert, kann der Heizer einmal durch Stochern mit dem Schüreisen ausfindig machen, er erkennt sie aber auch an den dunklen Stellen zwischen den Roststäben im Aschefall, der sonst gleichmäßig hell beleuchtet erscheinen muß. Beim Abschlacken wird dem Feuer eine beträchtliche Menge Wärme entzogen. Damit sich dieser Stillstand in der Verdampfung nicht allzu fühlbar macht, muß der Heizer während der Betriebspausen oder zu einer anderen Zeit mit geringem Dampfverbrauche abschlacken. Vorher läßt der Heizer das Feuer etwas weiter als sonst herunterbrennen. Dann schiebt er die auf der Schlacke liegende Kohlenglut nach dem hinteren Teile der Feuerung, zieht die Schlacke mit der Krücke heraus und breitet die zurückgeschobene Kohlenglut wieder auf dem Roste aus. Bei Dampfschiffskesseln mit nur einem Rost soll es auch üblich sein, zunächst nur die linke und später die rechte Hälfte des Rostes abzuschlacken, damit die Verdampfung durch das Abschlacken nicht zu sehr gehemmt werde, wie beim sofortigen Abschlacken des ganzen Rostes. Der Heizer darf hierbei natürlich die Kohlenglut nicht nach hinten, sondern muß sie einmal nach rechts und einmal nach links schieben, wozu er sich eines flachausgeschmiedeten Schüreisens aus Rundeisen bedient. Sind mehrere Feuerungen in einer Dampfkesselanlage vorhanden und wird Klarkohle bei niedrig zu haltender Brennschicht verfeuert, so läßt der Heizer das Feuer vor dem Abschlacken ganz niederbrennen, räumt die Feuerung völlig mit der Krücke aus und bestreut den leeren Rost wieder mit einigen Schaufeln glühender Kohle aus einer anderen Feuerung. Hierbei ergibt sich von selbst, daß bei Dampfkesseln mit zwei Feuerungen die eine Feuerung erst abgeschlackt werden darf, wenn sich die andere wieder in vollem Brande befindet. Nach dem Abschlacken darf das Feuer zunächst nur dünn beschickt werden, bis sich auf dem Roste wieder eine genügend hohe Grundglut gebildet hat. Das Abschlacken soll nicht öfter als ein- bis zweimal täglich nötig sein. Eine Kohle, die ein öfteres Abschlacken nötig macht, eignet sich nur für einen wenig angestrengten Kesselbetrieb.

Die Arbeiten bei geöffneter Feuertüre, das Beschicken, Abschlacken oder Aufbrechen des Feuers mit dem Schüreisen müssen mit Schnelligkeit erledigt werden, damit die Feuerung und die Kesselzüge durch die einströmende kalte Luft nicht zu weit abkühlen. Bei Dampfkesseln mit Einzelfeuerungen soll der Heizer, bevor er die Feuertüre öffnet, den Essenschieber so weit schließen, daß die Heizgase gerade noch nach dem Schornstein abziehen. Eine Ausnahme hiervon muß jedoch der Heizer machen, wenn, wie bereits früher besprochen, beim Öffnen der Feuertüre das Herausschlagen einer Stichflamme zu befürchten ist. Zuweilen verbindet man die Feuertüren durch eine Zugvorrichtung mit dem Essenschieber, so daß er beim Schließen und Öffnen der Feuertüre selbständig mit auf- und zugemacht wird. Derartige Vorrichtungen sind jedoch nur zu empfehlen, wenn ihre Benützung keinen bemerkenswerten Kraftaufwand erfordert, da sie andernfalls erfahrungsgemäß vom Heizer bald wieder außer Gebrauch gesetzt werden. Im übrigen sind sie nur für Kessel mit Einzelfeuerungen anwendbar, während sie für Dampfkessel mit mehreren Feuertüren und nur einem Essenschieber sowie für stark belastete Kesselanlagen überhaupt keinen Vorteil bieten. Wollte man einen Zweiflammrohrkessel damit ausrüsten, so würde beim Öffnen der einen Feuertüre durch das Schließen des Essenschiebers zugleich auch die Zugstärke in der anderen Feuerung vermindert und ein Luftmangel darin erzeugt werden. Die in der zweiten Feuerung hierdurch verursachte unvollständige Verbrennung würde aber die mit dem Apparat in der anderen Feuerung erzielten Ersparnisse wieder ganz oder teilweise aufheben. Dasselbe gilt auch für die automatischen Zugregler, wenn sie an Dampfkesseln mit mehreren Feuerungen angebracht sind.

Gasexplosionen und Decken des Feuers. Das Feuer ist gegen Schluß der täglichen Arbeitszeit abzuschwächen und nachts über, sowie während längerer Betriebspausen, wenn der Kessel ohne Aufsicht steht, vom Roste zu ziehen; der Essenschieber und die Feuerung sind dicht zu verschließen, damit der Kessel nicht durch einströmende Luft unnötigerweise abgekühlt wird. Zunächst gibt das Kesselmauerwerk jedoch eine Zeitlang noch Wärme ab, so daß der Dampfdruck auch bei herausgenommenem Feuer vorerst steigt und erst später allmählich sinkt. Das zur Vermeidung eines zu erheblichen Spannungsabfalles und zur Erleichterung des täglichen Anheizens mitunter übliche Decken des Feuers mit einer Kohlenschicht über Nacht ist gesetzlich verboten, wird aber auch ohnehin in jedem ordentlich geleiteten Betriebe nicht geduldet, da beim Anfachen des Feuers schwere Explosionen der in den Kesselzügen sich ansammelnden Heizgase entstehen können. In manchen Betrieben wird das Feuer während der Betriebspausen mit Schlacke abgedeckt, so daß es ganz allmählich verlöscht und der Kessel weniger auskühlt als beim abgeräumten Rost. Wenn hierbei auch die Gefahr einer Gasexplosion sehr herabgemindert ist, so bedarf es jedoch in solchen Fällen vor dem Anzünden eines neuen Feuers unbedingt einer gründlichen Durchlüftung der Kesselzüge wegen der Möglichkeit der Ansammlung von Kohlenoxydgas. Bei dem Beschicken des Feuers dürfen ferner nicht übermäßige Kohlenmengen aufgegeben werden, da auch hierdurch die Kesselzüge mit Rauchgasen gefüllt werden und Gasexplosionen entstehen können.

Der einfachste **Zugmesser** besteht aus einer U-förmigen, auf einem Brett bebefestigten, an beiden Enden offenen Glasröhre, die bis zum Nullpunkt einer Skala mit (gefärbtem) Wasser zu füllen ist. Ein Rohrende mündet in die freie Luft, das andere durch ein dünnes Rohr in den Feuerraum, so daß das Wasser in dem Zugmesser mit der Zu- und Abnahme der Zugkraft im Feuerraume steigt und fällt. Sobald das Feuer frisch beschickt worden ist, wird durch die erhöhte Brennschicht der Zutritt der Brennluft zum Feuer behindert, so daß die Zugkraft des Schornsteins über dem Rost eine Luftverdünnung erzeugt und das Wasser im Zugmesser aus seiner Gleichgewichtslage herausgezogen wird. Während des Abbrandes wird die Brennschicht allmählich dünner, es tritt infolgedessen auch mehr Luft in den Feuerraum, die in letzterem herrschende Luftverdünnung (die gleichbedeutend mit Zugstärke ist) wird geringer, so daß das Wasser im Zugmesser zurückgeht, d. h. sich der anfänglichen Gleichgewichtslage wieder nähert. Ist es auf ein bestimmtes, vom Heizer ausprobiertes Maß zurückgegangen, so ist dies ein Hinweis, daß das Feuer weit genug heruntergebrannt ist und frisch beschickt werden muß. Der senkrechte Abstand zwischen den beiden Wasserspiegeln in der Glasröhre zeigt somit die jeweilige Zugstärke im Feuerraum an, und man kann daraus erkennen, ob dem Feuer viel oder wenig Luft zuströmt. Aufgabe des Heizers ist es nun, durch genaue Beobachtung des Zugmessers diejenigen Schieberstellungen ausfindig zu machen, bei welchen er zu den verschiedenen Tagesstunden den Dampf mit der kleinsten Zugstärke (also mit den geringsten Luft- und Kohlenmengen) zu halten vermag. Bemerkt er Abweichungen von den regelmäßigen Angaben des Zugmessers, so hat er zu untersuchen, ob die Brennschicht zu stark beschickt, zu weit heruntergebrannt, zu stark verschlackt, ungleichmäßig bedeckt oder stellenweise durchgebrannt ist, ob die Feuerzüge durch Ruß oder Flugasche verengt sind oder ob das Mauerwerk undicht ist. Man ersieht hieraus, daß der Zugmesser ein recht brauchbares Kontrollinstrument ist und sich bei einem geübten Heizer bald bezahlt macht.

Der beschriebene einfache Zugmesser hat den Nachteil, daß er eine große Zugkraft anzeigt, wenn wenig, und eine kleine Zugkraft, wenn viel Luft in die Feuerung einströmt. Übersichtlicher sind die **Differenzzugmesser.** Bei denselben werden beide Schenkel der Glasröhre mit den Feuerzügen in Verbindung gebracht, und zwar der eine wieder mit dem Feuerraum und der andere mit dem Essenfuchs, kurz vor dem Essenschieber, so daß man mit demselben den Unterschied zwischen der Zugkraft im Essenfuchs und im Feuerraum mißt. Im Essenfuchs bleibt die Zugkraft der aufsteigenden Schornsteingase unverändert gleich stark und ändert sich eigentlich nur mit der Temperatur der Heizgase. Im Feuerraum richtet sie sich nach der Luftdurchlässigkeit der Brennschicht und nimmt, wie wir sehen, während des Abbrandes ab. Beträgt sonach die Zugstärke im Essenfuchs 20, im Feuerraum nach dem Beschicken 12 und nach dem Abbrande 6 Millimeter, so steigt die Angabe des Differenzzugmessers allmählich von 20 — 12 = 8 auf 20 — 6 = 14 Millimeter. Zeigt also der Differenzzugmesser eine kleine Zugkraft an, so strömt (wie dies unmittelbar nach dem Beschicken des Feuers der Fall ist) wenig, zeigt er eine große Zugkraft an, so strömt viel Luft in den Feuerraum.

In der Praxis benützt man jedoch die U-förmige Glasröhre nicht als Zugmesser, da sie leicht verschmutzt und das Wasser allmählich verdunstet, so daß die Angaben nicht immer zutreffend sind. Die zumeist benutzten Zugmesser haben einen beweglichen, in das Gehäuse dicht eingepaßten Flügel, der von der Zugkraft mehr oder weniger gedreht wird. Gut bewährt und häufig angewendet ist auch ein von der Manometerfabrik M. Schubert jun. hergestellter, patentamtlich geschützter Zugmesser (Fig. 13) mit einer zuverlässig arbeitenden, dauerhaften Metallmembrane (ähnlich wie beim Manometer (Fig. 111), die durch die Zugkaft mehr oder weniger zusammengedrückt wird und die hierbei auftretende Bewegung ihrer Oberfläche auf den Zeiger des Zugmessers überträgt. Der Apparat wird, was sehr zweckmäßig ist, mit zwei oder auch drei Schreibvorrichtungen ausgerüstet, auf denen die Zugstärke, die Dampfspannung und die Temperatur der Abgase ununterbrochen aufgezeichnet werden.

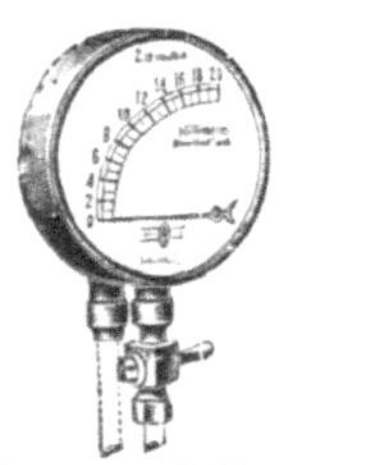

Fig. 13. Differenzzugmesser von Max Schubert jun. Chemnitz.

Die **Prämien für den Kesselheizer** bei Kohlenersparnis können für beide Teile (nämlich für den Kesselbesitzer und den Heizer) sehr vorteilhaft sein, doch liegt die Sache nicht so einfach, wie sie auf den ersten Blick aussieht. Voraussetzung ist insbesondere, daß der Heizwert der verfeuerten Kohle bekannt ist, um Vergleiche zu ermöglichen und Ersparnisse feststellen zu können. Der Heizer geht auch zu leicht zu sparsam mit der Dampfabgabe für Heizzwecke usw. um, so daß er fortwährend im Konflikt mit den Betriebsbeamten steht. Für die Einschränkung des Kohlenverbrauchs ist eine Kesselhauskontrolle sehr vorteilhaft, wobei der Heizer den Verbrauch an Kohle, die Dampfspannung, die verdampfte Wassermenge und die Kesselhaustemperatur in einem Buche täglich zu notieren hat und die Aufzeichnungen der Rauchgasprüfer und Dampfmesser zu sammeln hat.

5. Die Feuerungsanlagen der Dampfkessel.

Die Feuerungsanlagen der Dampfkessel bestehen erstens aus der Feuerung, in welcher die Kohle verbrannt wird und die Heizgase entstehen, zweitens aus den Heizkanälen oder Feuerzügen, in denen die Heizgase mit dem Kessel in Berührung treten und ihre Wärme abgeben, und drittens aus dem Schornstein, der die Bewegung der Heizgase veranlaßt und sie ins Freie ableitet.

Der Feuerraum im allgemeinen. Der Verbrennungs- oder Feuerraum soll so hoch und so groß sein, daß sich die Flammen frei darin entfalten können. Er muß um so höher sein, je höher die Kohlenschicht und je größer die Flamme der Kohle ist. Ist die Decke des Feuerraumes eine Kesselwandung (die natürlich vom Wasser bespült sein muß), so ist der Feuerraum möglichst hoch anzulegen, da andernfalls das verhältnismäßig kühle Kesselblech die Verbrennung stört und von der heißen Flamme beschädigt werden kann. Bei den Feuerungen mit gemauerter Decke, das sind die Vorfeuerungen und Treppenrostfeuerungen, wird der Feuerraum niedriger gehalten, da das hocherhitzte, glühende Mauerwerk als Wärmespeicher wirkt und auch beim Aufgeben frischer Kohle eine zu weit gehende Abkühlung des Feuerraumes verhindert, so daß sich die Rauchgase leichter entzünden können und derartige Feuerungen überhaupt weniger rauchen.

Die Planrostfeuerung. Die gebräuchlichste Dampfkesselfeuerung, die unter allen Umständen und auch bei jedem Dampfkesselsystem anwendbar ist, ist die mit einem wagerechten, ebenen Roste, die sogenannte Planrostfeuerung. Je nachdem sie in, unter oder vor dem Kessel eingebaut ist, unterscheidet man

Planrost-Innenfeuerungen,
Planrost-Unterfeuerungen und
Planrost-Vorfeuerungen.

Ihr Feuerraum wird nach unten durch den **Rost** begrenzt. Auf dem Roste liegt das Feuer. Er wird gebildet durch eine größere Anzahl gußeiserner Roststäbe, welche auf die hohe Kante gestellt sind und Spalten für den Luftzutritt zum Feuer freilassen. An den Enden der Roststäbe, die man Köpfe nennt, und mitunter auch in der Mitte, werden an die Roststäbe seitliche Verstärkungen angegossen, deren Dicke gleich der Spaltweite des Rostes ist. Hierdurch ist die Spaltweite gesichert und bleibt dauernd gewahrt. Die Enden der Roststäbe ruhen auf eisernen im Mauerwerk des Feuerraumes gelagerten Querbalken, den sogenannten Rostträgern oder Rostbalken. Bei den Planrostinnenfeuerungen verbindet man die Rostbalken vorn mit der Schürplatte und hinten mit dem Unterteil der Feuerbrücke. Die Verstärkungen an den Köpfen der Roststäbe, sowie die Rostbalken müssen so konstruiert sein, daß sie das Durchfallen der Asche und den Durchtritt der Brennluft an keiner Stelle des Rostes verhindern, da sie andernfalls die Schlackenbildung begünstigen und den gleichmäßigen Abbrand beeinträchtigen. Der Rost soll folgende Eigenschaften haben:

1. Er soll die Verbrennungsluft mit Leichtigkeit und unter guter Verteilung auf die ganze Brennschicht zuströmen lassen.
2. Durch die Rostspalten soll zwar die Asche, nicht aber die unverbrannte Kohle in den Ascheraum hindurchfallen.
3. Durch passende Form und Weite der Rostspalten soll das Zusammenfließen der Schlacken möglichst verhindert werden.
4. Soll sich der Rost bequem und rasch im Betrieb reinigen (abschlacken) lassen.
5. Die Roststäbe sollen möglichst haltbar sein, im Feuer nicht verbrennen und nicht krumm werden.

Am gebräuchlichsten sind der einfache Flachstab und der Wellen- oder Schlangenroststab, die den nötigen Anforderungen in den meisten Fällen vollauf genügen. Außerdem gibt es eine sehr große Anzahl verschiedener Roststabkonstruktionen, welche dem Feuer die Luft durch kreuz und quer laufende Spalten oder in vielen fein verteilten Strahlen zuführen sollen. Im allgemeinen erfüllen jedoch auch die einfachen Roststäbe diesen Zweck, wenn ihre Spaltweite und Bahnbreite dem Brennstoffe und den Betriebsverhältnissen angepaßt sind. Die Verteilung der Luft im Feuer wird schließlich am besten durch die Kohlenschicht selbst besorgt, deren gleichmäßige Beschaffenheit daher sorgfältig vom Heizer zu überwachen ist (Fig. 14—16).

Die Weite der Rostspalten richtet sich nach der Stückigkeit und Schlacke des Brennstoffes. Sie beträgt für grobstückige Kohle mit fließender Schlacke 10 bis 15 Millimeter, für magere Steinkohle mit stückiger Schlacke und für Braunkohle 4 bis 8 Millimeter für Kohlengrus, Lohe oder Sägespäne 3 bis 5 Millimeter. Man unterscheidet beim Roste die gesamte (totale) Rostfläche und die freie Rostfläche. Als freie Rostfläche bezeichnet man die gesamte Fläche der Spaltöffnungen im Roste. Je größer die freie Rostfläche ist und um so leichter und um so mehr kann Luft zum Feuer hinzutreten. Beim Planrost beträgt die freie Rostfläche gewöhnlich die Hälfte bis ein Drittel der Gesamtrostfläche, das heißt, man wählt die Breite der einzelnen Rostspalte gleich der ganzen bis halben Breite der Rostbahn.

Der Rost muß oben glatt sein und eine harte Bahn besitzen, damit ihn die Schlacke nicht angreift. Die Härte der Rostbahn wird erreicht, indem man die Stäbe aus Hartguß macht und in Kokillen (das sind eiserne Gießformen) gießt. Solche Roststäbe lassen eine leichte und rasche Entfernung der Schlacke zu; Querspalten im Roste können bei schlechter Ausführung der Roststäbe das Abschlacken erschweren. Sehr wichtig ist, daß der Roststab auf seiner Länge zwischen den Auflagern genügend hoch gewählt wird, damit er große seitliche Flächen hat, die der daran vorbeistreichenden Luft ermöglichen sich anzuwärmen und zugleich den Rost kühl zu erhalten. Vollständig falsch ist es daher, die Höhe des Rostes nach den Enden zu abnehmen zu lassen. Die Höhe des Roststabes macht man gewöhnlich ein Fünftel bis ein Sechstel der Länge, etwa in den Grenzen von

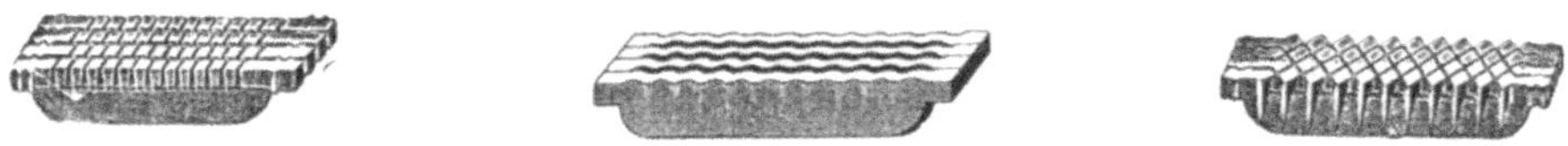

Fig. 14 bis 16. Roststäbe der Firma Aachener Gußwerke G. m. b. H., Aachen.

70 bis 120 Millimeter (Fig. 17 u. 18). Die gebräuchlichste Länge des Roststabes ist 500 Millimeter; sehr dünne Roststäbe mit engen Spalten (für Kohlengrus, Lohe und Sägespäne) macht man kürzer, etwa 300 bis 400 Millimeter lang; während sehr starke Roststäbe mit weiten Rostspalten (für grobstückige Kohle) eine Länge bis zu einem Meter erhalten. Sehr schwache Roststäbe brennen im Feuer schnell ab, sind leicht zerbrechlich und ziehen sich leicht krumm. Um sie haltbarer zu machen, nietet man 3 bis 5 solcher Stäbe zu einem Bündelrost zusammen. Damit die Asche nicht hängen bleiben kann, müssen die Rostspalten nach unten etwas weiter werden; man macht deshalb die Rost-

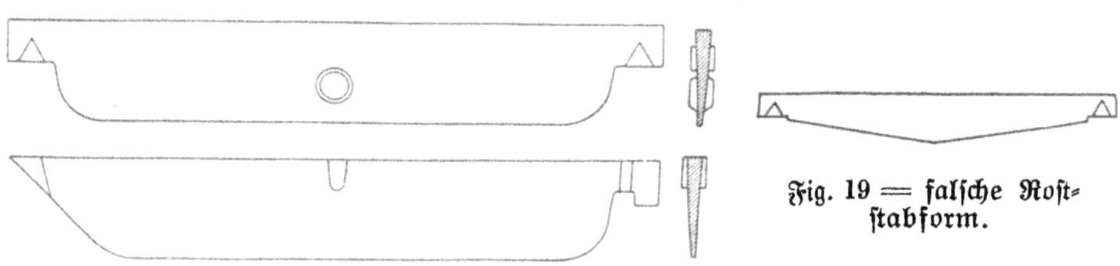

Fig. 19 = falsche Roststabform.

Fig. 17 und 18 = richtige Form des Roststabes.

stäbe unten dünner als oben. Ferner nimmt man darauf Bedacht, daß sich die Roststäbe nicht im Feuer verbiegen. Sie dürfen daher nicht stramm zwischen den Rostbalken sitzen, sondern müssen genügenden Spielraum haben, damit sie sich beim Erhitzen im Feuer ausdehnen können. Vielfach versieht man aus diesem Grunde die Roststäbe nur mit einem hakenförmigen Ende, während man das andere Ende abschrägt. Der Rost soll bei Handbeschickung nicht über zwei Meter lang sein, weil längere Roste hinten schwieriger zu beschicken sind, das Abschlacken erschweren und die Übersichtlichkeit der Feuerung beeinträchtigen. Der Rost muß ferner in einer bequemen Höhe über dem Fußboden des Heizerstandes liegen. Eine praktische Höhe ist 80 Zentimeter. Zweckmäßig ist es, ihn hinten etwas tiefer zu legen, weil er dadurch übersichtlicher und leichter bedienbar wird. Die Neigung des Rostes nach hinten kann auch deshalb notwendig sein, damit der freie Raum über der Feuerbrücke nicht zu sehr eingeengt wird, wie dies namentlich bei den Lokomobilkesseln mit ausziehbarem Röhrensystem der Fall ist.

[1]) Fig. 17 bis 19 sind mit Genehmigung des Verlages aus „Haier, Dampfkesselfeuerungen", 2. Aufl. entnommen.

Schonung und Abbrand der Roststäbe. Solange die Verbrennungsluft durch das Feuer hinstreicht, hält sie die Roststäbe kühl. Wird ihr jedoch der Weg versperrt, ist also das Feuer verschlackt oder wird bei vollem Feuer der Essenschieber heruntergelassen, so hört die Abkühlung der Roststäbe auf, das auf letzteren liegende Feuer gibt seine Wärme nach unten ab, so daß die Roststäbe nach kurzer Zeit sehr heiß und glühend werden, auf der oberen Fläche verbrennen und sich verziehen. Die Folgen sind dann ungleichmäßig weite Rostspalten und eine ungleiche Rostfläche, durch welche viel unverbrannte Kohle hindurchtritt und das Abschlacken erschwert wird.

Der Abbrand der Roststäbe tritt ferner schnell bei ungleichmäßig bedecktem Rost ein, so daß die Luft an einzelnen Stellen leicht durch das Feuer hindurchtreten kann, während an den hochbedeckten Roststellen die Wärme des Feuers nach unten schlägt und die Roststäbe beschädigt. Auch bei den Feuerungen mit Luftzufuhr durch die Feuerbrücke (Fig. 30 u. 31) und bei den Schrägrosten mit abstehendem Schlackenrost (Fig. 25) tritt ein schneller Verschleiß der Roststäbe ein, wenn der Luftzutritt durch die Feuerbrücke hindurch zu groß oder durch Schlackenansammlung auf dem Schlackenrost nicht gehemmt wird.

Vor dem Roste befindet sich die gußeiserne **Schürplatte** (siehe Fig. 20) von etwa 25 Zentimeter Breite und 20 Millimeter Dicke, die dem Heizer bei der Bedienung des Feuers als Auflage für Schaufel und Schüreisen dient. Sie darf nicht zu lang sein, damit der hintere Rostteil noch in bequemer Reichweite für den Heizer bleibt, anderseits soll sie aber auch — und das ist nämlich ihr Hauptzweck — eine zu starke Wärmeausstrahlung nach vorn verhindern und dafür ausreichen, daß die Feuertüre, das Feuergeschränke und die vom Kesselwasser nicht gekühlten Flammrohrraushalsungen nicht zu hoch erhitzt oder gar verbrannt werden.

An die Schürplatte schließt sich vorn das **Feuergeschränke** oder der gußeiserne Rahmen mit der **Feuertür** an. Letztere macht man gewöhnlich 30 Zentimeter breit. Damit sie besser schließt und in den Betriebspausen keine Luft nachsaugt, müssen ihre Anliegeflächen gut bearbeitet sein und die Angeln oben eine Neigung nach hinten haben. Zum Schutze vor der strahlenden Wärme des Feuers erhält die Feuertüre auf der Innenseite entweder einen Schutzschirm, oder man führt sie doppelwandig aus und versieht sie mit Öffnungen, so daß sich durch ihren Hohlraum ständig ein Luftstrom bewegt, der sie kühl hält. Zur Beobachtung des Feuers versieht man die Feuertür noch mit Schaulöchern oder Rosetten, damit der Heizer nicht immer nötig hat, zu diesem Zwecke die Feuertür zu öffnen. Die Schürplatte, das Feuergeschränk und die Feuertür müssen genügend dick sein, damit sie nicht zerspringen, was vielfach vorkommt.

Hinten wird der Feuerraum durch die **Feuerbrücke** begrenzt. Sie hat den Zweck, dem Feuerraum und dem Roste einen Abschluß zu sichern und soll verhindern, daß beim Beschicken oder Schüren des Feuers Kohle oder Schlacke vom Roste herunter in den ersten Feuerzug fallen. Sie soll ferner den Feuergasen einen gewissen Widerstand bieten und der Verbrennungsluft an allen Stellen des Rostes eine möglichst gleichmäßige Geschwindigkeit und eine senkrechte Richtung nach oben geben. Ihre Aufgabe besteht ferner darin, die Verbrennungsgase in dem Raume über der Feuerbrücke zusammenzudrängen, so daß sie gut durcheinander gemischt und möglichst vollkommen verbrannt werden. Sie wird aus feuerfesten Schamottesteinen mit möglichst engen Fugen hergestellt und ruht auf einem eisernen Unterteil, welches bei der Planrostinnenfeuerung zugleich den Aschefall hinten abschließt. Ihre obere Fläche verläuft meist wagerecht; bei Unterfeuerungen wird sie der Kesselrundung entsprechend abgerundet (siehe Fig. 58).

Unterhalb des Feuerraumes liegt der **Ascheraum** oder **Aschefall**, der vorn mit einer Klappe versehen ist, mittels welcher der Luftzutritt zum Feuer geregelt werden kann. Doch ist dies nicht ratsam, da diese Drosselung des Zuges sich im hinteren Teile des Rostes am meisten bemerkbar macht und einen ungleichmäßigen Abbrand zur Folge hat; auch entsteht durch den vollen Schornsteinzug in den Feuerzügen eine Luftverdünnung, so daß durch das Mauerwerk **sehr viel kalte Luft** angesaugt wird und die Heizgase abgekühlt werden. Die Aschefallklappen sind daher nur unter gewissen Umständen, z. B. beim Abschlacken, Schüren und Ausgleichen des Feuers, zu benutzen, damit die Flamme bei diesen Arbeiten nicht aus der Feuerung herausschlagen und den Heizer verletzen kann. Zu Beginn der Betriebspausen, während welcher der Essenschieber unbedingt herabzulassen ist, sind sie ebenfalls zu schließen, um den Zutritt kalter Luft zu den Feuerungen, Flammrohren und sonstigen Kesselteilen zu verhindern. Der Unterteil der Feuerbrücke, der den Aschefall hinten abschließt, ist entweder aus Gußeisen oder Mauerwerk hergestellt. Er muß dicht schließen, damit keine falsche Luft in die Feuerzüge eintreten kann. Hierauf ist großer Wert zu legen.

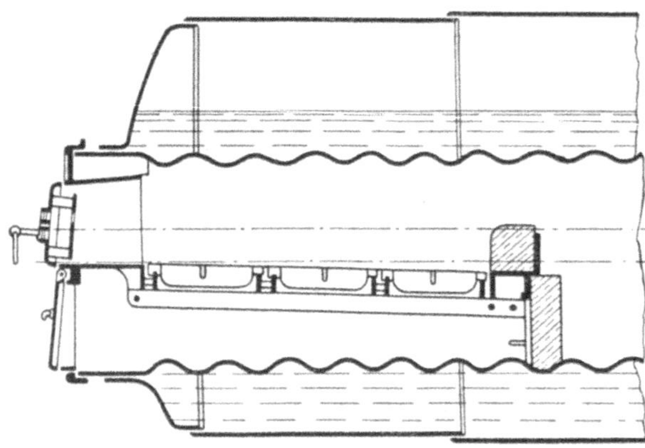

Fig. 20. Die Planrostinnenfeuerung.

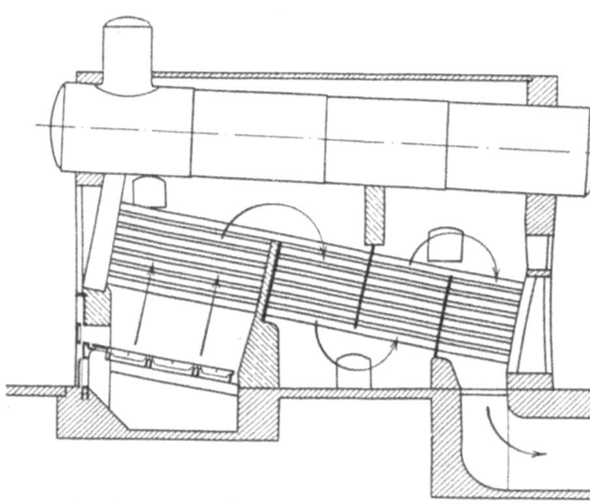

Fig. 21. Unterfeuerung, senkrechte Gasführung.

Bei den Lokomotiven, bei denen infolge des Fehlens des Mauerwerks das Nachsaugen von falscher Luft ausgeschlossen und kein Essenschieber vorhanden ist, dienen die Aschefallklappen allerdings ausschließlich zur Regelung des Luftzuges. Im übrigen ist darauf zu achten, daß sich die Asche nicht zu nahe den Roststäben ansammelt und den Luftzutritt zum Feuer erschwert oder gar versperrt. Bei Lokomotiven und Lokomobilen bildet der Ascheraum einen Wasserbehälter, in welchem die durch den Rost hindurchfallende glühende Kohle und Asche rasch gelöscht werden. Der dabei entstehende Wasserdampf zieht durch die Feuerung ab und dient zugleich zur Kühlung der Roststäbe. Bei den Planrostinnenfeuerungen erhält der Unterteil der Feuerbrücke mitunter im Ascheraum eine Öffnung zum Herausziehen der Flugasche aus dem Flammrohr, die während des Betriebes durch einen leicht herausziehbaren Deckel verschlossen wird.

Die Planrostinnenfeuerung (Fig. 20) ist entweder in das Flammrohr oder in die Feuerbüchse eingebaut. Die Decke und die Seitenwände des Feuerraumes sind vom Wasser bespülte Heizflächen. Die strahlende Wärme des Feuers wird daher sehr gut ausgenutzt, während die Verluste durch Wärmeausstrahlung nach außen (durch das Feuergeschränk) sehr gering sind. Die kühlen Kesselwände haben jedoch zur Folge, daß der Feuerraum beim Beschicken leicht unter die Entzündungstemperatur der Rauchgase abgekühlt wird und die ganze Feuerung stark raucht. Durch die bereits besprochenen Beschickungsarten kann man jedoch die Rauchentwicklung und infolgedessen auch die hiermit verbundenen Wärmeverluste erheblich vermindern. Da die Planrostinnenfeuerung außerdem sehr einfach, übersichtlich und billig ist und wenig Reparaturen erfordert, ist sie die verbreitetste Feuerung überhaupt.

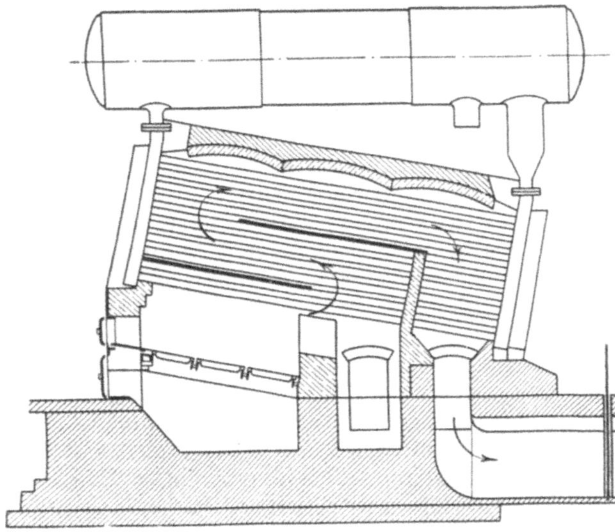

Fig. 22. Unterfeuerung, wagerechte Gasführung (hat den Nachteil, daß sich die Flugasche im Winkel zwischen der wagerechten Platte und der vorderen Wasserkammer ansammelt).

Die Planrostunterfeuerung (Fig. 21 und 22) liegt unter dem Kessel. Sie ermöglicht sehr breite Rostflächen und wird für Kesselarten, den Walzenkessel, den Heizrohrkessel und den Wasserrohrkessel, angewendet, bei denen sich keine Innenfeuerungen anbringen lassen. Der Abstand des Rostes von der Kesselunterkante soll 50 bis 60 Zentimeter betragen, damit sich die Flammen frei entwickeln können, und die Bleche nicht durch die Feuerhitze beschädigt werden. Bei Walzenkesseln wird der untere Teil der vorderen Rundnaht zum Schutze gegen die Flammen mit Mauerwerk verkleidet, da anderenfalls im Bleche leicht Kantenrisse auftreten oder das Blech an diesen Stellen ausbeult oder durchbrennt. Unterfeuerungen mit sehr breiten Rostflächen teilt man zur Erleichterung ihrer Bedienung durch eine auf dem Rost aufgesetzte Mauerung in zwei Hälften.

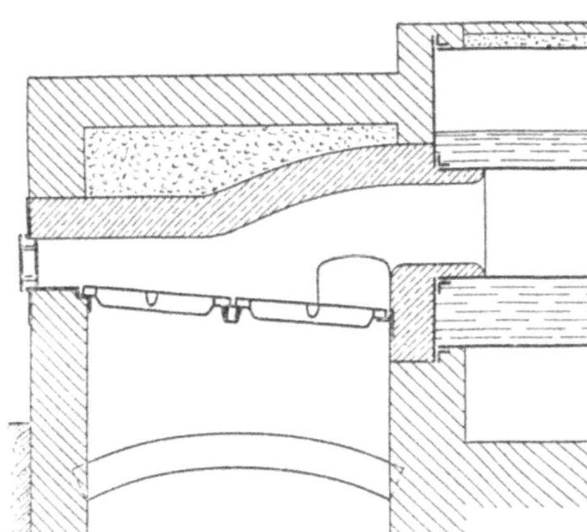

Fig. 23. Die Planrostvorfeuerung.

Die Planrostvorfeuerung (Fig. 23) ist dem Kessel vorgebaut. Ihre Wände sind immer aus feuerfestem Schamottegemäuer hergestellt, das viel Wärme aufzunehmen vermag und im Betriebe rot- oder weißglühend wird. Im Verbrennungsraum herrscht daher eine höhere Temperatur als bei Innen- und Unterfeuerungen, so daß die beim Beschicken des Rostes unvermeidliche Abkühlung der Feuerung schnell wieder ausgeglichen und bei genügender Luftzufuhr eine sehr gute Verbrennung der Kohle erreicht wird. Trotzdem ist die Planrostvorfeuerung nicht wirtschaftlich und wenig eingeführt. Ihre Nachteile bestehen darin, daß zum Anheizen viel Kohle verbraucht wird, daß das Mauerwerk viel Wärme nutzlos nach außen strahlt, teuer ist und infolge Abbrand öfters kostspielige Reparaturen nötig macht. Ferner braucht die Vorfeuerung einen größeren Raum und beeinträchtigt den Übergang der strahlenden Wärme des Kesselfeuers in die ersten Kesselheizflächen. Die Wärmeausstrahlung des Mauerwerkes der Feuerung ist mitunter so beträchtlich, daß im Kesselhause eine sehr hohe Temperatur herrscht. Sie eignet sich nur für Brennstoffe mit verhältnismäßig niedrigem Heizwert, wie Braunkohle, Torf, Holz usw. Verhältnismäßig häufig ist die Planrostvorfeuerung in Sägewerken anzutreffen, denen in den Sägespänen und Holzabfällen ein billiges Brennmaterial zur Verfügung steht. Letzteres wird in einem an der vorderen Seite der Feuerung angebrachten Fülltrichter angesammelt, aus welchem es durch zeitweiliges Hochziehen einer beweglichen eisernen Verschlußklappe vor den Feuerraum fällt, von wo aus es vom Heizer auf den Rost geschoben wird. Doch wird auch für derartige Brennstoffe die reine Planrostvorfeuerung selten angewendet, sondern man gibt den Schüttfeuerungen mit muldenförmigem Roste oder der später zu besprechenden Treppenrostfeuerung den Vorzug. Vollständig verkehrt sind aber die früher häufig gewesenen Planrostvorfeuerungen für hochwertige Steinkohle, da die hohe Temperatur im Feuerraum einen beträchtlichen Abbrand des Mauerwerkes und hohe Wärmeverluste durch Ausstrahlung verursacht. Auch für gasreiche Kohle ist die Vorfeuerung nicht vorteilhaft, da die großen, glühenden Mauerwerksflächen die Entgasung der frisch aufgeworfenen Kohle beschleunigen und während der Entgasungsperiode sehr leicht Luftmangel in der Feuerung entsteht.

Beim Betrieb der Vorfeuerung ist darauf zu achten, daß während der Pausen der Essenzug völlig abgesperrt ist, damit sich die Feuerung nicht zu weit abkühlt. Risse im Mauerwerk sind sorgfältig zu verschmieren. Beim Stillstand steigt zunächst die Dampfspannung, weil das glühende Mauerwerk der Feuerung noch Wärme an den Kessel abgibt. Der Dampfdruck ist daher gegen Schluß der Arbeitszeit herunterzuarbeiten.

Die Treppenrostfeuerung (Fig. 24). Der Treppenrost besitzt die Form einer Treppe mit enggestellten Stufen, die meist wagerecht liegen, zuweilen aber auch, wie beim Münchener und Einbecker Stufenrost, schräg gestellt sind. Die Roststäbe bestehen aus rechteckigen Platten, die mit den flachen Seiten nach oben in der Feuerung liegen. Sie sind gewöhnlich 8 bis 12 Millimeter stark und 90 bis 120 Millimeter breit. Die lichte Weite zwischen ihnen, also die Spaltweite des Rostes, beträgt gewöhnlich 20 Millimeter. Die Länge der Roststäbe wählt man nicht über 400 bis 600 Millimeter, damit sie sich im Feuer nicht durchbiegen. An den Enden ruhen die Roststäbe auf gußeisernen Treppenwangen, die wieder auf eingemauerten, quer gelegten Rostträgern aus Rundeisen von etwa 40 Millimeter Durchmesser lagern. Am oberen Ende des Rostes ist ein eiserner, trichterförmiger Kasten angebracht, in welchen das Brennmaterial geschüttet und aus dem es je nach Bedarf durch Öffnen eines Schiebers der Feuerung zugeführt wird.

Das untere Ende des Treppenrostes wird durch einen wagerechten oder auch schrägen Planrost abgeschlossen, den man häufig etwas vertieft anlegt. Auf dem Schlackenrost soll das Brennmaterial noch vollständig durchbrennen und die Schlacke und Asche sich ansammeln. Damit sich letztere beseitigen lassen, muß der Schlackenrost vom unteren Ende des Treppenrostes abstehen und nach vorn geneigt liegen, oder er muß als Schieber ausgebildet sein. In letzterem Falle besteht er aus einzelnen, ausziehbaren gußeisernen Platten, die man namentlich für Brennmaterial mit geringem

---

[1]) Fig. 20 bis 23 sind mit Genehmigung des Verlages aus „Haier, Dampfkesselfeuerung", 2. Aufl. entnommen.

Asche- und Schlackengehalt, wie Sägespäne, Lohe usw. anwendet. Soll die Schlacke aus dem Feuerraum entfernt werden, so schiebt der Heizer die einzelnen Platten der Reihe nach heraus und hinein, wodurch die Schlacke in den Aschefall herunterfällt. Die Plattenschieber erhalten vorn eine Verlängerung mit einem Loche, in welchem sie vom Heizer mittels eines Hakens erfaßt werden können. Hinterläßt die Kohle viel Schlacke, so ist es am zweckmäßigsten, einen schrägen Schlackenrost anzulegen und die darauf sich anhäufende Schlacke zeitweise mit dem Schürhaken herunterzuziehen (Fig. 25).

Als beschickende Kraft dient beim Treppenrost die Schwerkraft der Kohle, das heißt, die Kohle muß auf dem Roste von selbst in dem Maße herunterrutschen, wie sie abbrennt. Es findet daher auf dem Roste ein fortwährendes Wandern der Kohle statt. Wird das selbsttätige Nachrutschen der Kohle gestört, so muß der Heizer nachhelfen, indem er vom Aschefall aus die Kohle durch die Rostspalten hindurch herunterstochert. Andernfalls entsteht ein ungleichmäßiges, stellenweise durchgebranntes Feuer. Beim Reinigen des Rostes von Asche und Schlacke hat der Heizer im Roste von unten nach oben, beim Nachhelfen der Kohle von oben nach unten zu stochern. Das Feuer ist insbesondere vom Aschefall aus zu beobachten, die innerhalb der Brennzone gelegenen Rostspalten müssen hell erscheinen. Dunkle Stellen zeigen an, daß der Rost mit Schlacke oder überhaupt nicht bedeckt ist.

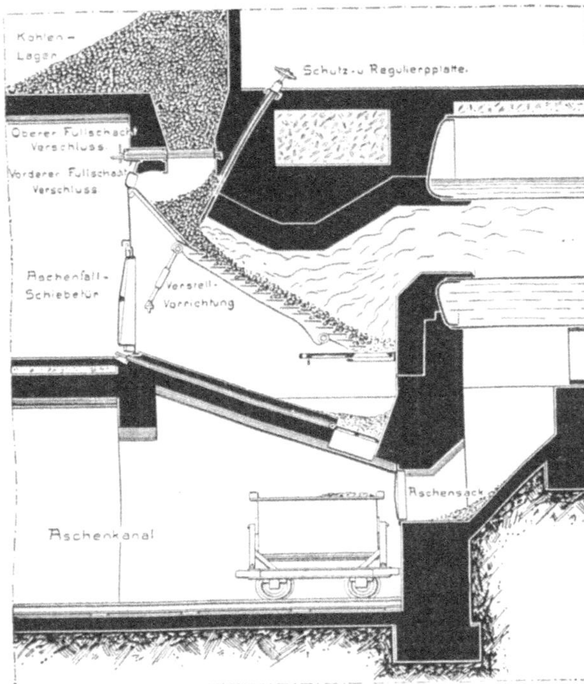

Fig. 24. Die Treppenrostfeuerung von Topf & Söhne.

Die günstigste Verbrennung erzielt man in der Treppenrostfeuerung, wenn die Verbrennungszone sich auf den unteren und mittleren Teil der Rostfläche erstreckt. Es soll also auf dem oberen Ende des Rostes eine Schicht unverbrannter Kohle liegen, die von der glühenden Decke des Feuerraumes entgast wird, bevor sie in die Brennzone heruntergelangt. Der Heizer muß daher beim Öffnen des Auslaufschiebers am Kohlentrichter vorsichtig verfahren; bedeckt er zeitweilig die ganze Rostfläche mit frischer Kohle, so ist eine starke Rauchentwicklung nach dem Beschicken auch bei den Treppenrostfeuerungen nicht zu vermeiden. Andererseits ist aber bei stark belasteten Kesselanlagen diese Beschickungsart kaum zu umgehen, da die Feuerung und der Kessel dadurch am leistungsfähigsten werden.

Der Feuerraum wird beim Treppenrost wesentlich niedriger als bei der Planrostfeuerung gemacht, damit das glühende Mauerwerk die Entgasung der Kohle beschleunigt. Im oberen Teil beträgt die Höhe des Feuerraumes etwa 25 bis 30 Zentimeter, der untere Teil wird aber beträchtlich höher und weiter angelegt, so daß sich die Rauchgase hier mit der Luft vermischen und entflammen können.

Die Neigung oder Schräge des Treppenrostes muß derart sein, daß der Brennstoff möglichst selbsttätig nachrutscht und ohne viel Nachhilfe seitens des Heizers sich gleichmäßig über den ganzen Rost verteilt. Bei nassen Brennstoffen, wie wasserhaltiger Braunkohle, Sägespänen usw. muß der Rost steiler sein als bei trockenen Brennstoffen. Treppenrostfeuerungen für zeitweilig wechselnde Brennstoffe erhalten daher Roste mit verstellbarer Schräge. Die Treppenwangen werden dann nicht eingemauert, sondern unten drehbar und oben auf einer wagerechten Stange gelagert, die an den Enden auf zwei Schrauben ruht (siehe Fig. 24). Durch Auf- und Niederdrehen der Schrauben kann man die Schräge des Rostes verändern. Die Rostschräge soll so eingestellt sein, daß die Kohlenschicht unten dünner liegt als oben. Ist der Rost zu steil, so stürzt die Kohle nach dem unteren Teil des Rostes, ist er flach, so fällt die Kohle nicht von selbst nach, und der Heizer muß zuviel im Feuer nachhelfen. Doch kann sich der Heizer in diesem Falle dadurch helfen, daß er den Absperrschieber des Fülltrichters mehr öffnet, so daß auf dem oberen Teile des Rostes eine sehr dicke Kohlenschicht lagert.

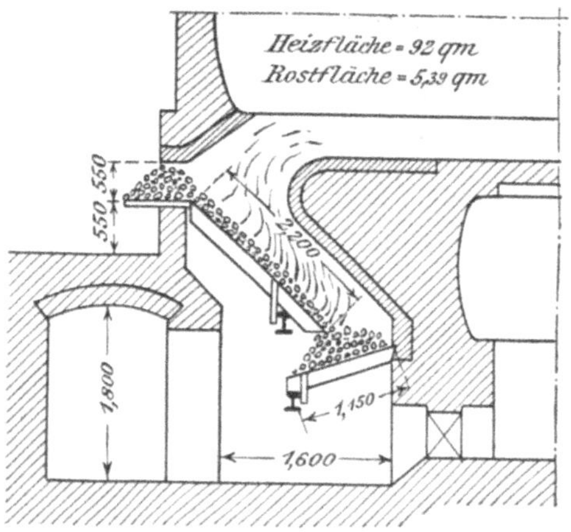

Fig. 25. Die Schrägrostfeuerung.

Der Treppenrost läßt bedeutend weitere Rostspalten zu als der Planrost, ohne daß hierdurch etwa größere Verluste an durchfallendem Brennstoffe entstehen. Er eignet sich daher sehr gut für klares, leicht zerbröckelndes Brennmaterial, wie erdige Braunkohle, Torf, Sägespäne und Lohe, klare, Steinkohle und Rohbraunkohle. Beim Treppenrost setzen sich aber die Schlacken leichter zwischen den Stufen fest als beim Planrost. Ferner nützen sich die Roststäbe beim Verfeuern von hochwertiger Kohle durch Verbrennen stark ab, weil sie der Glutschicht eine größere Berührungsfläche darbieten. Es sind daher immer einige Roststäbe vorrätig zu halten, und namentlich die unteren Roststufen müssen leicht auswechselbar sein. Im übrigen ist es völlig verkehrt, wenn jemand auf dem Treppenrost backende Kohle oder Steinkohle mit hohem Schlackengehalt oder von hoher Heizkraft verfeuert.

Bei der Treppenrostfeuerung ist das Anheizen infolge der schrägen Lage des Rostes schwieriger als bei der Planrostfeuerung; auch dauert es längere Zeit, bis der Feuerraum auf die genügende Temperatur gebracht ist. Das Feuer ist ferner nicht übersichtlich, und es können auch die ersten, der größten Hitze ausgesetzten Kesselplatten während des Betriebes nicht beobachtet werden. Man wendet daher die Treppenrostfeuerung nur an, wenn die Planrostinnenfeuerung oder die Planrostunterfeuerung sich für das verfügbare Brennmaterial nicht eignen, also namentlich für Rohbraunkohle, was in letzter Zeit vielfach der Fall ist.

Die Schrägrostfeuerung (Fig. 25). Der Rost der Schrägrostfeuerung ist ein schräg gestellter Planrost, der oben an einen gußeisernen Schüttkasten und unten an einen kleinen Planrost anschließt. Der Schüttkasten hat, wie beim Treppenroste, einen Auslaufschieber, womit die Beschickung der Feuerung geregelt wird. Häufig werden die Schüttkästen und der Auslaufschieber weggelassen und dafür eine wagerechte eiserne Schürplatte angebracht, auf welche der Heizer soviel Kohle aufschüttet, bis die obere Öffnung der Feuerung verdeckt ist. Beim Beschicken des Rostes schiebt dann der Heizer diesen inzwischen entgasten Kohlenhaufen mit der umgedrehten Schaufel herunter auf den Schrägrost und legt dann auf die Schürplatte frische Kohlen auf.

Die Roststäbe der Schrägrostfeuerung erhalten meist die Länge der Feuerung.

Da ihre unteren Enden sehr dem Abbrande unterworfen sind, richtet man die Roststäbe zum Umdrehen ein oder bringt an jedem Roststabe unten einen auswechselbaren Rostschuh an. Im übrigen ist die Betriebsweise die nämliche wie beim Treppenroste. Schrägrostfeuerungen verwendet man namentlich für Sägespäne und für feuchten Kohlen-

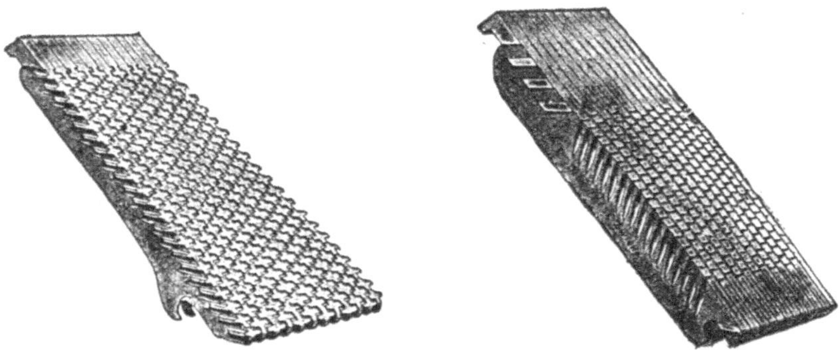

Fig. 26 u. 27. Schrägroste für geringen Ascheduchfall der Firma Thost, Zwickau i. S.

schlamm aus den Kohlenwäschen. Der Schrägrost eignet sich nicht für schlackenhaltige und backende Brennstoffe, da sich Störungen im Feuer schwieriger als bei den anderen Feuerungen beseitigen lassen. Fig. 26 zeigt einen Schrägrost für Steinkohlenfeuerung und Fig. 27 einen solchen für Braunkohlenfeuerung. Der hauptsächliche Unterschied zwischen beiden besteht in den Rostspalten, die bei ersterem nahezu wagerechte, bei letzterem senkrechte Richtung haben. Beide sind vorwiegend für klaren Brennstoff bestimmt. Sie haben vor den häufig angewendeten glatten Roststäben den Vorzug, daß sie das Hindurchfallen von klaren Brennstoffen besser verhüten. Wird die Schlacke von dem Schlackenroste (Fig. 25) heruntergezogen, so muß der Heizer, falls klare Kohle verfeuert wird, namentlich bei glatten Roststäben das Feuer weiter als sonst niederbrennen lassen, da bei einem leicht möglichen Nachrutschen der Kohlenglut beträchtliche Mengen derselben durch die Rostspalten hindurchfallen.

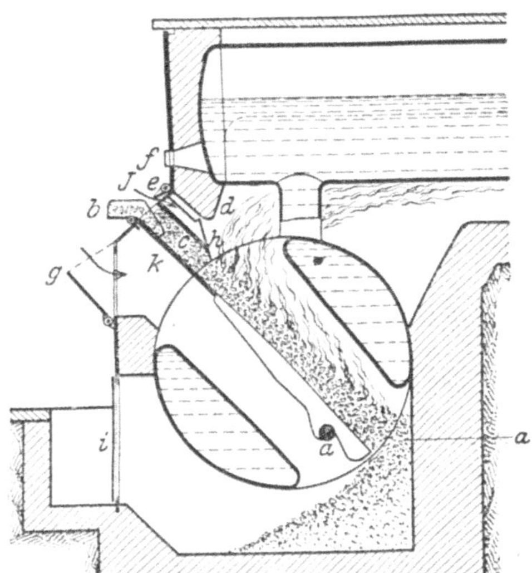

Fig. 28. Die Tenbrinkfeuerung.

Die Schonung der Schrägroste beruht darin, daß der Heizer auf eine genügende Schlackenansammlung auf dem Schlackenroste achtet. Ist dies nicht der Fall, geht zu viel Luft durch den Schlackenrost hindurch, so wird der durch den eigentlichen Feuerrost hindurch gehende Luftstrom zu sehr geschwächt, der Feuerrost wird nicht genügend gekühlt und seine Roststäbe brennen an den unteren Enden schnell ab und müssen häufig erneuert werden.

Eine in Süddeutschland häufige Schrägrostfeuerung ist die von mehreren Kesselschmieden ausgeführte **Tenbrinkfeuerung** (Fig. 28). Dieselbe befindet sich bei den Walzenkesseln in der sogenannten Tenbrinkvorlage, die aus einem quer zum Kessel liegenden Walzenkessel besteht, in welchem in ein oder zwei Feuerrohren der Rost untergebracht ist (siehe Fig. 59). Bei dieser Feuerung können die auf dem unteren Teile des Rostes entstehenden Gase über den allmählich nach unten wandernden Brennstoff hinwegziehen, wodurch dessen Entgasung und die Verbrennung der Rauchgase beschleunigt werden, wie dies auch für die Schrägrostfeuerung Fig. 25 zutrifft. Die Verwendung der Tenbrinkfeuerung hat in letzter Zeit abgenommen, da sich bei großen Kesseln die erforderliche Rostfläche nicht unterbringen läßt.

Für Sägespäne hat sich eine patentierte Schrägfeuerung bewährt, bei der der Rost aus dicht nebeneinander gelegenen **U**-Eisen von etwa 120 Millimeter Breite besteht. Die Rostbahn ist bei diesem Roste eine glatte Ebene. Die Feuerung muß in diesem Fall reichlich bemessene Luftzufuhr im Mauerwerk über dem Roste erhalten, weil eigentliche Rostspalten fehlen und die Verbrennung der Sägespäne sich unter der Wirkung der Glühhitze des Feuerraumes auf der oberen Fläche der Brennstoffschicht vollzieht. An Stelle des unteren Planrostes werden gelochte gußeiserne Platten von etwa 250 Millimeter Breite angebracht (wie bei Fig. 24). Da sich die **U**-Eisen am unteren Ende durch Abbrand erheblich abnützen, wird dieses Ende — etwa auf eine Länge von 150 Millimeter — besonders angesetzt und zum Abschrauben eingerichtet, so daß es leicht ausgewechselt und der Rost ohne große Kosten in Ordnung gebracht werden kann.

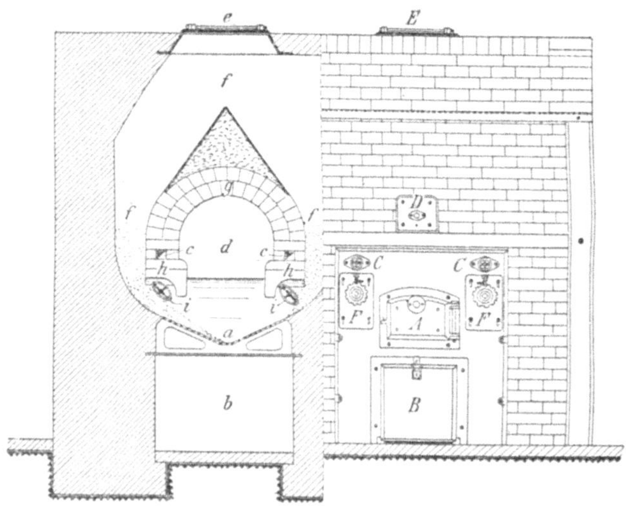

Fig. 29. Muldenrostfeuerung.

Die Muldenrostfeuerung. Bei dieser Feuerung bildet der Rost eine Mulde, auf welcher die Kohle infolge des Abbrandes zum Teil selbsttätig nachrutscht oder heruntergeschoben werden muß. Der stärkste Brand findet an der tiefsten Stelle des Rostes statt, während die von oben nachstürzende Kohle zuerst an die höher gelegenen Seiten der Rostmulde gelangt und hier zunächst entgast. Hochwertige oder viel Schlacke enthaltende Kohle kann in der Muldenrostfeuerung wegen des zu starken Abbrandes des Mauerwerkes und der Unbequemlichkeit des Abschlackens nicht verfeuert werden. Nachstehende Abbildung (Fig. 29) zeigt eine patentierte Muldenrostfeuerung mit Reguliereinrichtung von Fränkel & Viebahn in Leipzig. Der Brennstoff wird durch die Öffnungen e aufgegeben, umgibt zunächst die Mauerbögen, welche die Feuerräume d umschließen, und sinkt je nach dem Abbrande und dem jeweiligen Verbrauche durch die Schächte f hindurch auf den Muldenrost a. Der Schüttwinkel des Brennstoffes und dessen Zufuhr werden durch die eisernen Regelungsglieder i eingestellt, die sich vom Heizerstande aus drehen lassen und vor dem Feuer möglichst geschützt sind. Mittels der Regelungsglieder kann — etwa beim Abschlacken — der Brennstoff vollständig vom Feuerraume abgeschlossen werden. Muß der Rost wieder frisch beschickt werden, so ist durch Drehen an den Gliedern die Kohle auf den Rost herunter in die Hauptverbrennungszone zu schieben. Die Mauerbögen über den Feuerräumen sind doppelt gewölbt und nach oben spitz zulaufend mit Eisenplatten abgedeckt, so daß ein einwandfreies Nachgleiten der Kohle in die Schächte f gesichert ist. Durch die Kanäle c werden den Feuerungen Luftströme zugeführt, die durch Schieber an der Stirnfläche des Mauerwerkes vom Heizer nach Bedarf eingestellt werden können und der Verbrennung der Rauchgase dienen. Die nähere Bedeutung derselben ist aus folgenden Abschnitten erklärlich. Die Reguliermuldenrostfeuerung eignet sich nur für minderheizwertige Brennstoffe, wie Braunkohle, Lohe, Holzabfälle usw., woraus sich auch ihre vielfache Anwendung in dem mitteldeutschen Braunkohlengebiet erklärt.

6. Die rauchverhütenden Dampfkesselfeuerungen.

Der Rauch muß aus zweierlei Gründen vermieden werden: erstens aus Ersparnisrücksichten und zweitens aus Rücksichtnahme auf die Umgebung der Feuerungsanlage, sobald er auf diese lästig und schädlich einwirkt.

Die **Brennstoffersparnis bei der Rauchverbrennung** ergibt sich, wie wir bereits gesehen haben, daraus, daß der Rauch die Folge der unvollständigen Verbrennung der vergasten teerartigen Bestandteile der Kohle (der Kohlenwasserstoffe) ist und somit aus brennbaren Bestandteilen der Kohle besteht. Am stärksten tritt er bei gasreicher Steinkohle auf; gasarme Steinkohlen, ferner Braunkohle und Holz lassen sich leichter rauchschwach verfeuern, weil der Rauch dabei in geringerer Menge auftritt und eine niedrigere Entzündungstemperatur hat. Nimmt man beispielsweise an, die verfeuerte Steinkohle bestünde aus 72 Prozent festem Kohlenstoff, 9 Prozent Wasser, $1^1/_2$ Prozent Schwefel, $3^1/_2$ Prozent Schlacken und 14 Prozent Kohlenwasserstoff, so würde im ungünstigsten Falle, wenn die teerartigen Bestandteile sämtlich unverbrannt abziehen, der 14. Gewichtsteil der Kohle oder von den brennbaren Bestandteilen $72:14$ = der $5^1/_7$te Teil, d. i. rund 20 Prozent im Rauche preisgegeben werden. Ein Teil der Rauchgase wird aber in jeder Feuerung verbrannt werden, wie auch in keinem Falle eine vollständige Rauchverbrennung zu erzielen sein wird, so daß man die Ersparnisse bei der oben bezeichneten Kohlensorte in einer gut bedienten Feuerung auf etwa 6 bis 10 Prozent des Kohlenverbrauches abschätzen kann.

Die Schädlichkeit der Rauchgase für die Umgebung der Kesselanlage nimmt ab, je rauchschwächer das Feuer brennt. Sie wird in erster Linie durch die festen Bestandteile der Rauchgase, den Ruß und die Flugasche, aber auch durch die unsichtbaren Gase im Rauche, die schweflige Säure, die Salzsäure, die Fluorsäure usw. hervorgerufen. Erstere lassen sich durch eine gute rauchfreie Verbrennung und richtige Anlage der Kesselfeuerung und der Kesselzüge vermindern; die unsichtbaren schädlichen Bestandteile das Rauches treten aber auch bei einer vollkommenen Verbrennung auf, da sie von der chemischen Zusammensetzung der Kohle abhängig sind. Sie sind es hauptsächlich, die die Schädigungen der Pflanzenwelt in der Nähe der großen Städte und Industriezentren verursachen, wobei namentlich die empfindlichen Nadelhölzer in der Hauptwindrichtung betroffen werden. Man hat versucht, sie durch den sogen. Dissipatorschornstein zu bekämpfen, dessen oberer Teil gitterartig durchlöchert ist, wodurch der Rauch beim Austritt aus dem Schornstein mit der Luft verwirbelt und aufgelöst wird.

Soll dem Rauchen einer Dampfkesselfeuerung abgeholfen werden, so ist vor allem die eigentliche Fehlerquelle ausfindig zu machen; entweder ist ein größerer Dampfkessel aufzustellen, die Feuerung abzuändern, der Rost zu vergrößern, der Essenzug zu verstärken, Koks statt Kohle zu verwenden oder das Feuer sorgfältiger zu bedienen.

Ein besonderes Gebiet der Feuerungstechnik befaßt sich nun damit, die Dampfkesselfeuerungen so zu bauen, daß die Kohle darin rauchfrei oder wenigstens rauchschwach verbrennt. Bedingung ist bei allen derartigen rauchverzehrenden Feuerungen eine sachgemäße Bedienung des Feuers durch einen Heizer, der über die Verbrennungsvorgänge völlig unterrichtet ist.

Die Verbrennung des Rauches durch Zusatzluft. Sowohl bei den Planrostfeuerungen als auch bei den Treppenrostfeuerungen besteht das älteste Mittel zur Rauchverhütung darin, daß man dem Feuer außer dem Luftstrome durch die Rostspalten noch einen zweiten (sekundären) Luftstrom, die sogenannte Zusatzluft, über dem Rost zuführt. Der (primäre) Luftstrom durch die Rostspalten soll die Verbrennung der festen, kohligen Bestandteile auf dem Roste, der andere Luftstrom die Verbrennung der flüchtigen, rauchigen Bestandteile über dem Roste und hinter dem Feuerraume bewirken. Man geht hierbei davon aus, daß der Luftbedarf im Verbrennungsraume gleich nach dem Beschicken des Feuers und während der darauf folgenden Entgasung der Kohle wesentlich größer ist als nach beendeter Entgasung. Während der Luftstrom zwischen den Rostspalten von einer Beschickung zur anderen nahezu gleichstark bleiben kann, muß die Zugluft nach dem Beschicken am reichlichsten zuströmen und dann allmählich in demselben Maße wie die Entgasung der Kohle abnehmen und abgestellt werden.

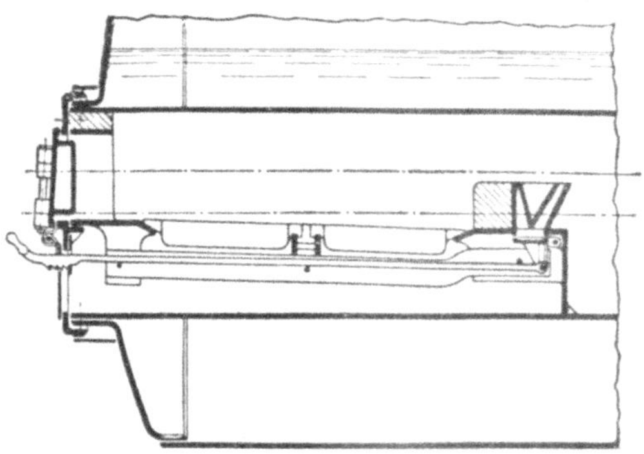

Fig. 30. Rauchverzehrende Feuerung mit Zusatzluft durch die hohle Feuerbrücke.

Wesentlich ist, daß die Zusatzluft nicht zu reichlich zugeführt wird, daß sie sich ferner mit den Rauchgasen innig mischt und letztere tatsächlich verbrannt werden. Anderenfalls verdünnt sie nur den Rauch und kühlt die Feuergase beträchtlich ab, so daß die rauchverzehrende Feuerung keine Kohlenersparnis, sondern eine Kohlenvergeudung zur Folge hat. Die gewöhnliche Feuerung mit einfacher Luftzufuhr ist dann der Feuerung mit doppelter Luftzufuhr vorzuziehen. Werden aber die Rauchgase durch die Zusatzluft wirklich verbrannt, so arbeitet die Feuerung nicht nur rauchschwach, sondern auch sparsam.

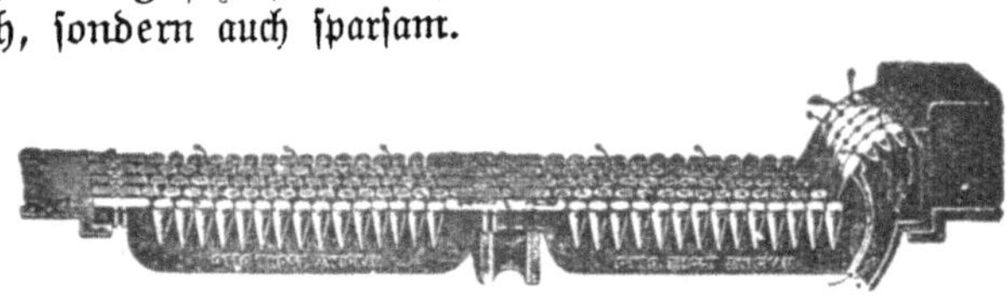

Fig. 31. Rauchverzehrende Heißluftfeuerbrücke von Thost, Zwickau i. Sa.

Damit die Rauchverbrennung sicherer erzielt wird, erhitzt man die Zusatzluft, bevor sie mit den Rauchgasen zusammentrifft. Man leitet sie deshalb entweder durch Kanäle im Mauerwerk des Feuerraumes oder der Feuerbrücke hindurch, oder es werden auch hinter der Feuerbrücke Mauerbögen oder gitterartige Einsätze aus feuerfesten Steinen angebracht, die im Betriebe sehr heiß werden und hierdurch die Entzündung der mit Luft durchsetzten unverbrannten Gase fördern sollen. Die Zusatzluft kann auf sehr verschiedene Weise zugeführt werden: durch Öffnungen in der Feuertüre, durch Klappen in der Schürplatte oder durch Schlitze in der Feuerbrücke. Die oft gebräuchlichen Rosetten sowie Schieber und Klappen an der Feuertüre ermöglichen auch bis zu einem gewissen Grade eine Regelung der Luftzufuhr zum Feuer, in erster Linie dienen sie jedoch zur Beobachtung des Feuers und zur Kühlhaltung der Feuertüre.

Sehr verbreitet ist die Zuführung der Zusatzluft durch **die hohle Feuerbrücke,** die mit mehreren über ihre ganze Breite sich erstreckenden Schlitzen versehen ist, durch welche die Luft aus dem Aschefall nach dem Feuerraum hindurchströmen kann. Die untere, nach dem Aschefall zu gelegene Öffnung der Schlitze ist mit einer Klappe verschließbar, welche durch eine Zugstange vom Heizerstande aus mehr oder weniger geöffnet und geschlossen werden kann (Fig. 30).[1])

Die Firma Thost in Zwickau fertigt eine sogenannte **Heißluftfeuerbrücke** (Fig. 31) an, bei welcher die Feuerbrücke gleichfalls hohl ist und von Verlängerungen der einzelnen Roststäbe gebildet wird. Die Zusatzluft wird durch zahlreiche feine Öffnungen im Kopfe der Feuerbrücke in viele dünne Strahlen zerlegt und an der eisernen Feuerbrücke sehr gut vorgewärmt. Unterhalb des Rostes ist an der Feuerbrücke gleichfalls eine von Hand verstellbare Regulierklappe angebracht.

Die Firma Storbeck in Dresden (Fig. 32 und 33) verwendet eine leichte Aluminiumklappe, die im Hohlraume der Feuerbrücke pendelnd aufgehängt ist und vom Schornsteinzug selbsttätig reguliert wird. Ist der Rost frisch beschickt, so stößt die Luft

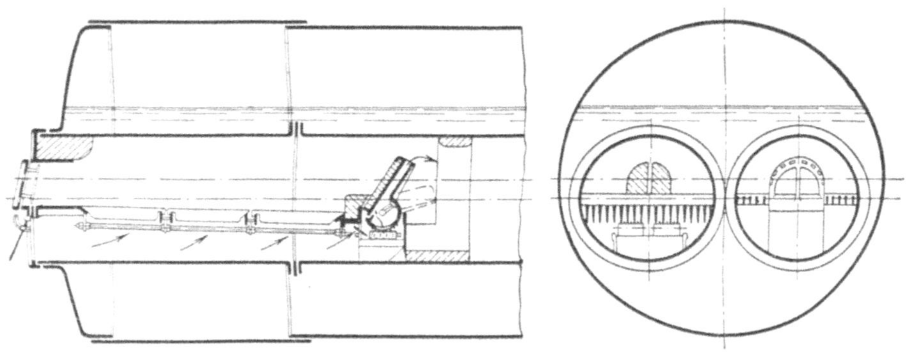

Fig. 32 und 33. Storbecksche Feuerbrücke mit Rauchverzehrung.

in dem Kohlenfeuer auf größeren Widerstand, und es wird infolge der Saugwirkung des Schornsteines die Aluminiumklappe geöffnet, so daß für die Zusatzluft der Zutritt durch die hohle Feuerbrücke frei wird. Mit dem Abbrande des Feuers schließt sich die Klappe entsprechend dem abnehmenden Widerstand, den das Feuer der durchstreichenden Luft entgegensetzt. Die Feuerbrücke ist mit einem halbkreisförmigen Kopfstück ausgerüstet, welches vom Heizerstande mittels eines Steckschlüssels mehr oder weniger umgelegt werden kann. Hinter der Feuerbrücke befindet sich ein Schamottering, der durch seine, während des Betriebes aufgenommene Wärme die Verbrennung der Rauchgase fördert.

Feuerungen mit selbsttätiger und ununterbrochener Kohlenbeschickung. Bei diesen Feuerungen wird die Kohle durch mechanische Kraft ununterbrochen, und zwar in einer dünnen Schicht auf den Rost aufgegeben. Infolge der gleichmäßigen Kohlenzufuhr ist (abgesehen von der Zeit beim Abschlacken) im Feuerraum eine sehr gleichmäßige Temperatur vorhanden. Es wird daher eine solche Feuerung leichter rauchfrei arbeiten als eine Feuerung mit Handbeschickung. Anders wird es in dieser Beziehung, wenn der Feuerungsapparat nicht gleichmäßig arbeitet. In diesen Fällen muß der Heizer häufig im Feuer nachhelfen, und es geht dann beim Ausgleichen der Kohlenschicht auch nicht ohne starke Rauchentwicklnng ab.

---

[1]) Fig. 30, 32 u. 34 sind mit Genehmigung des Verlages aus „Haier, Dampfkesselfeuerungen", 2. Aufl. entnommen.

Von diesen Feuerungsapparaten hat der **Leachapparat** (Fig. 34) weite Verbreitung gefunden. Jedes Flammrohr hat zwei Schleuderräder e, die 300 bis 400 Umdrehungen in der Minute machen und die Kohle in das Feuer schleudern, dabei fliegt die Kohle gegen die vor dem Wurfrade befindliche, langsam auf- und niederschwingende Prellklappe f, so daß sie von der freien Flugbahn abgelenkt wird und gleichmäßig auf allen Stellen des Rostes niederfällt. Dem Wurfradgehäuse wird die Kohle aus dem Kohlentrichter durch die sehr langsam laufende Speisewalze c mit fünf Zellen zugeführt. Letztere füllen sich beim Durchgang durch den Kohlentrichter mit Kohle und entleeren sich wieder über den Wurfrädern. Die Speisewalze wird durch einen auf- und niedergehenden Hebel, der mit einer Klinke in ein Klinkenrad auf der Speisewalze eingreift, in Umdrehung versetzt. Zwischen der Klinke und dem Klinkenrad ist ein Blech angeordnet, mit welchem man mehr oder weniger Zähne des Klinkenrades abdecken und die Umdrehungszahl der Speisewalze verringern oder vergrößern kann, je nachdem viel oder weniger Kohlen verbrannt werden sollen. Um zu vermeiden, daß grobe oder harte Kohlenstücke die Flügel der Speisewalze beschädigen, wird die äußere Gehäusewand vor der Speisewalze mit einer Feder c festgehalten. Beim Einklemmen kleinerer Kohlenstücke gibt die Wand nach, bei größeren Kohlenstücken, Steinen usw. klappt die Wand auf, so daß dann das Hindernis und zugleich auch die Kohle herausfallen. Damit die Flügel der Speisewalze die Kohle leichter abstreichen, macht man sie schraubenförmig, so daß die Vorderkante der Zelle nicht plötzlich, sondern allmählich an der Kante der Wand vorbeigeht. Die untere Wand des Wurfgehäuses ist zum Herausziehen eingerichtet, damit man etwaige Störungen im Wurfradgehäuse schnell beseitigen kann. Eine drehbare Plattfeder sichert die Wand gegen selbsttätige Lockerung. Leichte Klemmungen sind durch einfaches Rütteln zu beseitigen. Unten ist der Feuerungsapparat mit Feuertüren versehen, welche gestatten, daß der Kessel angeheizt, das Feuer abgeschlackt und nötigenfalls auch mit der Hand bedient werden kann.

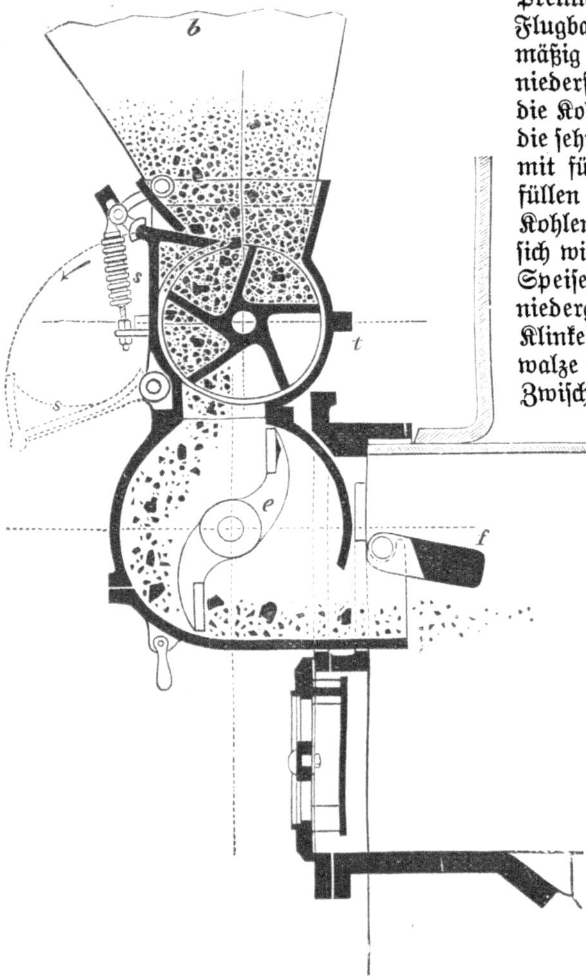

Fig. 34. Der Leachapparat.

Die Apparate sollen die Kohle in möglichst gleichmäßigen Schichten auf den Rost streuen, was allerdings viel von der Stückgröße der Kohle abhängt. Am besten eignet sich sortierte Steinkohle (Nußkohle) von 6 bis 25 Millimeter Korngröße, ferner die harte böhmische Braunkohle von gleicher Stückgröße und die neuerdings in den Handel gekommenen kleinen Industriebriketts. Je grushaltiger die Kohle ist, um so ungleichmäßiger wird die Kohlenschicht im Feuer, und um so öfter muß sie vom Heizer ausgeglichen werden. Erdige Braunkohle, die sich im Apparat leicht zerreibt und Klumpen bildet, kann mit diesem Apparate nicht verfeuert werden. Die Kohle ist auch möglichst trocken zu lagern, da nasse Kohle die Kanäle verstopft.

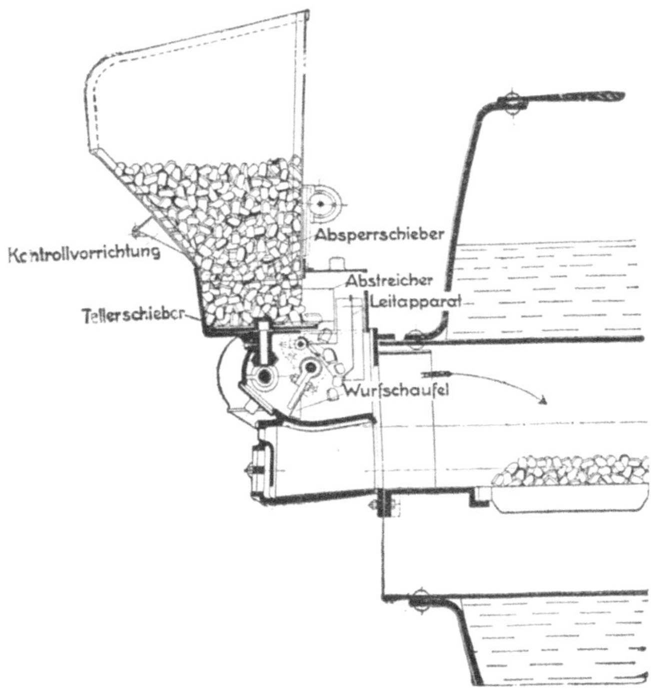

Fig. 35. Die Wurf- oder Katapultfeuerung.

Werden die Kohlen nicht bis auf den hinteren Teil des Rostes geschleudert, so muß der Heizer die Wurfräder schneller laufen lassen. Zu diesem Zwecke erhält der Apparat einen Stufenscheibenantrieb. Der Apparat muß namentlich beim Verfeuern gröberer Kohlenstücke mit größerer Umdrehungszahl arbeiten, da grobe Kohlenstücke mehr Kraft, also eine größere Geschwindigkeit der Wurfschaufeln erfordern, um sie bis an das Rostende zu schleudern. Die aufgeworfene Kohlenmenge kann der Heizer, falls sie infolge des schnellen Ganges des Apparates zu groß wird, durch langsames Laufenlassen der Speisewalze c verringern. Das Feuer muß daher gut beobachtet werden.

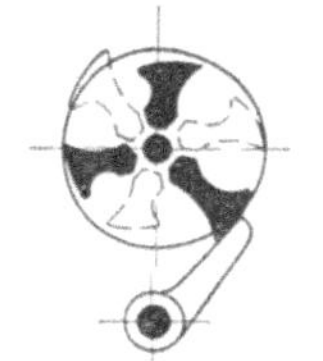
Fig. 36. Knaggenscheibe zur Katapultfeuerung.

Die Wurf- oder Katapultfeuerungen. Da man mit den Leachapparaten über eine bestimmte Korngröße der verfeuerten Kohle (etwa 25 Millimeter) nicht hinausgehen darf, bedient man sich, um in der Wahl der Kohle einen größeren Spielraum zu haben, der Feuerungsapparate mit schwingender Wurfschaufel. Diese Apparate (Fig. 35 und 37) unterscheiden sich von dem besprochenen Leachapparat im wesentlichen dadurch, daß man zum Beschicken des Feuers statt der schnell rotierenden Wurfräder eine hin- und herschwingende Schaufel verwendet, die durch eine langsam rotierende Scheibe mit drei, bei langen Rosten vier Knaggen (Fig. 36) allmählich zurückgedreht wird und hierbei zwei mit ihr fest verbundene Federn anspannt. Sobald eine Knagge frei wird, schnellt die Schaufel infolge der Federkraft nach dem Feuer zu und wirft die vor ihr liegenden Kohlen auf den Rost. Dadurch, daß die Knaggen in drei verschiedenen Höhen aus-

[1]) Fig. 36, 40 bis 43 sind mit Genehmigung des Verlages aus „Haier, Dampfkesselfeuerungen", entnommen.

geführt sind, erhalten die Federn an den Wurfschaufeln während einer Umdrehung der Knaggenscheibe drei verschieden starke Spannungen. Infolgedessen erfolgt die Beschickung des Rostes derart, daß die vor den Wurfschaufeln aufgeschüttete Kohlenmenge abwechselnd einmal auf den hinteren, den mittleren und den vorderen Teil des Rostes geworfen wird. Damit sich die Kohle auch gleichmäßig auf der Rostbreite verteilt, versieht man die Schaufeln auf der Wurfseite mit einem in der Mitte spitz zulaufenden Ansatz, dessen Form und Größe nach der Art der Kohle und der Länge und Breite des Rostes zu wählen ist.

Fig. 37. Wurffeuerung von Topf & Söhne, Erfurt.

Die Zuführung der Kohle aus dem Kohlentrichter nach dem Gehäuse der Wurfschaufel wird durch einen in wagerechter Richtung hin- und hergehenden Schieber besorgt. Der Schieber ist so angeordnet, daß er die Kohle gerade der Wurfschaufel zuführt, wenn sie sich schlagbereit in zurückgezogener Stellung befindet.

Soll das Feuer verstärkt werden, so zieht man den Essenschieber auf und läßt mittels des vorhandenen Stufenscheibenantriebes den ganzen Apparat schneller arbeiten, oder man vergrößert den Hub des Verteilungsschiebers, wodurch derselbe mehr Kohle vor die Wurfschaufel fallen läßt. Außerdem befinden sich an jedem Fülltrichter noch ein oder zwei Regulierschieber, die mit einem Handrade verstellbar sind, und womit man die Öffnungen im Kohlentrichter über dem Verteilungsschieber vergrößern oder verkleinern und mehr oder weniger Kohle nach dem Feuerungsapparat fallen lassen kann. Diese Feuerungsapparate eignen sich für Briketts und sortierte Kohle bis zu 60 Millimeter Korngröße und auch für weniger sortierte Kohle. Will man noch gröbere oder unsortierte Kohle verfeuern, so rüstet man den Apparat mit einer Brechwalze zum Zerkleinern der Kohlenstücke aus. Die Bedienung des Feuers ist ähnlich wie beim Leachapparat. Bei Wurfschaufelfeuerungen ist besonders darauf zu achten, daß die Federn an den Schaufeln gut imstande sind; werden sie im Laufe der Zeit schlaff, so wirft der Apparat die Kohle nur auf den vorderen Teil des Rostes, während die hintere Rostfläche unbedeckt bleibt. Der Heizer muß dann das Feuer so oft ausgleichen, daß die eigentlichen Vorteile der mechanischen Feuerungen zum größten Teile zunichte werden. In solchen Fällen sind daher die Federn sofort zu erneuern.

Im übrigen sind auch die Wurfschaufelfeuerungen mit einer Feuertüre versehen, welche das Abschlacken und nötigenfalls auch die Handbeschickung des Feuers beim Anheizen oder bei Betriebsstörungen ermöglichen.

Feuerungen mit wandernder Brennstoffschicht. Zu diesen Feuerungen gehören der Wander- oder Kettenrost und die Schüttelrostfeuerungen. Bei ihnen wird die Kohle in der richtigen Schütthöhe auf den vorderen Teil des Rostes aufgegeben und während der Verbrennung allmählich nach hinten befördert. Während bei den eben besprochenen Feuerungsapparaten mit Schleuderrädern und Wurfschaufeln das Feuer beim Abschlacken und zeitweiligen Ausgleichen der Brennschicht noch Handbedienung erfordert, fallen auch diese Handgriffe bei den Feuerungen mit wandernder Brennschicht weg. Die Schlacke wird am Ende des Rostes selbsttätig abgehoben oder von den in der Längsrichtung langsam hin- und herschwingenden Rosten (den Schüttelrosten) vom Roste heruntergestoßen. Das Feuer ist bei diesen Rostanlagen keinerlei Störungen durch Abschlacken usw. ausgesetzt, so daß andauernd eine sehr hohe Temperatur im Feuerraume herrscht. Da außerdem die Kohle langsam entgast wird und die aufsteigenden brennbaren Rauchgase

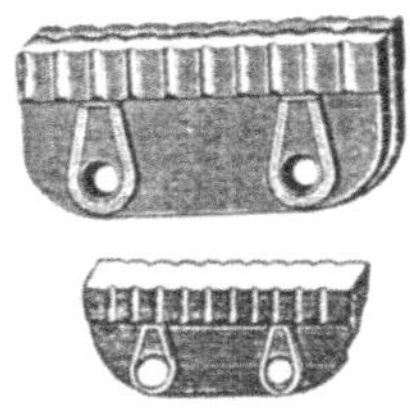

Fig. 38. u. 39. Kettenroststäbe der Aachener Gußwerke G.m.b.H. in Aachen.

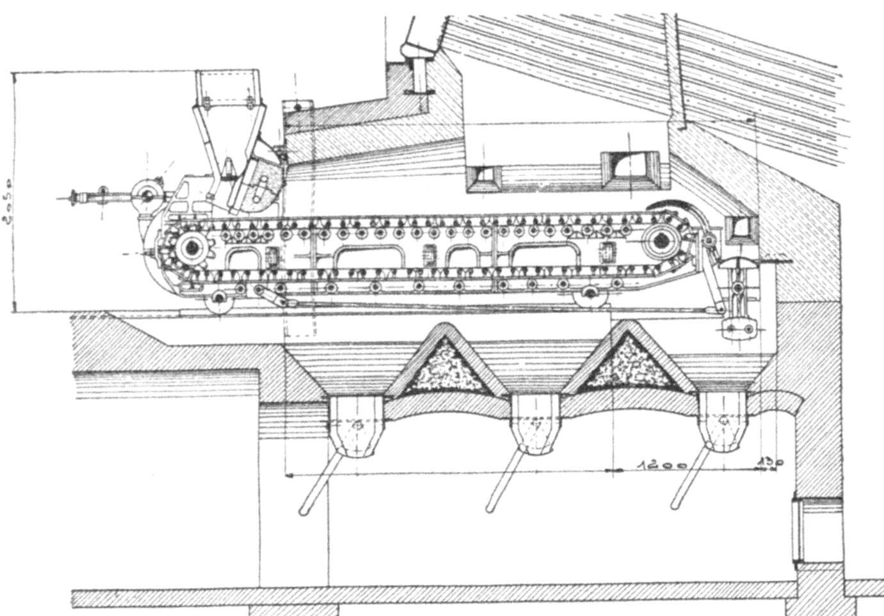

Abb. 40. Wanderrostfeuerung der Berlin-Anhaltischen Maschinenfabrik in Dessau.

über der hellbrennenden Kohlenglut hinwegstreichen müssen, sind bei diesen Feuerungen die Vorbedingungen für rauchfreie Verbrennung ohne weiteres erfüllt.

Der Wander- oder Kettenrost war schon vor 60 Jahren bekannt. Der eigentliche Grund, weshalb er erst neuerdings in Deutschland rasche Verbreitung gefunden hat, ist der, daß man für die jetzt vielfach üblichen sehr großen Wasserröhrenkessel eine sehr große Rostfläche braucht, die weder mit der Hand noch mit den besprochenen Wurffeuerungen in zufriedenstellender Weise beschickt werden kann. Er besteht aus sehr kurzen, etwa je 25 Zentimeter langen Roststäben (Fig. 38 u. 39), die, wie beim gewöhnlichen Planrost, reihenweise nebeneinander liegen und an den Enden durch Bolzen zu einer endlosen Kette verbunden sind. Fig. 40 und 42 stellen den Kettenrost im Schnitte und in der Ansicht dar.

Die Kettenroste haben fast gleiche Bauart und sind als loses Band über zwei Kettenräder gelegt, von denen das vordere, außerhalb der Feuerung gelegene mittels eines Riemenantriebes langsam gedreht wird, so daß der obere Teil des Kettenrostes fortwährend in die Feuerung hinein- und der untere Teil desselben herauswandert. Über dem vorderen Teil des Rostes ist ein Fülltrichter angebracht, aus welchem die Kohle auf die ganze Rostbreite herunterrutscht, um während der Rostwanderung im Feuerraume allmählich entgast, entzündet und verbrannt zu werden. Hinter der Auslaufstelle des Kohlentrichters ist eine mit Schamotte verkleidete, zweiflügelige Feuertüre angebracht, unter welcher hinweg die Kohle nach dem Feuerraume wandert.

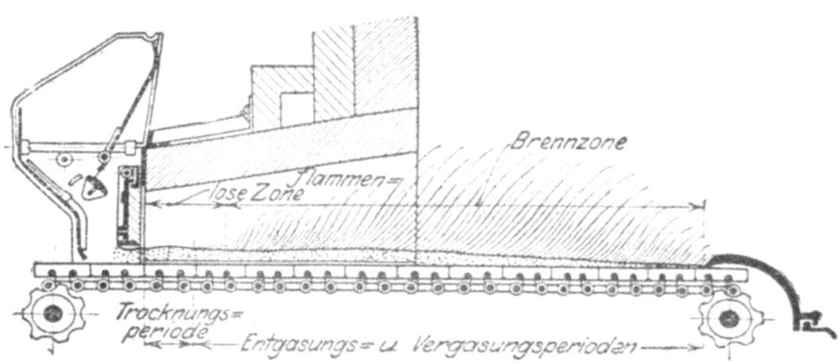

Fig. 41. Verbrennungsverlauf von feuchter oberbayrischer Gruskohle mit hohem Gas- und geringem Kohlenstoffgehalt auf einem Wanderrost.

Durch Auf- und Niederstellen der Feuertüre in senkrechter Richtung, wozu seitlich zwei Schraubenspindeln angebracht sind, ist es möglich, die Kohlenschicht verschieden hoch einzustellen. Ferner kann durch Drehen der Feuertüre um ihre senkrechten Angeln der Feuerraum für das Anheizen zugänglich gemacht werden. Der vordere Teil des Feuerraumes ist mit Schamottemauerwerk überwölbt, das im Betriebe glühend sein muß, weil es den eigentlichen Träger der Verbrennung bildet. Dieses Gewölbe darf bei Wasserröhrenkesseln nicht zu nahe an die Siederohre heranreichen, da die Rohre andernfalls durch die intensive strahlende Wärme des Gemäuers Haarrisse bekommen und öfter erneuert werden müssen. Da das Gewölbe an seinen Auflageseiten niedriger als in der Mitte ist, würde die Kohlenschicht auch an den Seiten schneller herunterbrennen. Um dies zu verhindern, macht man die Feuertüre unten nach beiden Seiten schräg ansteigend, so daß die Kohlenschicht auf dem Roste nach den Seiten zu höher als in der Mitte wird. Am Ende der Rostbahn befindet sich ein gußeiserner Schlackenabstreicher, der mit seiner Unterkante auf einer Schiene lose gelagert ist und mit seiner oberen, messerartigen Kante vermöge seines Gewichtes auf dem Roste aufliegt (siehe Fig. 41). Die von dem Roste nach hinten gebrachte Schlacke oder etwaige noch nicht völlig verbrannte Kohlenglut fällt dann in den Raum hinter dem Abstreicher. Hier kann sie sich zunächst ansammeln. Unter dem Schlackenstau ist eine von außen drehbare Klappe angeordnet, mittels welcher man die Schlacke in den Aschenfall herunter fallen lassen kann. Dieselbe ist während des Betriebes dicht zu verschließen, damit nicht etwa kalte Luft an undichten Stellen einströmt und die Heizgase abgekühlt werden. Auch bei forciertem Betrieb muß darauf geachtet werden, daß die Kohle am Schlackenstau möglichst gut durchgebrannt ist und sich dort nicht in großen Mengen ansammelt, da andernfalls die Schlackenstauer, trotz einer mitunter angebrachten Dampfkühlung, sowie die hinteren Teile des Feuerraumes zerstört werden. Die Kohle entgast und verbrennt

Fig. 42. Wanderrost von Zutt.

auf der vorderen Hälfte oder dem vorderen zweidrittelsten Teile des Rostes. Auf dem dahinter liegenden Teile soll der Rost nur noch mit Schlacken bedeckt sein. Damit nun durch die hintere Rostfläche nicht unnötige kalte Luft in den Feuerraum einströmt, bringt man auf der unteren Seite dieser Rostbahn Klappen an, die vom Heizerstande aus drehbar sind, und mittels welcher man die Zugluft an dieser Stelle absperren kann. Wichtig ist, daß in einer frei liegenden Wand des Feuerraumes Schaulöcher zur Beobachtung des Feuers vorhanden sind, damit man die Geschwindigkeit des Rostes und die Schichthöhe des Feuers richtig einstellen und auch bei ungünstiger Schlackenbildung auf dem Roste mit einem Schürhaken nachhelfen kann. Bei manchen Kettenrosten wird auch die Schürstange von vorn unter dem Kohlentrichter hinweg durchgeschoben. Das Regulieren des Feuers, also das Anpassen an den Dampfverbrauch, soll nicht durch Verändern der Schichthöhe, sondern durch schnelleren oder langsameren Gang des Rostes erfolgen. Der Wanderrost kann Belastungen nicht sofort folgen. Wird plötzlich viel Dampf gebraucht, so muß das Schaltwerk für den Rost auf den schnellsten Gang gestellt, nötigenfalls die Schichthöhe vergrößert und der Rauchschieber mehr geöffnet werden. Im äußersten Fall kann der Heizer mit der Handkurbel am Schneckenradantrieb durch je drei- oder viermaliges Herumdrehen in kurzen Zwischenräumen nachhelfen. Wird plötzlich wenig Dampf gebraucht, soll das Feuer also abgeschwächt werden, so darf der Rost keineswegs längere Zeit stillgesetzt werden, da sonst die Kohle auf dem ganzen Rost abbrennt, leicht in den Fülltrichter übergreifen und letzteren durch Abbrand schwer beschädigen kann. Steine und Eisenstücke (Grubennägel) sind aus der Kohle, soweit sie sichtbar sind, zu entfernen, da die Roftglieder abplatzen können, wenn sie sich in den Rostspalten festsetzen. Macht sich hierbei ein knarrendes Geräusch bemerkbar, so ist der Rost sofort stillzusetzen und mittels der Handkurbel vor- und rückwärts zu bewegen, bis er sich anstandslos weiter drehen läßt. Jede Anwendung von Gewalt ist hierbei zu vermeiden, sollen die Rostglieder nicht durch Bruch beschädigt werden. Beim Ausfahren des Rostes löst man zunächst etwaige Verschraubungen desselben mit dem Mauerwerk und sehe im übrigen darauf, daß der Rost gleichmäßig und nicht einseitig gezogen wird, was auch für das Einfahren gilt.

Die Rostkette ist zum Spannen eingerichtet. Es sei jedoch hervorgehoben, daß sie nicht zu straff gespannt werden darf, da dies nur schweren Gang des Rostes und schnelle Abnützung der Gelenkstäbe an den Rostgliedern zur Folge hat. Im übrigen darf der Rost nur in **kaltem Zustand** gespannt werden, also nicht während des Betriebes, da der heiße Rost sich beim Erkalten zusammenzieht und hierbei die Rostglieder platzen können. Vor jeder Inbetriebnahme ist der Rost mit der Hand zu bewegen und auf leichten Gang zu prüfen. Während der Betriebspausen ist die Auslaßöffnung für die Kohle am Trichter zu verschließen, der Rost ein kurzes Stück laufen zu lassen und mit Asche zu bedecken, um das andernfalls leicht mögliche Vorbrennen des Feuers und Abschmelzen des Trichters sicher zu verhüten.

Für die Wanderroste eignen sich im allgemeinen alle Kohlensorten bis zu 50 Millimeter Korngröße doch soll die Steinkohle nicht zu ungleichmäßig sein. Wird Förderkohle verfeuert, so müssen alle Stücke über 50 Millimeter Korngröße sorgfältig klein geschlagen werden. Klarkohle ist vor dem Aufgeben anzufeuchten, damit nicht zu viel davon durch den Rost hindurchfällt. Häufig bringt man aus diesem Grunde eine Tropfleitung über dem Trichter an. Durchfallende Kohle ist wieder im Trichter mit aufzugeben.

Die Wanderroste nützen die Kohle sehr gut aus. Sie erfordern jedoch eine aufmerksame Bedienung; namentlich muß der Heizer darauf achten, daß der Luftüberschuß in der Feuerung nicht zu hoch wird. Die Zugluft strömt zunächst durch den unteren Teil des Rostes, sie wird also gut vorgewärmt und hält dabei die Roststäbe kühl. Beim Anheizen ist das Mauerwerk des Feuerraumes auf genügend hohe Temperatur zu bringen, andernfalls ist beim Einrücken des mechanischen Rostantriebes ein allmähliches Verlöschen des Feuers nicht ausgeschlossen. Die körperliche Anstrengung des Heizers ist bei der Bedienung der Kettenroste sehr gering, und es kann bei großen Kesselanlagen wesentlich an Personal gespart werden. Dadurch, daß das Feuer keine Unterbrechungen durch Beschicken und Abschlacken erleidet und sich hieraus ergebende Wärmeverluste nicht entstehen, kann auf den Kettenrosten eine größere Menge Kohlen verbrannt und mehr Dampf im Kessel erzeugt werden als mit sonstigen Feuerungseinrichtungen.

Der Vorrost (Fig. 43) soll ermöglichen, auf Wanderrosten nicht nur Rohbraunkohle, Gemische von Brennstoffen und Braunkohlenbriketts wirtschaftlich zu verbrennen, sondern den Betrieb durch Auswechseln des Vorrostes schnell auf Steinkohle einzustellen. Er besteht aus einzelnen winkelförmigen Roststäben, zwischen deren oberen Schenkeln weite und zwischen den unteren Schenkeln enge Rostspalten vorhanden sind. Der Brennstoff wird in der Mulde festgehalten, getrocknet und entzündet. Beim Zerfallen rutschen die brennenden Kohlenteile durch die weiten Spalten des Vorrostes auf den Kettenrost, schieben sich dabei unter den Brennstoff, der unmittelbar aus dem Trichter auf den Kettenrost gelangt und entzünden denselben von unten her. Muß der Vorrost entfernt werden (Steinkohlenfeuerung), so wird die entstehende Öffnung durch die übliche Klappe oder Tür abgeschlossen.

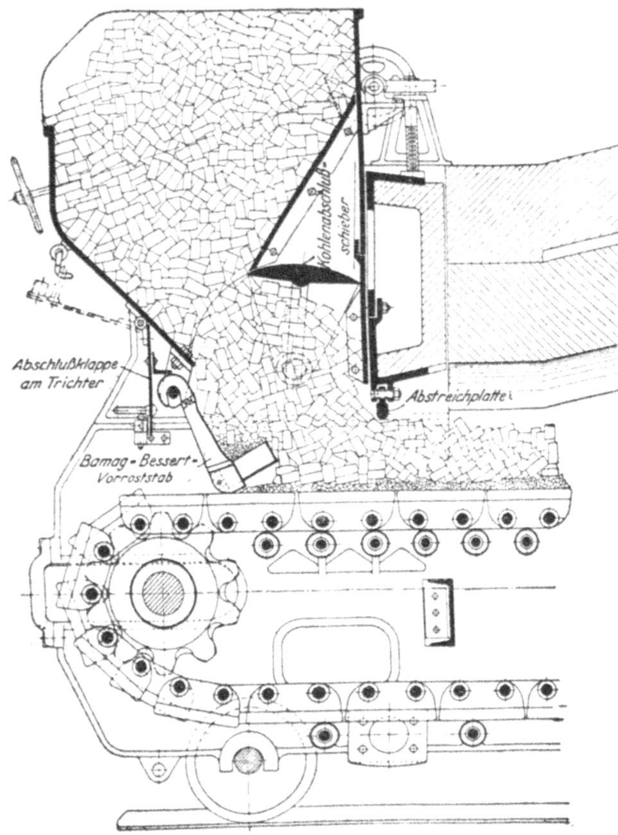

Fig. 43. Wanderrost mit Vorrost (Bessertroststab) der Berlin-Anhaltischen Maschinenfabrik A.-G.

Die Unterwindfeuerung. Der Mangel an besseren Kohlensorten, wie Knörpelkohle, zwingt unsere Industrie in umfangreichem Maße, Kohlenschlamm, Koks- und Kohlengrus und Rohbraunkohle zu verfeuern. Diese Brennstoffe, von denen auf den gewöhnlichen Planrosten der Kohlenschlamm und die Rohbraunkohle überhaupt nicht allein, sondern nur als Streckungsmittel verwendet werden können, indem sie etwa bis zur Hälfte den besseren Kohlensorten, wie Knörpelkohle und Briketts, beigemischt werden, liegen sehr dicht auf dem Rost, so daß der Essenzug für ein lebhaftes Feuer nicht ausreicht und die Leistung des Dampfkessels sinkt. In solchen Fällen verwendet man mit Vorteil die Unterwindfeuerung. Bei derselben ist der Aschenfall ein geschlossener Behälter, der vorn durch die Stirnwand, hinten durch die Feuerbrücke und oben durch den Rost abgeschlossen ist. An der Außenseite der vorderen Stirnwand ist ein Rohrstutzen mit einem Dampfstrahlgebläse angebracht, mittels dessen die Luft injektorartig in den geschlossenen Aschefall hineingeblasen und so verdichtet wird, daß unterhalb vom Rost ein Luftdruck von etwa 50 bis 60 Millimeter Wassersäule entsteht. Die Preßluft durchdringt die Brennstoffschicht trotz deren Dichte sehr gut, und man erhält ein lebhaftes Feuer, in welchem auch die schwer entzündlichen Brennstoffe, wie Kohlengrus, verbrennen. Der Rost besteht bei den Unterwindfeuerungen häufig aus Platten von 30 Millimeter Dicke, in denen an Stelle der Rostspalte kleine, düsenartige Löcher vorhanden sind, die oben etwa 3 bis 7, unten 20 bis 30 Millimeter weit sind. Doch werden auch Roststäbe mit einer Spaltweite von ungefähr 3 Millimeter verwendet. Der Rost kann sehr kurz sein, seine Länge beträgt etwa 700 bis 1000 Millimeter.

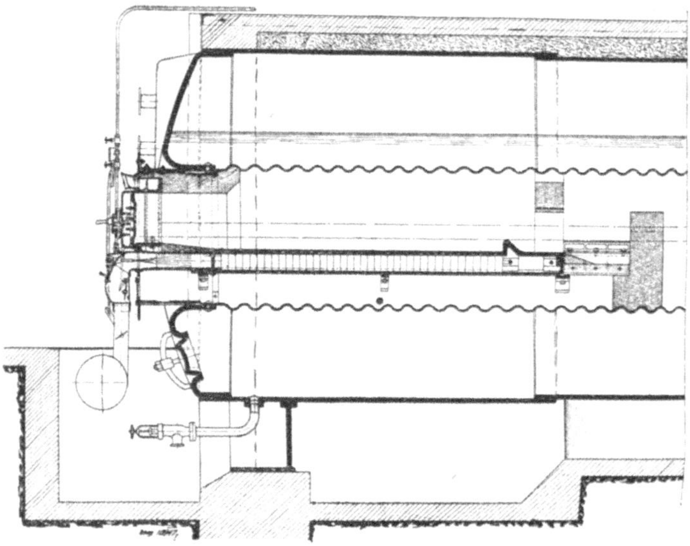

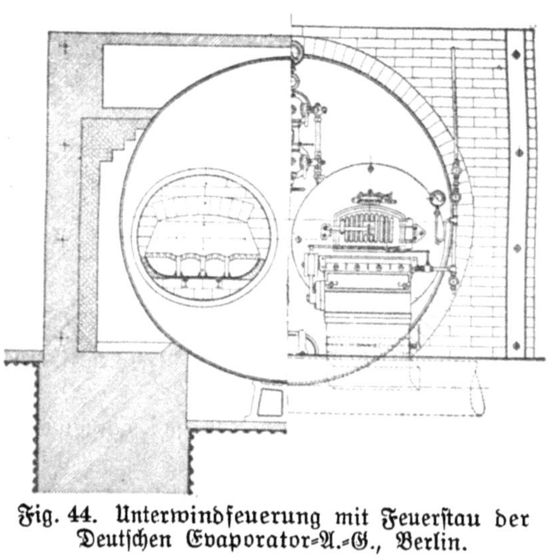

Fig. 44. Unterwindfeuerung mit Feuerstau der Deutschen Evaporator-A.-G., Berlin.

Der Unterwind kann auch durch einen Ventilator erzeugt werden. Vorbedingung für beide Methoden ist, daß der Unterwind allen Stellen im Roste und im Feuer zugute kommt und hiernach die Abmessungen und die Bauart des Rostes bestimmt werden. Wesentlich ist die gute Abdichtung des Raumes für die Druckluft; ist sie mangelhaft, kann also etwa seitlich am Rost oder am Flammrohr, an undichten Stellen der Feuerbrücke oder an der vorderen Stirnwand der Unterwind entweichen, so geht nicht nur dessen Druck zum großen Teil verloren, sondern das Gebläse erfordert auch, um eine gute Wirkung zu erzielen, einen hohen Dampfverbrauch. Dem Unterwind müssen als einziger Ausweg die Rostspalten dienen. Um den Heizer vor dem Verbrennen durch die herausschlagende Stichflamme zu bewahren, muß jede Unterwindfeuerung eine Vorrichtung zum selbsttätigen Abstellen des Unterwindes beim Öffnen der Feuertür haben.

Die Evaporator-Feuerung (Fig. 44) erfüllt die Anforderungen an eine Unterwindfeuerung sehr gut und ist sehr verbreitet. Die Abdichtung des Raumes für die Preßluft ist durch die Eisenwandung der Mulde unterhalb des Rostes und durch das gemauerte Unterteil der Feuerbrücke vollkommen durchgeführt. Der Unterwindraum ist ferner in mehrere voneinander abgeschlossene Kammern unterteilt, von denen jede ein Dampfgebläse hat. Infolgedessen wird bei ungleicher Dicke der Brennstoffschicht auf dem Rost, die etwa bei unregelmäßigem Abbrand oder bei ungleicher Beschickung eintritt, der Luftdurchgang durch die höheren Brennstoffschichten nicht vermindert, obgleich der Luftwiderstand in letzteren größer als in den niedriger bedeckten Stellen des Feuers ist. Hierdurch wird nicht nur eine flotte Verbrennung erreicht, sondern auch einer Verminderung der Kesselleistung und einem Luftüberschuß in der Feuerung wirksam vorgebeugt. Das Dampfstrahlgebläse wird angewendet, weil seine Anlagekosten gering sind, es ferner die Schlackenbildung und somit auch die Verbrennung günstig beeinflußt sowie die Roststäbe kühlt und hierdurch deren Lebensdauer erhöht. Der Dampfverbrauch des Dampfstrahlgebläses wird von der Firma auf Grund der vorgenommenen Untersuchungen mit 4 Prozent angegeben, ist also niedrig. Für die Frage, ob der Unterwind mittels Dampfstrahlgebläse oder Ventilatorbetrieb zu erzeugen ist, kommt außer der Schlackenbildung noch der Wassergehalt des verfügbaren Brennstoffes in Betracht. Koks und Steinkohle werden daher das Dampfgebläse, Rohbraunkohle dagegen den Ventilatorwind erfordern. Auch die für letzteren eingerichtete Evaporatorfeuerung wird mit dem Mulden-Kammersystem ausgerüstet, wobei durch leichte, vor den einzelnen Kammern angebrachte Klappen, die vom Ventilatorwind mehr oder weniger gehoben werden, auch bei einem ungleich hoch bedeckten Rost eine ungleiche Abströmung der Luft nach den verschieden hoch mit Brennstoff bedeckten Kammern verhindert und die gleiche Luftverteilung wie beim Dampfstrahlgebläse erzielt wird. In Betrieben mit wechselnden Brennstoffen werden beide Unterwindsysteme angebracht.

Zur Vermeidung von Flugascheansammlungen in den Feuerzügen ist bei den Unterwindfeuerungen möglichst mit ausgeglichenem Feuerzuge zu arbeiten, d. h. die Zugstärke über dem Rost soll nicht größer als zur Absaugung der Feuergase erforderlich sein. Die Evaporator-Feuerung erhält zu diesem Zwecke einen am Ende des Rostes eingebauten Feuerstau aus Schamottesteinen.

Gasfeuerungen. Bei den Gasfeuerungen ist zur Verhütung von Gasexplosionen darauf zu achten, daß sich während der Betriebsstillstände keine Gemische aus unverbrannten Gasen und Luft in den Gaskanälen und Feuerzügen bilden können. Die Absperrschieber für die Gasleitungen sind daher sorgfältig dicht zu halten. Das Feuer wird nach dem Aussehen der Flammen einreguliert, es müssen daher im Kesselmauerwerk gegenüber den Mischkanälen Schaulöcher angebracht werden. Stark rußende Flammen beweisen, daß zu wenig Luft und zu viel Gas zugeführt werden. Der Heizer muß in solchen Fällen durch teilweises Schließen der Absperrschieber die Gaszufuhr verringern, bis die Flamme keine Rußwolken mehr ausstößt. Beim Anheizen des Kessels muß der Heizer zunächst den Essenschieber aufziehen, die Feuerzüge eine Weile entlüften und erst hierauf das Gas einströmen lassen und sofort anzünden.

Das Gas läßt man durch eine größere Anzahl Öffnungen im Mauerwerk des Verbrennungsraumes vor dem Kessel ausströmen, zwischen denen wieder in abwechselnder Reihenfolge Öffnungen für den Luftzutritt vorhanden sind. Die Gasströme vermischen sich infolgedessen innig mit der Luft und verbrennen bei geringem Luftüberschuß mit hoher Temperatur und langer, in die Feuerzüge hineinschlagender Flamme ohne jede Rauchentwicklung. Zum Schutze gegen eine Überhitzung und um eine genügend hohe Temperatur im Verbrennungsraume zu unterhalten, werden die von den Heizgasen zuerst betroffenen Kesselheizflächen mit Schamottemauerwerk verkleidet. Die hohen Anlagekosten der Gasfeuerungen und der Umstand, daß sie sich nur für regelmäßigen Tag- und Nachtbetrieb eignen, hat zur Folge, daß sie nur angewendet werden, wo das Gas in erster Linie für die sonstigen Fabrikeinrichtungen (Schmelzöfen) erzeugt werden muß.

Umstehende Fig. 45 zeigt den Gasfeuerungsapparat der Westfälischen Maschinenbau-Industrie Gust. Moll & Co., A.-G. in Neubeckum, die zur Sicherheit gegen Gasexplosionen so eingerichtet ist, daß das Anzünden nur erfolgen kann, wenn der Apparat von der Feuerung abgeschwenkt ist.

Trotzdem der Kohlensäuregehalt der Heizgase bei den Gasfeuerungen nahezu die theoretische Grenze erreicht und 18 bis 19 Prozent beträgt, darf hieraus nicht ohne weiteres der Schluß gezogen werden, daß sie billiger arbeiten als die Steinkohlenfeuerungen, bei denen, wie wir sahen, der bestenfalls erreichbare Kohlensäuregehalt 14 Prozent beträgt, da das in den Gasfeuerungen benutzte Gas vorwiegend aus Kohlenoxydgas besteht, zu dessen Erzeugung allein nahezu ein Drittel der in der Kohle enthaltenen Wärme aufgewendet werden muß (siehe „Gasige Brennstoffe", S. 14).

Teerfeuerungen. Der Teer wird in einem eisernen Behälter, der einige Meter über dem Fußboden des Kesselhauses steht, mittels einer Dampfheizschlange leichtflüssig gemacht und in einem dünnen Rohre nach der Feuerung geleitet, wo er durch

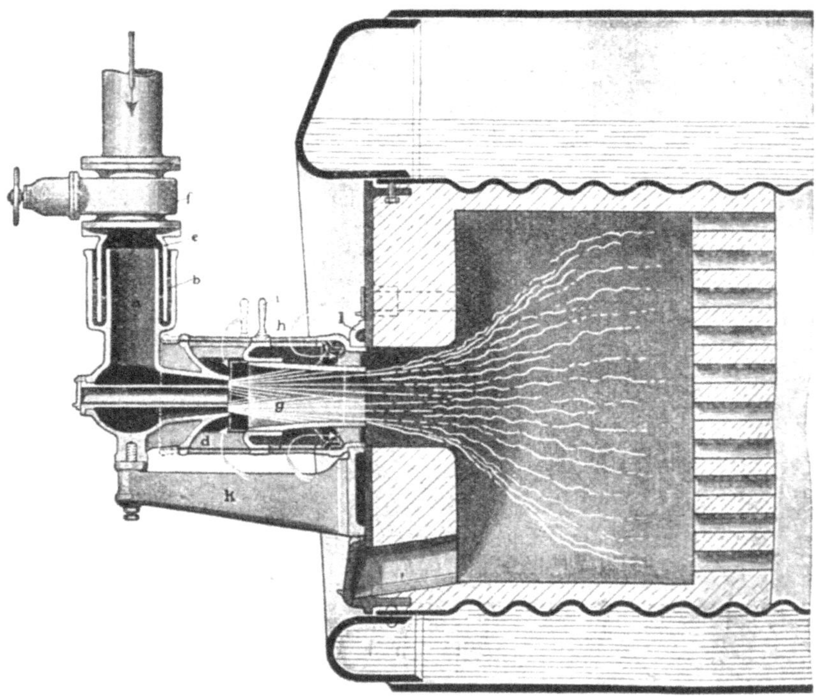

Fig. 45. Gasfeuerung an einem Flammrohrkessel.

einen Dampfstrahl oder durch Preßluft zerstäubt wird. Der Feuerraum muß mit einem als Wärmespeicher dienenden Schamottemauerwerk ausgemauert und mit regelbarer Luftzufuhr versehen sein. Die Teerfeuerungen zeichnen sich wie die Gasfeuerungen durch hohe Temperatur im Feuerraume aus und arbeiten mit geringerem Luftüberschuß als die Kohlenfeuerungen, da sich der Teer infolge seiner feinen Zerstäubung sehr innig mit der Verbrennungsluft mischen läßt. Der Kohlensäuregehalt der Heizgase steigt bei Teerfeuerungen auf etwa 18 Prozent.

Beim Anheizen der mit Teerfeuerungen ausgerüsteten Dampfkessel empfiehlt es sich, den Feuerraum zunächst durch ein Holz- oder Kohlenfeuer anzuwärmen. Der Umstand, daß der Teer (und auch andere flüssige Brennstoffe) im Feuerraum durch einen Dampfstrahl zerstäubt werden muß, erschwert das Anheizen derartiger Kessel, wenn sie kalt stehen und kein Dampf aus einem anderen Kessel verfügbar ist. In solchen Fällen muß durch ein im Feuerraume angezündetes Holz- oder Kohlenfeuer zunächst eine Dampfspannung im Kessel erzeugt werden, die zur Inbetriebnahme der

Teerfeuerung ausreicht. Wird der Teer mittels Preßluft zerstäubt, so vermag die Teerfeuerung natürlich auch erst nach Inbetriebsetzung des erforderlichen Luftkompressors zu arbeiten, was aber die vorherige Inbetriebnahme einer Dampfmaschine oder eine aushilfsweise Antriebskraft für den Kompressor, etwa einen Elektromotor, voraussetzt.

Fig. 47 zeigt eine vollständige Teerfeuerungsanlage für einen kombinierten Dampfkessel. Nähere Erläuterungen sind aus den Anmerkungen unter der Figur ersichtlich. Die Firma Gebr. Körting, A.-G., Hannover, von welcher diese Ausführung stammt, hat namentlich für Schiffsdampfkessel Feuerungsanlagen für flüssige Brennstoffe ausgeführt.

7. Die Feuerzüge und der Schornstein.

Bei der **Heizgasführung** sind folgende Gesichtspunkte zu beachten.

1. Die **Wärmeentziehung.** Die Wärme der Heizgase ist bis an die zulässige Grenze in den Kessel überzuführen.
2. Der **Wasserumlauf.** Die Heizgase müssen den Wasserumlauf im Kessel fördern.
3. Die **Zugverluste.** Die Zugkraft des Schornsteins darf nicht durch falsche Heizgasführung gemindert werden.
4. Die **Reinigung und Zugänglichkeit der Feuerzüge.** Die Feuerzüge müssen sich bequem reinigen lassen und für die Reinigung und Besichtigung der Kesselwände zugänglich sein.
5. Das **Mauerwerk** muß haltbar sein und die Heizgase nach außen genügend abschließen.

1. Die Feuergase werden nach ihrer Entstehung im Feuer in Kanälen (den Flammrohren, Rauchrohren, gemauerten Feuerzügen) durch den Kessel hindurch oder um ihn herum geleitet, wobei sie ihre Wärme abgeben und sich allmählich abkühlen. Die innen vom Wasser, außen von den Heizgasen bespülten Kesselwandungen nennt man die **Heizfläche** des Kessels. Nicht zur Heizfläche werden die im Dampfraum gelegenen Kesselwandungen gerechnet, auch wenn sie von den Heizgasen bestrichen werden, sowie die Heizflächen der Dampfüberhitzer und Wasservorwärmer, obgleich sie die Leistung der Kesselanlage beträchtlich steigern. Direkte Heizfläche nennt man die hochwertige in und dicht hinter dem Feuerraum gelegene, von der strahlenden Wärme des Feuers betroffene Heizfläche. Auf einem Quadratmeter derselben verdampft bei einem Zweiflammrohrkessel ungefähr dreimal soviel Wasser wie auf einem Quadratmeter der übrigen, der sogenannten indirekten Heizfläche; die Heizgase geben ihre Wärme um so schneller ab, je höher ihre Temperatur über derjenigen des Wassers im Kessel liegt. Sind sie bis in die Nähe der Wassertemperatur, auf etwa 250° Celsius abgekühlt, so wird ihre weitere Wärmeabgabe sehr gering. Ziehen die Heizgase mit einer sehr hohen Temperatur nach dem Schornstein ab, wie dies bei überlasteten Kesseln und zu kleiner Heizfläche der Fall ist, so ist die Heizfläche in übernormaler Weise beansprucht, was sich nur durch ein verstärktes Feuer und einen erhöhten Kohlenverbrauch erreichen läßt.

Wie groß die Wärmeverluste bei einer zu kleinen Heizfläche sein können, zeigt folgende Betrachtung. Bei Steinkohlenfeuerungen beträgt die Temperatur im Feuerraume je nach der Höhe des Luftüberschusses etwa 1000 bis 1500° Celsius (Schmelzwärme des Gußeisens und Schmiedeeisens). Hinter dem Feuer kühlen sich die Heizgase rasch ab. Bei ihrem Austritte aus den Flammrohren sind sie etwa noch 500 bis 750° warm und ziehen bei einer normal belasteten Kesselanlage mit 220 bis 250° Celsius in den Essenfuchs ab. Bei einem Kessel von ungenügender Größe steigt die Temperatur der Essengase jedoch mitunter bis zu 450° an. Was das für einen Wärmeverlust bedeutet, bedarf wohl keiner weiteren Erläuterung. Die Temperatur der Heizgase im

Essenfuchs bietet daher immer einen wichtigen Anhaltspunkt für die Beurteilung der Kesselanlage. Hohe Temperaturen im Essenfuchs sind ein Zeichen für einen kostspieligen Kesselbetrieb und deuten darauf hin, daß der Kessel für den notwendigen Dampfverbrauch zu klein ist.

Eine gute Wärmeausnutzung der Heizgase sucht man noch dadurch zu erreichen, daß man sie möglichst dicht an die Heizfläche heranpreßt, die Feuerzüge also nicht unnötig breit macht, und indem man sie durch stellenweise Veränderung ihrer Bewegungsrichtung und ihrer Geschwindigkeit durcheinanderwirbelt. Letzteren Zwecken dienen in den Flammrohren die Gallowaystutzen (Fig. 62) und die abwechselnd weiten und engen Flammrohrschüsse (Stufenrohre Fig. 60 u. 61). Einbauten in die Feuerzüge, z. B. halbkreisförmige Flammrohreinsätze hinter der Feuerbrücke, an denen sich die Heizgase stoßen, haben den Nachteil, daß sie die Zuggeschwindigkeit vermindern und die Reinigung der Züge von Flugasche und Ruß erschweren, und sind infolgedessen nicht sehr verbreitet. Die Heizgase sollen eine möglichst große Heizfläche am Kessel berühren, dabei aber eine möglichst kleine Außenfläche im Mauerwerk haben. Allgemeine Regel ist noch, daß die Gase erst etwaige innere Heizflächen bespülen sollen, wie dies beim Flammrohrkessel der Fall ist.

2. Ein selbsttätiger, kräftiger **Wasserumlauf** entsteht in jedem Kessel schon dadurch, daß auf der Heizfläche über dem Rost das meiste Wasser verdampft und infolgedessen aus den übrigen Teilen des Kessels eine Strömung nach dieser Stelle hin auftritt. Durch diese Strömungsrichtung ist der natürliche Kreislauf des Wassers im Kessel bestimmt, und es ist bei der Anlegung der Heizgaskanäle nach Möglichkeit darauf zu achten, daß sie unterstützt und nicht gestört wird. Wie wir weiter unten sehen, können die Feuerzüge jedoch nicht ausschließlich nach diesen einseitigen Gesichtspunkten angelegt werden, sondern es sind auch die Bauart, die Aschenräumung und die Zugverluste zu berücksichtigen, so daß die Anforderungen zur folgerichtigen Herbeiführung des Wasserlaufs im Kessel nicht immer streng durchgeführt sind.

Der Wasserumlauf ist ferner bei den engrohrigen Siederohrkesseln, und zwar sowohl bei den Wasserkammer- wie bei den Steilrohrkesseln (Fig. 75, 79), dringend nötig und sehr wichtig, um Dampfstauungen in den verhältnismäßig engen Siederohren über dem Feuer zu verhüten. Strömt der in der untersten Rohrreihe solcher Kessel in sehr reichlichen Mengen erzeugte Dampf nicht sehr schnell ab, wie dies bei ungenügendem Wasserumlauf der Fall ist, so füllen sich die Rohre mit Dampf und werden, da letzterer ein sehr schlechter Wärmeleiter ist, leicht durch das Feuer überhitzt und infolge von Beulen- oder Rißbildung beschädigt. Kesselsteinansatz vermag der Wasserumlauf nicht gänzlich zu verhüten, obgleich dies vielfach behauptet wird. An den Heizflächen wird ferner durch einen kräftigen Wasserlauf die Verdampfung erhöht, da er die kleinen, nur allmählich sich selbst lösenden Dampfblasen, die bei ruhendem Wasserinhalt die Kesselwand in einer dichten, die Wärme schlecht leitenden Schicht überziehen, beizeiten fortspült.

Schließlich bewirkt der Wasserumlauf einen Ausgleich der ungleichmäßig erwärmten Wasserschichten. Wird das Wasser, das bekanntlich bei 4° Celsius am dichtesten und schwersten ist, erwärmt, so dehnt es sich aus, wird also leichter und steigt in die Höhe. Heiße Wasserschichten sammeln sich daher unter dem Wasserspiegel, weniger warme auf dem Boden des Kessels an. In den heißen Wasserschichten dehnen sich naturgemäß die Kesselbleche mehr aus als in den weniger warmen, so daß an dem Kessel Spannungen auftreten, die zu undichten Nietverbindungen oder Kantenrissen in den Blechen führen können. Diese ungleichmäßige Erwärmung des Wassers im Kessel, die namentlich beim Anheizen der Zweiflammrohrkessel durch Befühlen der vorderen Stirnwand in augenfälliger Weise wahrnehmbar ist, kann nicht auftreten, wenn sich das Wasser im Kessel in einem lebhaften Umlauf befindet.

Der Wasserumlauf, auf den beim Bau und bei der Einmauerung bei manchen Kesseln, wie wir sehen, großer Wert gelegt werden muß, kann nicht nur durch eine geeignete Heizgasführung, sondern auch die besonderen Einbauten im Kessel gefördert werden. Eine allgemeine Verbreitung haben dieselben jedoch nicht gefunden, weil sie zumeist bei der Reinigung und Befahrung des Kessels hinderlich sind.

3. Unter **Zugverlusten** versteht man die Verminderung der Zugkraft. Sie treten hauptsächlich auf, wenn die Züge stellenweise sehr verengt sind und die Heizgase scharfen und häufigen Richtungsänderungen ausgesetzt sind und heruntergezogen werden (weil sie das natürliche Bestreben haben, in die Höhe zu steigen). Es ist daher mitunter sehr nachteilig, wenn die Kesseleinmauerung viele Umkehrungen enthält. Die Zugkraft des Schornsteins kann durch derartige unpraktische Heizgasführung so aufgebraucht werden, daß auch bei voll geöffnetem Essenschieber keine Steigerung des Zuges in der Feuerung eintritt und die Leistung des Kessels sehr beeinträchtigt wird. Zur Vermeidung unnötiger Zugluft ist ferner bei der Einmauerung des Kessels darauf zu sehen, daß die Umkehrkanten in den Zügen gut abgerundet sind und die Zugkanäle in schlankem Bogen ineinander überlaufen.

Weitere Zugverluste entstehen durch zu lange oder undichte Züge, in denen eine unnötige Abkühlung der Gase stattfindet. Auf das Meter Zuglänge rechnet man im Essenfuchs eine Temperaturabnahme von 3 bis 5^0 Celsius, so daß die Auftriebskraft bei langen Kanälen erheblich herabgemindert wird. Es ist streng darauf zu sehen, daß in den Zügen und im Essenfuchs keine Feuchtigkeit vorhanden ist, daß das Mauerwerk keine Risse zeigt, durch welche falsche Luft und Wasser eindringen können, und daß schließlich das Mauerwerk des Fuchses genügende Stärke hat und nötigenfalls durch eine weitere Schutzmauer vor den Witterungseinflüssen isoliert ist. Auf die Vermeidung der Abkühlungsverluste infolge undichten Mauerwerks wird vielfach noch zu wenig Wert gelegt. Die Zugverluste betragen bei guten Kesselanlagen etwa 8 bis 10 Prozent der Heizgaswärme, bei ungünstigen Verhältnissen und schlechten Einmauerungen können sie bis 20 Prozent ansteigen.

4. Die **Zugänglichkeit der Feuerzüge** ist erforderlich, um sie bequem von Flugasche reinigen und die Kesselbleche auf ihre Beschaffenheit untersuchen zu können. Doch erhalten die Züge nicht immer die zum Befahren nötige Weite, da sie zu geräumig werden würden (Seitenzüge der Flammrohrkessel). Neuerdings wird viel Wert auf eine leichte und bequeme Beseitigung der Flugasche aus den Zügen gelegt, was namentlich bei großen Kesseln mit langen Heizgaskanälen nötig ist. Die Züge sind zu diesem Zwecke teilweise unterkellert und mit verschließbaren Auslaufstutzen versehen, mittels welcher die Flugasche in Transportwagen entleert werden kann. Bei der Besichtigung der Feuerzüge ist darauf zu achten, daß die Heizgasführung nicht durch eingefallenes Mauerwerk in Unordnung gerät und nicht etwa ein Übertritt von Gasen in falsche Züge stattfindet.

5. Das **Mauerwerk** muß möglichst luftdicht sein und zu diesem Zweck, um ein gutes Abbinden des Mörtels zu erreichen, mit normaldicken Fugen gemauert und namentlich um den Feuerraum herum mit guter Verankerung ausgeführt werden. Wo der Kessel durch das Mauerwerk hindurchtritt, ist ein Spalt freizulassen, der mit Asbestschnur auszufüllen ist, so daß sich der Kessel ausdehnen kann, ohne auf das Mauerwerk schiebend und zerstörend einzuwirken. Sehr zu empfehlen ist die Verwendung von Glasursteinen, da sie sehr luftdicht sind und den Heizer zu Reinlichkeit erziehen. Wo das Mauerwerk an den Kessel anstößt, muß es mit Lehmmörtel gemauert werden, da Kalkmörtel beim Abbinden Anrostungen verursacht. Auch darf sich das Mauerwerk nicht in Bogen auf den Kessel stützen, sondern ist möglichst durch Vorkragen der Steine an ihn heranzuführen. Von den Kesselhauswänden, von Säulen usw. muß es mindestens 8 Zentimeter abstehen, damit es sich ungehindert ausdehnen kann. Diese 8 Zentimeter sind gesetzliche Vorschrift.

Feuerfeste Baustoffe sollen bis an die Stellen verwendet werden, wo die Gase noch 600 bis 700° Celsius heiß sind; in den von den Heizgasen sonst bestrichenen Flächen müssen die Ziegel hitzbeständig und in Lehmmörtel verlegt sein. Gewölbe müssen mit knappen Fugen gemauert, entlastet sein und großen Stich erhalten.

Das Mauerwerk soll nach der ersten Austrocknung, die sehr allmählich vorzunehmen ist, keine feuchten Stellen aufweisen, andernfalls sind die Ursachen derselben, die auch in undichten Nietverbindungen bestehen können, zu ergründen und zu beseitigen. Insbesondere ist auch mit größter Gewissenhaftigkeit darauf zu achten, daß aus dem Kesselmauerwerk während der Betriebspausen bei geschlossenem Essenschieber kein Dampf aufsteigt, der nur von Undichtheiten herrühren kann.

Der **Essenschieber** befindet sich in dem Essenfuchs, d. i. der Verbindungskanal zwischen den Kesselzügen und dem Schornstein (Fig. 46). Er besteht aus einer Eisenplatte, die sich in einem eingemauerten eisernen Rahmen auf- und niederschieben läßt. Durch das Heben und Senken des Schiebers wird die Durchgangsöffnung für die abziehenden Heizgase im Fuchs erweitert oder verengt und hierdurch die Zugkraft des Schornsteins und die Luftzufuhr zum Rost nach Belieben beeinflußt. Der Schieber wird an einer Kette oder einem Drahtseil aufgehangen, die über Rollen laufen und nach dem Heizerstande geführt sind, von wo aus der Heizer die jeweils erforderliche Schieberhöhe einzustellen hat. Außerordentlich wichtig ist, daß sich der Schieber leicht bewegen läßt; er ist deshalb durch Gewichte auszubalancieren und muß mittels einer kleinen Winde aufziehbar sein. Vielfach ist der schwere Gang des Schiebers die Ursache dafür, daß sich der Heizer um seine richtige Einstellung nicht bemüht. Zu empfehlen ist auch, wie dies in allen gut in Ordnung gehaltenen Kesselhäusern der Fall ist, den Essenschieber möglichst luftdicht nach außen abzuschließen und oberhalb des Rahmens einen Blechkasten anzubringen, durch welchen nur das Zugseil für den Schieber hindurchführt. Schlecht verwahrte Schieber lassen viel kalte Luft einströmen, wodurch namentlich die Temperatur des Wassers in den Rauchgasvorwärmern (Ekonomisern) nicht auf die genügende Höhe gebracht werden kann und auch die Zugstärke im Feuer vermindert wird (siehe auch „Aschefall", S. 27).

Der Schornstein muß die Heizgase selbsttätig ableiten. Seine Wirkung beruht darauf, daß die in ihm befindliche Rauchgassäule infolge der Ausdehnung durch die Wärme wesentlich dünner und leichter ist als eine in gleicher Höhenlage befindliche freie Luftschicht von denselben Abmessungen. Der Gewichtsunterschied zwischen diesen beiden Luftsäulen macht die natürliche Zugkraft des Schornsteins aus. Die Aufwärtsbewegung der Schornsteingase hört zwar auch noch nicht auf, nachdem sie die obere Schornsteinmündung verlassen haben, sie werden jedoch alsdann von der freien Atmosphäre verweht und vermögen keine Zugkraft auf die Heizgase in den Kesselzügen und im Schornstein auszuüben. Ein Schornstein wird demnach um so besser ziehen, 1. je größer sein Hohlraum ist, 2. je heißer die Schornsteingase sind, 3. je kälter die Außenluft ist.

Da die äußere Luft mit zunehmender Kälte schwerer wird, die Heizgase mit zunehmender Wärme leichter werden, erklärt sich auch, daß die Schornsteine bei kaltem Wetter besser ziehen als bei heißem. Tritt einmal der Fall ein, daß — etwa nach einem längeren Betriebsstillstande — der Schornstein und die Kesselzüge zu weit abgekühlt sind, so besitzt die Schornsteinluft keine Auftriebskraft. Es kann dann beim Anheizen vorkommen, daß der Schornstein nicht zieht. Derartige Betriebsstörungen können auch während der Betriebspausen (häufig kommt dies nach Sonntagen vor) dadurch verursacht werden, daß die Abdeckungen der Einsteigöffnungen im Essenfuchs undicht sind, so daß sich der Schornstein mit kalter Luft füllt. Man hilft sich dann in der Weise, daß man direkt im Schornstein ein sogenanntes Lockfeuer aus Stroh, Hobelspänen oder Holz macht, bis die Zugwirkung bemerkbar wird.

Wir ersehen also, daß es beim natürlichen Essenzuge nicht möglich ist, die Wärme der Heizgase vollständig zur Erzeugung von Dampf im Kessel auszunützen. Der Auftrieb der Heizgase im Schornstein muß unbedingt vorhanden sein und setzt voraus, daß die Heizgase mit einer Temperatur von mindestens 200 bis 250° Celsius aus den Kesselzügen abziehen. Bei gut ganz gebauten Kesselanlagen (mit genügend weiten und richtig angelegten Zügen) beträgt die Wärme der Essengase etwa 16 bis 18 Prozent, für gewöhnlich etwa 25 Prozent der Wärme der Heizgase. Man nennt diesen Wärmeverlust kurz den **Schornsteinverlust.**

Im allgemeinen kann man annehmen, daß durchschnittlich etwa zwei Drittel, bei ganz vollkommenen Kesselanlagen etwa drei Viertel des Heizwertes der Kohle zur Erzeugung von Dampf nutzbar gemacht werden.

Der künstliche Saugzug.

Der direkte Saugzug. Die Gase werden bei demselben aus dem Fuchs oder hinter dem Vorwärmer durch einen Ventilator abgesaugt und in den Schornstein gedrückt, der sie infolge ihres natürlichen Auftriebes ins Freie ableitet. Hierbei ist indes zu beachten, daß die Rauchgase beim Durchströmen durch den Ventilator etwas abgekühlt werden, sodann entstehen bei ihrem Hineindrücken in den Schornstein mehr oder wenig Wirbel und eine gewisse Verdichtung derselben, wodurch der Auftrieb verringert wird. Die Gase dürfen daher nicht mit zu hoher Geschwindigkeit in den Schornstein gepreßt werden, woraus sich die Forderung ergibt, langsam laufende große Ventilatoren zu verwenden. Die Zugstärke wird geändert, indem man den Ventilator, der mittels eines Elektromotors oder einer Dampfmaschine angetrieben wird, je nach Bedarf schneller oder langsamer laufen läßt. Mitunter sind auch in der Saug- oder Druckleitung des Ventilators für diese Zwecke verstellbare Drosselklappen vorhanden. Der Essenschieber dient in diesen Fällen vor allem zum völligen Absperren der Kessel und zur Regelung, wenn mehrere Dampfkessel an eine gemeinsame Zuganlage angeschlossen sind. Bei hohen Abgastemperaturen — etwa von 300° Celsius an — müssen die Lager des Ventilators Wasserkühlung erhalten. Der Schornstein erhält bei dem direkten Saugzug eine derartige Höhe, daß die Umgebung nicht durch die Rauchgase belästigt wird, besondere Einbauten, wie beim indirekten Saugzug, sind jedoch nicht erforderlich.

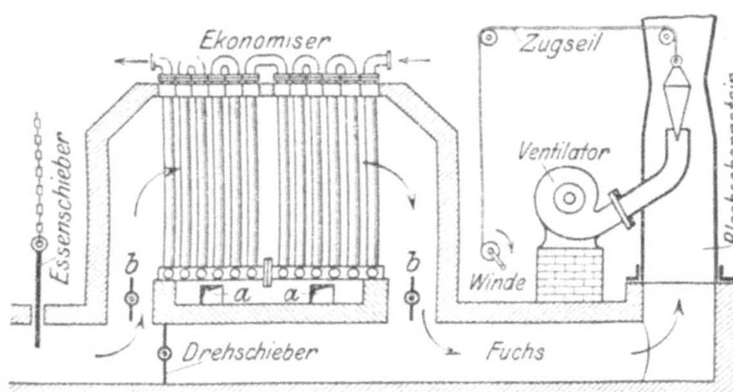

Fig. 46. Künstliche Saugzuganlage (Schwabachzug) mit eisernem Schornstein, Ventilator und Zugregler. a = Reinigungsöffnungen, b = Drehschieber.

Bei **dem indirekten Saugzug** (auch Schwabachzug genannt) (Fig. 46) bläst ein im Kesselhause aufgestellter Ventilator, der mit den Heizgasen überhaupt nicht in Berührung kommt, durch ein Rohr frische Luft in den Schornstein. Der Schornstein und das Ende dieses Rohres bilden eine Düse, so daß der vom Ventilator erzeugte Luftstrom die Heizgase — genau wie im Injektor das Wasser — aus den Kesselzügen ansaugt und mit dem Frischluftstrome ins Freie befördert. Der Schornstein ist nicht gemauert, sondern besteht aus einem schmiedeeisernen Rohr von 15 bis 20 Meter Höhe und ist in der Nähe der Mündung des Rohres vom Ventilator konisch zusammengezogen. Die Zugstärke wird geregelt, indem man einen kegelförmigen Verdrängkörper mehr oder weniger tief in die Mündung des Ventilatorrohres im Schornstein hineinsenkt. Je tiefer der kegelförmige Körper, der an einem Drahtseil hängt, mittels einer kleinen

Winde in das Rohr hineingelassen wird, um so geringer wird dessen freier Querschnitt an der Mündung und um so weniger kommt die Ventilatorwirkung zur Geltung, d. h. der Essenzug wird schwächer. Bei einer anderen patentierten Ausführung kann die Mündung des Ventilatorrohres durch eine gleichfalls außen angebrachte Winde mit Handkurbel auf drei verschiedene Weiten eingestellt werden, wodurch der Essenzug verstärkt oder abgeschwächt wird. Doch kann auch zur Veränderung des Saugzuges die Umdrehungszahl des Ventilators verändert oder ein Dampfstrahlgebläse angebracht werden. Bei dem indirekten Saugzug muß die Luft mit großer Geschwindigkeit in den Schornstein geblasen werden, soll eine kräftige Saugwirkung in den Zügen erzeugt wer-

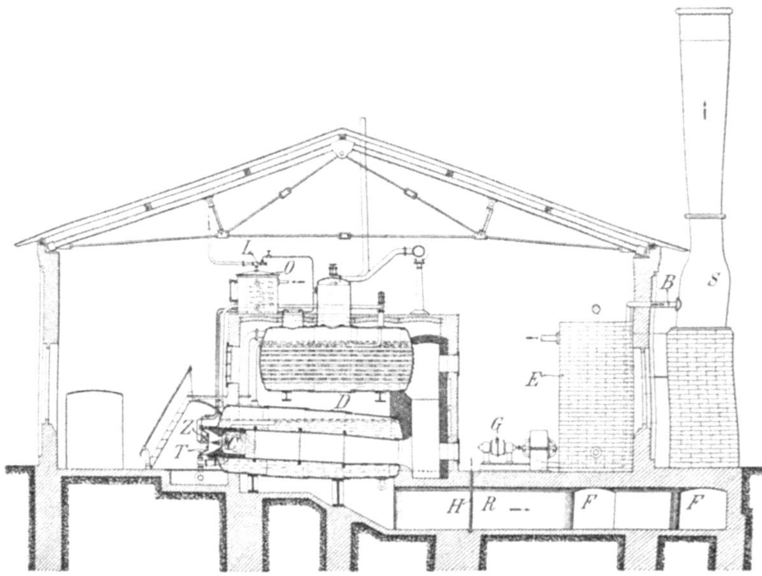

Fig. 47.

Z = Teerzerstäuber, T = Trommelschieber im Feuergeschränk, der ein genaues Einstellen der für jede Belastung des Kessels erforderlichen Verbrennungsluft ermöglicht; C = ringförmige Feuerbrücken aus Schamotte, O = Teerbehälter mit Dampfheizschlange zur Flüssighaltung des Teers, L = Dampfstrahlsauger zum Füllen des Behälters O mit Teer.

S = eiserner Saugzugschornstein, G = Gebläse mit Elektromotor gekuppelt, B = Gebläseleitung vom Gebläse nach dem Schornstein, E = Ekonomiser, F = Rauchkanal nach dem Ekonomiser, F = direkter Rauchkanal nach dem Schornstein, H = Essenschieber.

den. Man verwendet deshalb schnellaufende Ventilatoren, die wesentlich kleiner als beim direkten Saugzug sind. Der Kraftbedarf des Ventilators ist beim indirekten Saugzug wesentlich größer als beim direkten Saugzug, da die beförderte Luftmenge bei ersterem wesentlich größer ist als bei letzterem.

Die Vorteile und Nachteile des künstlichen Zuges. Die Ansichten über die Anwendung des künstlichen Zuges sind in der Praxis sehr verschieden. Er wird insbesondere da angewendet, wo man einen starken Essenzug braucht und man keinen hohen Schornstein errichten will oder der vorhandene Schornstein nicht genügend zieht. Sein hauptsächlichster Vorteil beruht darin, daß man die Zugstärke innerhalb sehr weiter Grenzen bequem regulieren und so beträchtlich erhöhen kann, daß die auf dem Rost verbrannte Kohlenmenge und die im Kessel erzeugte Dampfmenge sehr groß werden. Der künstliche Zug eignet sich daher auch für Kesselanlagen, bei denen der Dampfverbrauch im Laufe des Tages erheblich schwankt, so daß sich zu gewissen Tagesstunden die Ingebrauchnahme weiterer Kessel nötig machen würde (Elektrizitätswerke, Färbereien, Zuckerfabriken u. a.). Er ermöglicht ferner eine weitgehende Abkühlung der Rauchgase an Vorwärmern im Essenfuchs, deren Temperatur auf 130 bis 150° Celsius ermäßigt werden kann, während sie beim gewöhnlichen Schornsteinzug, wie wir sahen, 200 bis 250° Celsius im Mittel beträgt. Es läßt sich daher eine Kohlenersparnis mit ihm erzielen, die allerdings durch den Kraftverbrauch für den Ventilator z. T. wieder ausgeglichen wird. Ferner gestattet der wesentlich schärfere Essenzug die Verfeuerung von geringwertigen Brennstoffen. Durch die lebhafte Verbrennung wird ferner die Temperatur im Feuerraume gesteigert und infolgedessen bei geeigneter Rostbeschickung die Rauchverbrennung erleichtert. Die Schornsteine für den indirekten Zug haben nur einen Teil des Gewichtes der gemauerten Schornsteine und sind deshalb in manchen Kesselhäusern auf dem Gemäuer des Ekonomisers, also ohne besonderes Fundament aufgestellt. Dieses geringe Schornsteingewicht macht die Anwendung der indirekten Saugzuganlagen namentlich dort möglich, wo es an dem nötigen Platz für einen gemauerten Schornstein fehlt oder wo der Baugrund nicht durch schwere Bauten belastet werden darf (Bergwerke). Fig. 47 zeigt die Gesamtanordnung einer Kesselanlage mit Saugzuganlage in der Ausführung der Firma Körting, Hannover. Infolge der niedrigen Schornsteine ist bei Anwendung der künstlichen Saugzuganlagen darauf Rücksicht zu nehmen, ob die Anwohner in der nächsten Nähe nicht etwa durch Ruß oder Flugasche belästigt werden können. Auch ist darauf zu achten, daß die Kessel nicht durch zu hohe Beanspruchung beschädigt werden.

Das Pusterohr. Bei den Lokomobilen und Lokomotiven kann der niedrige eiserne Schornstein den nötigen Zug in der Feuerung überhaupt nicht allein erzeugen. Man bringt deshalb in der hinteren Rauchkammer des Kessels, dicht unterhalb des Schornsteins, eine Blaserohreinrichtung an, durch welche der Abgangsdampf von der Dampfmaschine hindurchgeht. Der mit großer Geschwindigkeit aus dem Mundstücke des Blaserohres austretende Dampfstrahl reißt die in der Rauchkammer befindlichen Heizgase kräftig mit sich fort und zum Schornstein hinaus, wodurch auch in der Feuerung ein sehr lebhafter Zug entsteht. Damit das Feuer beim Stillstand der Lokomotiven angefacht werden kann, erhält das Blaserohr, auch Puster genannt, eine Zuleitung von direktem Dampf aus dem Kessel.

8. Die Verhütung und Beseitigung des Kesselsteins.

Wir verfolgen nunmehr den Weg, den die Wärme aus den Heizgasen nach dem Kesselwasser zu durchlaufen hat. Sehr erleichtert wird die Wärmeentziehung der Heizgase dadurch, daß das Eisen, also das Kesselblech, die Wärme schnell aus den Heizgasen aufnimmt und ebenso schnell an das Kesselwasser abgibt. Man nennt derartige Stoffe, welche die Wärme schnell fortpflanzen, **gute Wärmeleiter**, im Gegensatze zu den Stoffen, welche die Wärme langsam fortpflanzen und die man als **schlechte Wärmeleiter** bezeichnet. Beide, die guten und schlechten Wärmeleiter, spielen im Dampfkesselbetrieb eine bedeutende Rolle. Gute Wärmeleiter sind die Metalle (Schmiedeeisen, Gußeisen, Kupfer, Messing usw.); schlechte Wärmeleiter sind die erdigen und pflanzlichen Stoffe, wie Kieselerde, Mauerwerk, Kesselstein, Holz, Sägespäne, Kork und die Gase (Luft). Wie die guten und schlechten Wärmeleiter wirken, erkennt man am besten aus dem Verhalten einer Trennwand zwischen einem erwärmten und einem kühleren Raume. Würde man dieselbe aus einer Eisenplatte herstellen, so würde die Wärme aus dem erwärmten Raume schnell durch das Eisen hindurch nach dem kühleren Raume treten und letzteren bald erwärmen. Errichtet man hingegen die Trennwand aus einem schlechten Wärmeleiter, etwa aus Korksteinen, oder führt man sie gar als hohle Wand mit einem inneren Luftraume aus, so würde die Wärme aus dem warmen

Raume nur ganz langsam in den Nachbarraum übertreten und letzterer würde sich nicht wesentlich erwärmen.

Je größer der Temperaturunterschied zu beiden Seiten der Fläche ist, um so schneller geht die Wärme durch eine derartige Trennwand hindurch. Für die Geschwindigkeit, mit welcher die Wärme durch das Kesselblech hindurchtritt, ist es von ganz unbedeutendem Einflusse, ob dessen Dicke 5, 10, 15 oder 20 Millimeter beträgt. Erst bei ganz starken Kesselblechen, etwa von 25 Millimeter Dicke an, die nur bei großen und für hohen Dampfdruck bestimmten Kesseln nötig sind, könnte man vielleicht von einem Wärmeverlust infolge der erheblichen Blechdicke sprechen. Ein besserer Wärmeleiter als das Eisen ist das Kupfer, doch ist es infolge seines hohen Preises und seiner geringen Festigkeit, die außerdem bei höheren Temperaturen sehr abnimmt, nur in beschränktem Maße als Kesselblech verwendbar.

Soweit die Kesselwandungen und Dampfleitungen frei liegen und nicht von den Heizgasen bestrichen werden, leiten sie die Wärme des Dampfes oder des heißen Kesselwassers nach außen ab. Ein gußeisernes Dampfleitungsrohr von 100 Millimeter lichtem Durchmesser, 10 Millimeter Wanddicke und 20 Meter Länge strahlt, wenn die Temperatur des Dampfes 130°, die Temperatur des Werkstättenraumes 20° Celsius beträgt, in einer Stunde 4024 Wärmeeinheiten aus, das ist dieselbe Wärmemenge, die sich etwa aus 1 Kilogramm Steinkohle von mittlerem Heizwerte nutzbar machen läßt. Liegt das Dampfrohr im Freien, so ist der Wärmeverlust noch größer. Man umwickelt deshalb die Rohrleitungen, den Dampfdom usw. mit einem schlechten Wärmeleiter. Solche Isoliermittel sind Kieselerde, Kork, Seidenzöpfe usw. Die Art des jeweilig zu verwendenden Isoliermittels richtet sich nach der Temperatur des Dampfes. Bei Rohrleitungen mit hocherhitztem Dampfe von etwa 300° Celsius darf man z. B. etwaige Schutzkästen gegen Kälte und Regen nicht mit Holzabfällen ausfüllen, da die Temperatur des Dampfes in diesem Falle gleich der Entzündungstemperatur des Holzes ist und Brände entstehen können.

Ungünstiger als das Eisen beeinflußt der Ruß den Durchgang der Wärme von den Heizgasen nach dem Kesselwasser. Gleich beim ersten Anheizen des Kesselwassers setzt sich in den Feuerzügen eine Rußschicht auf den Kohlenblechen fest. Da der Ruß schwer brennbar ist, bleibt er während des Kesselbetriebes haften, und nur im Feuerraume direkt über dem Rost kann er sich infolge der hohen Temperatur nicht halten und verbrennt. Von den übrigen Kesselwandungen kann man den Ruß natürlich nur gelegentlich der Kesselreinigung entfernen. Bei den aus vielen engen Rohren zusammengesetzten Speisewasservorwärmern in dem Essenzuge — den sogenannten Ekonomisern — beseitigt man, um eine höhere Erhitzung des Speisewassers im Vorwärmer zu erreichen, den Ruß durch mechanisch angetriebene auf- und abwärtsgehende Rußkratzer. Die Dampfüberhitzer und Heizrohre der Rauchrohrkessel, bei denen die blanke, rußfreie Oberfläche von großem Einflusse auf ihre Wirkungsweise ist, muß der Heizer mit dem Dampfstrahlapparat oder mit der Drahtbürste wöchentlich wenigstens zweimal von der anhaftenden Rußschicht reinigen.

Noch mehr als durch Ruß wird aber der Wärmedurchgang durch den Kesselstein erschwert. Der Kesselstein ist ein ganz schlechter Wärmeleiter. Er verursacht infolgedessen nicht nur einen hohen Kohlenverbrauch, sondern es können unter den dicken Kesselsteinkrusten auch die Bleche überhitzt und beschädigt werden. Es ist daher für den Dampfkesselbetrieb sehr wichtig, ob das Kesselspeisewasser viel oder wenig Kesselstein absetzt.

Die Entstehung des Kesselsteins. Das Wasser macht in der Natur einen beständigen Kreislauf. Das an der Oberfläche der Erde befindliche Wasser verdunstet teilweise unter dem Einflusse der Sonnenwärme, das hochgezogene Wasser wird in höheren Luftschichten abgekühlt und bildet hier die Wolken, aus denen es als Regen wieder zur Erde niederfällt und in das Erdreich eindringt. Das Regenwasser ist sehr reines Wasser. Es nimmt aber aus der Luft und der mit Pflanzenresten durchsetzten Erdoberfläche Kohlensäure auf. Dieser Kohlensäuregehalt befähigt das Wasser, gewisse Steinarten, und zwar den kohlensauren Kalk und die kohlensaure Magnesia, in sich aufzulösen. Es enthält dann doppeltkohlensauren Kalk und doppeltkohlensaure Magnesia. Erhitzt man ein solches Wasser, so scheidet die anfängliche Kohlensäure wieder in Gasform aus; die Fähigkeit des Wassers, den kohlensauren Kalk und die kohlensaure Magnesia in Lösung zu behalten, geht verloren, und diese Bestandteile setzen sich an den Kesselwänden als Kesselstein ab. Der kohlensaure Kalk heißt mit dem gewöhnlichen Ausdruck Kalkstein. Er ist außerordentlich verbreitet und bildet ganze Gebirge. Daher gibt es kaum ein Wasser, welches nicht kalkhaltig ist. Durch Brennen in den Kalköfen wird der Maurerkalk daraus hergestellt. Kalkstein in sehr reiner Form ist der Marmor.

Die Härte des Wassers. Dieselbe Wirkung wie das Kesselfeuer übt auch, allerdings in viel langsamerem Maße, die Sonnenwärme auf das Wasser in den Flüssen und Bächen aus. Daher kommt es, daß das Flußwasser weich ist und in den meisten Fällen weniger Kesselstein ansetzt als Grundwasser aus Brunnen usw. Wasser mit viel gelösten Bestandteilen nennt man hartes, mit wenigen derartigen Bestandteilen weiches Wasser. Enthalten 100 Liter Wasser 1 Gramm an Kalk, so sagt man, das Wasser hat einen Härtegrad. Da 1 Gramm Kalk zum Ausscheiden dieselbe Menge Seife braucht wie 0,7 Gramm Magnesia, so würde ein anderes Wasser, welches in 100 Liter Wasser 0,7 Gramm Magnesia enthält, gleichfalls einen Härtegrad haben. Während Wasser, in dem Kalk oder kohlensaure Magnesia enthalten ist, durch Kochen weich wird, ist dies bei gipshaltigem Wasser nicht der Fall. Gips bleibt auch in kochendem Wasser in Lösung, und es scheidet nur der Gipsgehalt aus, der über 2,7 Gramm in 100 Litern hinausgeht. Man nennt deshalb die durch Gips hervorgerufene Härte des Wassers auch bleibende oder permanente Härte.

Verschiedene Verfahren zur Kesselsteinverhütung. Da der Kesselstein Wärmeverluste verursacht und sich bei manchen Kesselarten, z. B. bei den Heizrohrkesseln und bei den Wasserrohrkesseln, durch Ausklopfen von Hand nicht beseitigen läßt, wendet man verschiedene Verfahren zu seiner Verhütung an. Man versucht, ihn als Schlamm im Kessel niederzuschlagen, oder man reinigt das Kesselwasser vor dem Eintritt in den Dampfkessel, so daß es beim Verdampfen überhaupt keinen oder doch nur sehr wenig Kesselstein absetzt. Nachstehend seien einige dieser Verfahren besprochen.

Alle stärkemehlhaltigen Stoffe wie Mehl, Kartoffelpräparate sowie alle Gerbstoff enthaltenden Mittel verhindern, wenn sie dem Kesselwasser beigemischt werden, daß sich die Kesselsteinbildner in Kristallform niederschlagen und feste Krusten bilden. Als solche gerbstoffhaltige Mittel kommen hauptsächlich Fichten-, Eichen- und Kastanienrinde in Betracht, die man auskocht. Die ausgekochte Flüssigkeit wird noch mit Chemikalien (Ammoniaklösung oder kohlensaures Ammoniak) vermischt und dann in bestimmten Mengen dem Kesselwasser hinzugegeben. Eine Wirkung ist diesen Mitteln insofern nicht abzusprechen, als sich der Kesselstein unter ihrem Einflusse gleichfalls als Schlamm absetzt; doch verursachen sie eine so erhebliche Verunreinigung des Kesselwassers, daß von ihrer Verwendung nur abzuraten ist.

Ein anderes Verfahren zur Kalksteinverhütung beruht auf der Anwendung einer petroleumhaltigen Flüssigkeit, in der das Petroleum in sehr feinen Tropfen verteilt ist (eine sogenannte Emulsion). Dieses Mittel ist für den Kessel und die Armatur vollkommen unschädlich. Seine Wirkung besteht darin, daß es eine Vereinigung und Kristallisation der Kesselsteinbildner im Augenblicke ihres Ausscheidens aus dem Wasser verhindert und deren Abscheidung als Schlamm bewirkt. Schon vorhandener alter Kesselstein wird durch dieses Mittel mürbe und bröcklig gemacht und kann beim späteren Ausklopfen des Kessels leicht entfernt werden.

Die beste, sicherste und billigste Enthärtung des Kesselspeisewassers erreicht man jedoch durch **Zusatz von Soda** und gelöschtem **Kalk**. Soda und Kalk wandeln die im Wasser gelösten Kesselsteinbildner in unlösliche Stoffe um, die sich nicht als fester Kesselstein, sondern als Schlamm auf dem Kesselboden niedersetzen. Diese Umwandlung geht sehr schnell vonstatten, wenn das Kesselspeisewasser heiß ist. Die Soda und der Kalk werden im Wasser gelöst und gleichzeitig mit dem Kesselspeisewasser in den Kessel gespeist. Bei dieser Methode behält man den ganzen Schlamm im Kessel, und letzterer muß öfters ausgeblasen werden. Um dies zu vermeiden, reinigt man das Wasser, bevor es in den Kessel gelangt. Das Wasser muß dann in einem Vorwärmer erhitzt werden und nach dem Zusatz der Soda- und Kalklösung durch ein Filter (Sandfilter, Koksfilter, Leinwandfilter) laufen, in welchem der Schlamm zurückbehalten wird. Man erhält dann im Kessel ein vollständig reines, kesselsteinfreies Wasser. Zur gründlichen Ausscheidung des Kesselsteins durch Soda und Kalk sind auch in heißem Wasser jedoch etwa 2 bis 3 Stunden erforderlich. Filtriert man das Wasser schneller, so ist eine nachträgliche Schlammausfällung aus dem Speisewasser im Kessel unausbleiblich. Will man auch diese, an sich meist unbedenkliche Schlammbildung im Kessel vermeiden, so muß ein genügend großer Wasserbehälter vorhanden sein, in welchem dem heißen Speisewasser die Soda und der Kalk zugesetzt werden. Eine völlige Enthärtung des Speisewassers ist nur durch einen sehr reichlichen Soda- und Kalkzusatz möglich. Man gibt aber nicht zu viel von diesen beiden Stoffen hinzu und begnügt sich damit, die Härte des Kesselwassers auf etwa 3 bis 4 Grad zu vermindern.

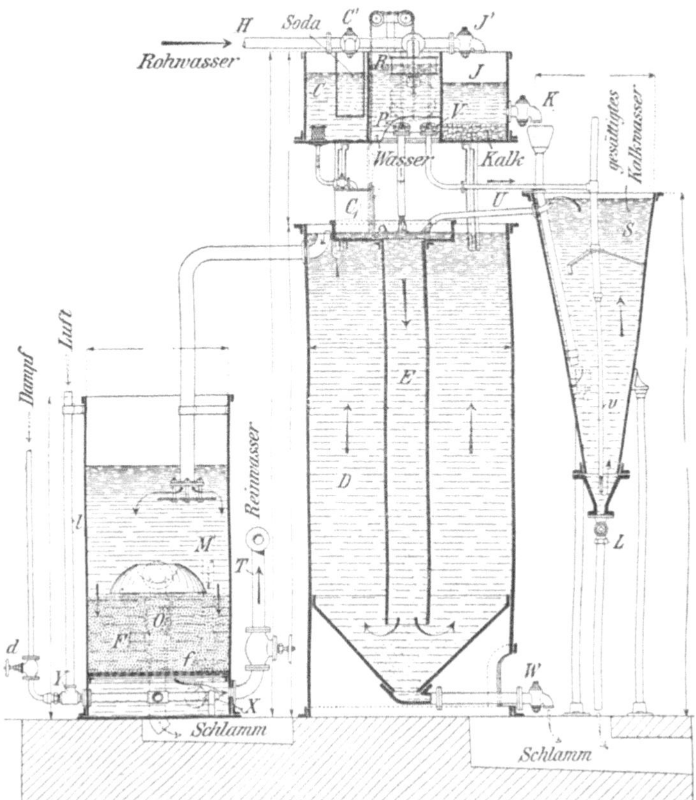

Fig. 48. Speisewasserreiniger nach dem Kalk-Sodaverfahren mit Kalksättiger (rechts) und Filtrierapparat (links).

Fig. 48 stellt einen Wasserreinigungsapparat der Firma Reisert, Köln-Braunsfeld, dar. Das Kesselspeisewasser tritt durch das Rohr H in den Behälter R ein und fließt von diesem nach dem Behälter D, wo es mit Kalk- und Sodawasser vermischt und der Kesselstein als Schlamm ausgeschieden wird. Hierauf strömt das Wasser durch das Gefäß M mit dem Kiesfilter F, der den vom Wasser mitgeführten Schlamm zurückbehält. Durch das Rohr T strömt dann das Wasser nach der Speisevorrichtung. Das Filter ist je nach der Menge des abgesetzten Schlammes täglich ein- bis zweimal zu reinigen, indem man den Schlammhahn O öffnet und die Hähne so umstellt, daß das Wasser nicht in den Behälter R, sondern unter das Filter fließt. Hierauf setzt man durch Öffnen des Dampfventiles d die Luftdüse Y in Tätigkeit, so daß das Filtermaterial gründlich aufgewühlt und der Schlamm durch den geöffneten Hahn O fortgeschwemmt wird. Nach 2 bis 3 Minuten stellt man die Luftdüse Y wieder ab und läßt das Wasser so lange nachströmen, bis es aus dem Hahn O in reinem Zustande abfließt. Alsdann kann der Apparat wieder regelrecht in Gebrauch genommen werden.

Die Soda und der Kalk werden nach je 12 Stunden in bestimmten Mengen zugesetzt. Die Soda wird in dem Behälter C, welcher nach je 12 Stunden bis an eine Marke mittels des Hahns C' mit Wasser zu füllen ist, aufgelöst und zu diesem Zwecke in einen Blechkorb im Behälter C gebracht. Das Sodawasser fließt aus dem Behälter C durch ein Röhrchen in den Behälter C_1. Wird der ganze Apparat abgestellt und steigt das Sodawasser in dem Behälter C_1 bis zu einer gewissen Höhe, so wird durch ein Schwimmerventil der weitere Zufluß des Sodawassers unterbrochen. Aus dem Behälter C_1 fließt das Sodawasser durch ein gebogenes Röhrchen (ein Syphon- oder Heberrohr) in das Mischrohr E. Dieses Syphonröhrchen, das nur einige Millimeter lichte Weite hat, hängt an einem Kettchen, das an einem Schwimmer im Abteil R befestigt ist. Fließt wenig Wasser durch den Apparat, so steigt dieser Schwimmer und zieht das Syphonröhrchen höher, so daß auch weniger Sodawasser aus dem Behälter C_1 abläuft. Tritt kein Rohwasser in den Apparat, so hört der Zufluß des Sodawassers ganz auf.

Der Kalk wird im Behälter J zu einer Kalkmilch angerührt. Da sich aber diese nicht, wie die Sodalösung, in einem gleichmäßigen Zufluß anwenden läßt, weil sich der Kalk in dem ruhigen Wasser zu Boden setzen würde, wird sie mittels des Hahnes K in den konischen Behälter S — den sogenannten Dervauxschen Kalksättiger — abgelassen. Durch ein Rohr, welches unterhalb des Hahnes K einen Trichter hat, wird sie auf den Boden dieses Behälters geleitet. Beginnt der Apparat zu arbeiten, so fließt durch das Ventil V und die Rohrleitung v Wasser nach dem unteren Teile des Behälters S, so daß die dort niederfallenden Kalkteile aufgewirbelt und mit in die Höhe genommen werden. Da nun der Behälter sich nach oben beträchtlich erweitert, verlangsamt sich beim Aufwärtsströmen die Bewegung des Wassers und es fallen die mitgerissenen Kalkteile wieder nach unten, bis sie völlig aufgelöst sind. Das mit Kalk gesättigte Wasser fließt schließlich durch das Rohr U in das Mischrohr E ab, wo es mit dem Rohwasser und dem Sodawasser zusammentrifft. Der Behälter S besitzt unten einen Hahn L, mittels dessen täglich die ausgelaugten Kalkreste abzulassen sind, bevor frische Kalkmilch zugelassen wird. Wird die Speisepumpe abgestellt, so hört auch infolge der Abstellung durch Schwimmventile der Zufluß des Wassers durch das Ventil V nach dem Behälter S auf. Der in dem Behälter D sich absetzende Schlamm ist mittels des Hahnes W täglich abzulassen.

Der Apparat arbeitet selbsttätig, d. h. beim Anstellen der Speisepumpe fällt der Wasserspiegel M, so daß ein auf demselben befindlicher Schwimmer sinkt und ein Ventil in einem hochgelegenen Wasserbehälter öffnet, durch welches das Wasser in die Leitung H nach dem Apparat fließt. Beim Abstellen der Speisepumpe hört dieser Zufluß von selbst wieder auf, so daß der Apparat wieder außer Tätigkeit tritt.

Welche Kalk- und Sodamengen zugesetzt werden müssen, richtet sich nach der Härte des Wassers und nach der chemischen Zusammensetzung des Kesselsteins. Sie müssen in einem chemischen Laboratorium festgesetzt werden. Der Kesselwärer erhält dann eine Anleitung, wie er die Wasserreinigung täglich zu kontrollieren und nötigenfalls mehr oder weniger Soda und Kalk zuzusetzen hat. Langandauernde Trockenheit oder heftige Regengüsse haben zur Folge, daß die Härte eines jeden Wassers schwankt.

Bei der Speisewasserreinigung mittels Soda und Kalk verbleiben im Wasser einige mit der Soda verbundene Stoffe in gelöster Form (Glaubersalz), die sich im Laufe der Zeit stark anhäufen und sich durch Ausschwitzen an den Dichtungen und undichten Nähten in Form von gelblichen Krusten bemerkbar machen. Diese Salze sind zwar für das Kesselblech unschädlich, es empfiehlt sich aber von Zeit zu Zeit, besonders wenn das Wasser vor der Reinigung sehr hart war, etwa alle 8 bis 14 Tage einen Teil des Kesselwassers abzulassen. Tritt das Ausschwitzen dieser Krusten an den Nietstellen auf, so ist nicht etwa das Blech von Soda oder Kalk beschädigt, sondern es handelt sich um alte undichte Stellen, die mit Kesselstein verstopft waren, der durch die Soda nachträglich weich gemacht und losgelöst worden ist, so daß das Wasser durchdringen konnte. Solche Stellen, die auf keinen Fall undicht belassen werden dürfen, sind so bald wie möglich sorgfältig zu verstemmen.

Jedem Speisewasserreinigungsapparat werden eine genaue Betriebsanleitung sowie Probiergläser und Chemikalien beigegeben, aus denen auch ersichtlich ist, in welcher Weise der Soda- und Kalkzusatz zu regeln und deren Wirkungsweise zu untersuchen ist, was in der Regel täglich zu erfolgen hat.

Die **Kesselsteinausscheideapparate** sind im Dampfraume des Kessels untergebracht und bestehen aus langen, über die ganze Kessellänge sich erstreckenden Rinnen oder aus mehreren übereinander liegenden flachen Becken, über welche das Speisewasser kaskadenartig von oben nach unten fällt. Die Wirkung dieser Apparate beruht darauf, daß das Wasser schnell erwärmt wird, wobei der Kesselstein als Schlamm ausgeschieden wird und sich größtenteils in den Apparaten festsetzt. Häufig erhalten die Apparate auch einen besonderen kastenförmigen Schlammfang oder Trichter, von dem ein Rohr bis dicht auf den Kesselboden, und zwar in die Nähe des Abschlammventiles führt, wo sich der zeitweilig auszublasende Schlamm absetzt. Die Apparate müssen öfter gereinigt werden. Ferner ist möglichst andauernd zu speisen, da sich bei zeitweilig aussetzender Speisung die Speiseleitung infolge ihrer im Dampfraum gelegenen Mündung sehr leicht mit Dampf füllt und beim Anstellen der Speisepumpe alsdann sehr heftige Schläge entstehen, daß die Rohrverbindungen und Speisearmaturen zerstört werden. Für vollkommen dichte Rückschlagventile in der Speiseleitung ist deshalb bei diesen Apparaten zu sorgen. Sehr häufig sind sie übrigens nicht.

Zur **Bestimmung der Härtegrade eines Wassers** sind (in Apotheken) eine ganz bestimmte alkoholische Lösung von Marseiller Seife und in Grade eingeteilte Meßgläser käuflich. Aus dem Meßglase setzt man dem zu untersuchenden Kesselwasser so lange Seife zu, bis sich beim Umschütteln ein feinblasiger Schaum bildet. Muß man in 100 Kubikzentimeter Wasser 5 Grad Seifenlösung aus dem Meßglase bis zur Schaumbildung zugießen, so hat das Wasser 5 Härtegrade. Es sei noch bemerkt, daß die Soda und der Kalk dem Kesselblech nicht schaden und, wenn sie nicht im Übermaß zugesetzt werden, auch die Armaturen nicht angreifen.

Die Gefährlichkeit des ölhaltigen Speisewassers. Häufig wird wegen seiner hohen Temperatur auch das Kondensationswasser aus der Dampfmaschine zum Kesselspeisen verwendet. Hiermit wird zweifellos eine Kohlenersparnis erzielt; doch muß das Wasser vorher sorgfältig vom Ölgehalt befreit werden. Öle, Fette, Talg sind dem Kessel schädlich und höchst gefährlich. Sie zersetzen sich im Kessel teilweise zu Ölsäure, die die Bleche zerfrißt, oder sie verdicken zu einer schwärzlichen Kruste, die außerordentlich hart und für Wasser völlig undurchdringlich ist. Die Folge ist schließlich, daß die Bleche unter der Kruste erglühen und ausbeulen. Auch Ölfarbenanstriche auf der Wasserseite der Kesselbleche sind gefährlich. Am Flammrohre sind wiederholt Anfressungen an den

Stellen beobachtet worden, wo sie mit einem aus Ölfarbe bestehenden Ringe versehen waren, der von den Walzwerken zur besseren Auffindung des Prüfungsstempels angebracht worden war. Es empfiehlt sich daher, diese Ringe wenigstens an den hochbeanspruchten Kesselstellen wieder zu entfernen.

Die Entölung des Speisewassers. Die Abwässer aus den Ausblasehähnen der Dampfmaschinenzylinder, die besonders viel Schmieröl enthalten, dürfen überhaupt nicht als Kesselspeisewasser benutzt werden. Zum Entölen des Kondensationswassers aus der Dampfmaschine kann der nebenstehend skizzierte Behälter (Fig. 49) mit Querwänden benutzt werden, der im letzten Teil einen herausnehmbaren Filtereinsatz von 250 bis 300 Millimeter Höhe enthält. Als Filtermaterial eignen sich vorzüglich Sägespäne, doch können auch gebrochener Koks oder Holzwolle verwendet werden. Das Filtermaterial ist zeitweilig zu erneuern. Geht die Speisepumpe, so durchströmt das Wasser den Behälter in der Richtung der eingezeichneten Pfeile. Wird die Pumpe ausgerückt, so fließt das bei a eintretende Wasser durch das Überlaufrohr b aus dem Behälter wieder ab.

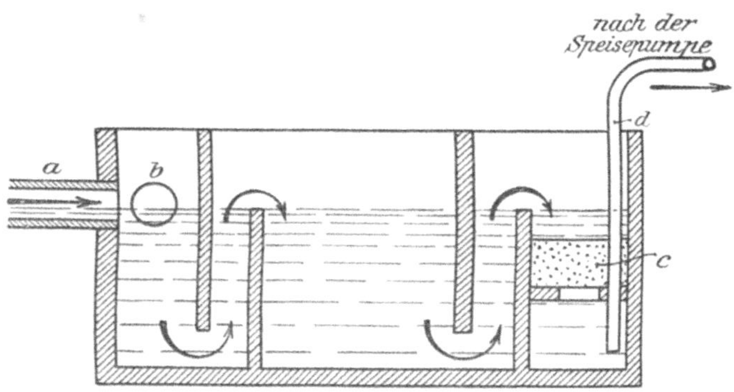

Fig. 49[1]). Behälter mit Filter zum Entölen des Speisewassers. b = Überlaufrohr, c = Filter.

Nach neueren Forschungen neigt man zu der Ansicht, daß nicht das Öl, sondern der Schlamm und sonstige Verunreinigungen der gefährliche Teil der Kruste sei. Reines Öl in reinem Wasser sei unschädlich (Zeitschrift des Vereins deutscher Ing. 1919, S. 1076). **Destilliertes Wasser**, das bei Dampfturbinen- und Schiffsanlagen verwender wird, enthält zwar keine gelösten festen Bestandteile, saugt aber gierig Luft auf und kann dann Blechanzehrungen zur Folge haben; Luftabschluß ist daher bei seiner Verwendung Bedingung

Das Ausklopfen des Kessels. Damit sich der Kesselstein beim Ausklopfen leicht ablöst, streicht man den Kessel vor der Inbetriebnahme innen mit einem Anstrich aus, der aus 1 Kilogramm Graphit, 2 Kilogramm Milch und 20 Gramm Karbolsäure besteht. Der Graphitanstrich verhindert das Festbrennen des Kesselsteins, so daß letzterer beim Klopfen mit dem Hammer leicht abblättert. Nach dem Anstreichen ist mit dem Füllen des Kessels mit Wasser zu warten, bis der Anstrich eingetrocknet ist. Nicht zu empfehlen ist das Anstreichen des heißen Kessels mit Teer, da diese Anstriche giftige und entzündliche Gase entwickeln und schon schwere Unfälle der dabei beschäftigten Arbeiter verursacht haben.

Bevor mit dem Ausklopfen des Kesselsteins begonnen wird, ist der Kessel gründlich abzukühlen. Das Füllen und Abkühlen des heißen Kessels mit kaltem Wasser bewirkt zwar ein Abfallen und Abblättern des Kesselsteins, es schreckt aber auch die Kesselbleche so schnell ab, daß die Nietnähte häufig undicht werden.

Die Schneide der Klopfhämmer darf nicht zu schlank, sondern muß eher kolbig sein, damit die Bleche nicht durch scharfe Hammerhiebe beschädigt werden. Wenn die Kesselsteinkruste dünn ist, darf mit den Klopfhämmern nicht heftig zugeschlagen werden

[1]) Nach Angaben des Sächsischen Dampfkessel-Revisions-Vereines Chemnitz.

Hiebfurchen dürfen beim Kesselklopfen keinesfalls in den Blechen entstehen, da die Kesselbleche an derartigen beschädigten Stellen schon wiederholt aufgerissen sind. Der Kesselstein ist möglichst überall und auch an den Nietköpfen abzuklopfen. An den schwierig zugänglichen Stellen ist er mit passend geformten Meißeln loszuschlagen. Zum Reinigen von Siederohren benutzt man die Turbinenreiniger, die aus mehreren Rollenfräsern bestehen, welche durch einen Wasserstrahl von 8 bis 12 Atmosphären Druck in Umlauf gesetzt werden, wobei der an der Rohrwand haftende Kesselstein entfernt und fortgespült wird (Fig. 50). Der Wasseranschluß geschieht in der Regel an die Speisepumpen- und Injektorleitung.

Entlüftung des Kessels bei der Reinigung. Während der Reinigung ist der Kessel zu entlüften. Man kann hierzu einen kleinen elektrisch betriebenen Exhaustor benutzen, der bei Flammrohrkesseln vor das untere Mannloch gestellt wird und die schlechte Luft aus dem Kessel heraussaugt. Vielfach wird aber auch ein Rohr von 150 Millimeter lichter Weite verwendet, das durch das obere Mannloch in den Kessel hineinragt und mit dem anderen Ende in den Essenfuchs mündet, so daß die Entlüftung durch den Schornsteinzug bewerkstelligt wird. In Betrieben, wo Preßluft zur Verfügung steht, z. B. in Brauereien, Kesselschmieden usw., genügt es auch, die Luft im Kessel durch Einblasen von Druckluft zu verbessern.

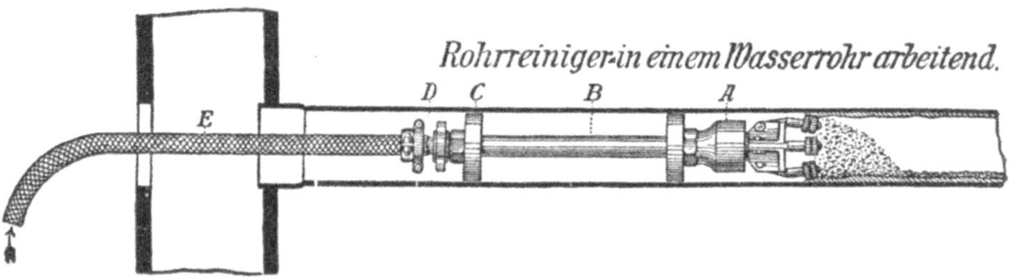

Fig. 50. Siederohrreiniger von Gust. Schlick, Dresden-N., im Gebrauch.

9. Die Verdampfung des Wassers.

Das Wasser kommt in drei verschiedenen Formen oder **Aggregatzuständen** vor, als Eis, Wasser und Dampf. In diese drei Aggregatzustände, also in die feste, flüssige und gasige Form, können alle Stoffe entweder durch Abkühlung oder durch Erwärmung oder zum Teil unter Anwendung von Druck übergeführt werden. Quecksilber z. B. ist gleich dem Wasser bei gewöhnlicher Temperatur flüssig; während aber Wasser schon bei 0° zu Eis erstarrt, also von dem flüssigen in den festen Aggregatzustand übergeht, wird Quecksilber erst bei 40° Kälte fest; auch verwandelt es sich, normalen Luftdruck vorausgesetzt, erst bei 360° Wärme in Quecksilberdampf, während das Wasser unter gleichem Luftdruck schon bei 100° Celsius siedet. Bei gewöhnlicher Temperatur verdunstet das Quecksilber, wenn auch in geringerem Maße als Wasser und andere Flüssigkeiten, z. B. Benzin, Spiritus usw.

Die Schmelzwärme des Eises. Erwärmt man Eis oder Schnee in einem offenen Gefäße, so beginnt das Eis- und Schneegemisch zu schmelzen. Ein im Schmelzwasser befindliches Thermometer bleibt so lange auf dem Nullpunkt stehen und beginnt erst dann zu steigen, wenn sämtliches Eis und sämtlicher Schnee zu Wasser geworden sind. Die zugeführte Wärme ist in diesem Falle nicht zu einer Temperaturerhöhung des Gefäßinhaltes, sondern zur Umwandlung des Eises und

Schnees aus dem festen in den flüssigen Aggregatzustand aufgebraucht worden. Man nennt nun die Wärmemenge, die nötig ist, um 1 Kilogramm Eis von 0° in Wasser von 0° umzuwandeln, die Schmelzwärme des Eises. Sie beträgt 80 Wärmeeinheiten (Kalorien).

Die Flüssigkeitswärme des Wassers. Erwärmt man das Wasser, nachdem sämtliches Eis geschmolzen ist, weiter, so steigt die Temperatur. Die Steigerung der Temperatur hört aber auf, sobald das Thermometer auf 100° Celsius zeigt. Bei dieser Temperatur bleibt das Thermometer stehen, unbekümmert um das Feuer, das unter dem Gefäße fortbrennt. Alle Wärme dient von diesem Augenblicke dazu, das siedende Wasser in Dampf zu verwandeln. Bei normalem Luftdruck liegt die Siedetemperatur des Wassers bei 100° Celsius. Steht das siedende Wasser unter einem höheren Drucke, wie dies im Dampfkessel der Fall ist, so liegt der Siedepunkt über 100° Celsius. Wenn man z. B. einen Dampfkessel bedient, der mit 6 Atmosphären Druck arbeitet, so geht das Wasser in diesem Kessel nicht etwa bei 100° Celsius, sondern erst bei 164° in Dampfform über (siehe Spalte 3 der Tabelle auf Seite 64). Umgekehrt liegt der Siedepunkt des Wassers unter 100° Celsius, wenn der darauf lastende Druck weniger als eine Atmosphäre beträgt. Auf hohen Bergen ist z. B. der Luftdruck bedeutend niedriger als im Tale, und es siedet daher auch das Wasser auf dem Berge nicht erst bei 100°, sondern schon bei etwa 97° Celsius, je nach der Höhe des Berges. Noch tiefer liegt der Siedepunkt des Wassers, wenn man es unter einem Vakuum (Luftleere) verdampft. Zum Beispiel erreicht man in den Milchkondensieranstalten dadurch, daß man den Wasserdampf über der einzukochenden Milch mit einer Luftpumpe absaugt, in dem Kochgefäß also eine Luftleere oder eine beträchtliche Luftverdünnung erzeugt, daß das Wasser in der Milch bereits bei 60° Celsius siedet und in Form von Dampf aus der Milch ausscheidet.

Die Wärmemenge, die man braucht, um 1 Kilogramm Wasser von 0° auf den Siedepunkt zu erhitzen, ist demnach sehr verschieden groß und hängt von dem Drucke ab, unter dem das Wasser bei der Verdampfung steht. Man nennt sie die Flüssigkeitswärme des Wassers (Spalte 4 der Tabelle auf Seite 64).

Die Thermometer und Pyrometer. Dieser Satz gilt natürlich auch für andere Flüssigkeiten als Wasser. Für den Dampfkesselbetrieb bemerkenswert ist seine Anwendung auf Quecksilber. Quecksilber siedet unter normalem Luftdruck bei 360° Celsius, im luftleeren Raum schon eher. Höhere Temperaturen, etwa Heizgase von 450° Celsius, kann man daher mit einem gewöhnlichen Quecksilberthermometer nicht mehr messen. Auch werden in der Nähe des Siedepunktes die Angaben unsicher. Man hat daher für Temperaturen bis 500° Celsius Thermometer aus sehr schwer schmelzbarem Glase hergestellt, deren Röhre über dem Quecksilberfaden mit Stickstoff oder mit Kohlensäure von etwa 20 Atmosphären Druck gefüllt ist. Infolge dieses Druckes steigt die Siedetemperatur des Quecksilbers so hoch, daß auch noch Temperaturen über 360° Celsius sicher gemessen werden können. Man darf jedoch derartige Thermometer, die man auch Pyrometer nennt, nicht zu lange diesen hohen Temperaturen aussetzen, da bei letzteren selbst schwer schmelzbares Quarzglas doch etwas aufweicht und infolge des Stickstoff- oder Kohlensäuredruckes ausgedehnt wird, so daß die Instrumente bei einer nicht sorgsamen Behandlung mit der Zeit immer unrichtigere Angaben liefern.

Für gewöhnliche Temperaturmessungen benutzt man das Celsius- und das Reaumurthermometer, bei ersterem ist die Skala zwischen dem Gefrier-Nullpunkt und dem Siedepunkt des Wassers in 100, bei letzterem in 80 Grade eingeteilt. Das Reaumurthermometer ist wenig in Gebrauch (sprich Reomür).

Tabelle über die Eigenschaften des gesättigten Dampfes.

Überdruck in Atmosphären	Absolute Spannung in Atmosphären	Temperatur in Grad Celsius	Flüssigkeitswärme in Wärmeeinheiten	Verdampfungswärme in Wärmeeinheiten (Kalorien)	Wieviel 1 kg Dampf Raum einnimmt in Kubikmeter	Wieviel Kilogramm ein Kubikmeter Dampf wiegt
—	0,1	45,58	45,7	574,7	14,9	0,06
—	0,5	80,90	81,2	550	3,3	0,31
0	1,0	100	100,5	537,5	1,7	0,59
0,5	1,5	110,8	111,4	528,9	1,2	0,86
1	2,0	119,6	120,4	522,6	0,89	1,12
1,5	2,5	126,7	127,7	517,5	0,72	1,39
2	3	132,8	133,9	513,2	0,61	1,65
2,5	3,5	138,1	139,3	509,5	0,52	1,9
3	4	142,8	144,1	505,9	0,46	2,16
4	5	151	152,5	500,1	0,38	2,66
5	6	158	159,6	495	0,32	3,16
6	7	164	165,9	490,7	0,27	3,65
7	8	169,5	171,5	486,7	0,24	4,14
8	9	174,4	176,6	483,1	0,22	4,62
9	10	179	181,2	479,8	0,20	5,11
10	11	183	185,6	476,8	0,18	5,58
11	12	187	189,6	473,9	0,16	6,06
12	13	191	193,4	471,3	0,15	6,53
13	14	194	196,9	468,7	0,14	7,00
14	15	197	200,3	466,3	0,13	7,47

Die Verdampfungswärme des Wassers. Die Wärmemenge, die man braucht, um siedendes Wasser in Dampf von derselben Temperatur zu verwandeln, nennt man die Verdampfungswärme des Wassers. Will man z. B. 1 Liter (= 1 Kilogramm) Wasser von 100° Celsius in Dampf von derselben Temperatur verwandeln, so muß man dieser Wassermenge 537 Wärmeeinheiten zuführen (Spalte 4 der Tabelle). Will man Dampf von 6 Atmosphären Druck erzeugen, so siedet das Wasser erst bei 164° Celsius (obige Tabelle Spalte 3), und es sind zur Verdampfung des 164° warmen Wassers 490,7 Wärmeeinheiten nötig, d. h. die Verdampfungswärme des Wassers beträgt bei 6 Atm. Druck 490,7 Wärmeeinheiten.

Man hat ganz eingehende Versuche angestellt und die Flüssigkeitswärme und Verdampfungswärme des Wassers für die verschiedenen Dampfdrucke genau festgestellt. Man benutzt die Werte, um bei Verdampfungsversuchen auszurechnen, wieviel Wärme aus der Kohle nutzbar gemacht worden ist, ferner wie groß der Nutzen von Speisewasservorwärmern und von Dampfüberhitzern ist usw. Die vorstehende Tabelle zeigt diese Werte an.

Beispiel: Hat das Kesselspeisewasser eine Temperatur von 20° Celsius, und beträgt die Dampfspannung im Kessel 7 Atm. Überdruck, so sind zur Verdampfung von 1 Kilogramm Wasser erforderlich: zur Erwärmung des 20° warmen Speisewassers auf seinen Siedepunkt 171,5 — 20 = 151,5 Wärmeeinheiten. Man muß nämlich in diesem Falle in der Tabelle die Zahlen in Spalte 4 hinter 8 Atm. nachsehen, da die absolute Dampfspannung 8 Atm. beträgt (1 Atm. für die äußere Spannung und 7 Atm. als Überdruck). Zur Verdampfung von 1 Kilogramm Wasser sind bei einem Drucke von 8 Atm. 486,7 Wärmeeinheiten nötig (Spalte 5 der Tabelle). Die insgesamt erforderliche Wärmemenge würde sich also auf 151,5 + 486,7 = 638,2 Wärmeeinheiten belaufen.

Das Wasser verwandelt sich, nachdem es den Siedepunkt erreicht hat, nicht nur an der Oberfläche, sondern auch im Innern in Dampf. Sobald der ganze Wasserinhalt mit Dampf durchsetzt ist, hebt sich der Wasserspiegel, was man beim Anheizen jedes

Dampfkessels beobachten kann, während umgekehrt nach dem Verlöschen des Feuers, wenn die Dampfentwicklung verlangsamt oder aufhört, auch der Wasserspiegel wieder sinkt. Das Heben des Wasserspiegels ist allerdings auch auf die Ausdehnung des Wassers beim Erwärmen zurückzuführen. 1000 Liter Wasser von 4° Celsius nehmen bei der Erwärmung auf 25° 1002 Liter und bei 100° 1042 Liter Raum ein.

Gesättigter und überhitzter Dampf. Solange Wasser und Dampf miteinander am Wasserspiegel in Berührung stehen, haben beide stets dieselbe Temperatur; es ist unmöglich, im Dampfraume über dem Wasser etwa erhitzten Dampf erzeugen zu können. Die Naturgesetze lassen nicht zu, daß das Wasser und der Dampf im Kessel verschiedene Temperaturen haben. Würde etwa der Dampf im Kessel durch eine besondere Anordnung der Kesselzüge überhitzt, so würde er sofort aus dem Wasser weiteren Dampf aufnehmen, bis sich ein Temperaturausgleich zwischen beiden vollzogen hat. Der Dampf würde sich sofort mit weiterem Wasserdampf sättigen, und man nennt ihn deshalb gesättigten Wasserdampf oder Sattdampf. Der gesättigte Wasserdampf findet sich in jedem Dampfkessel vor, er hat vor allem die Eigenschaften, daß er keinen weiteren Wasserdampf aufnehmen kann und daß er bei jeder Abkühlung, z. B. in den Rohrleitungen vom Dampfkessel nach der Dampfmaschine, sofort Wasser ausscheidet. Um diesen Dampfverlust, der sich namentlich bei langen Rohrleitungen bemerkbar macht, zu vermeiden, verwendet man überhitzten Dampf. Überhitzter Dampf, auch Edeldampf genannt, entsteht aber erst, wenn man gesättigten Dampf dem Kessel entnimmt und für sich noch weiter überhitzt, was in den sogenannten Dampfüberhitzern geschieht. Der überhitzte Dampf besitzt also eine höhere Temperatur als gesättigter Dampf von gleicher Spannung. Er ist sehr reiner, völlig wasserfreier Dampf und je nach der Höhe der Überhitzung wesentlich leichter und dünner als gesättigter Dampf. Er hat den Vorteil, daß er in den Rohrleitungen nach der Dampfmaschine usw. keinen Wasser- und Druckverlust erleidet, auch wenn er sich etwas abkühlen sollte. Nur darf die Abkühlung nicht unter die Temperatur des gesättigten Dampfes von der Kesselspannung gehen; denn dann hat er sich wieder in Sattdampf verwandelt und verhält sich wie dieser.

Die Dampfüberhitzer. Bei den ersten Dampfüberhitzern begnügte man sich mit einer verhältnismäßig geringen Überhitzung des Dampfes, und man baute daher die Überhitzer am Kesselende ein, wo sie von den auf etwa 220 bis 300° Celsius abgekühlten Heizgasen bestrichen wurden. Die damit erreichbare Dampfüberhitzung erwies sich jedoch namentlich für hochgespannten Kesseldampf nicht genügend wirksam, und es mußten auch die Überhitzer eine verhältnismäßig große Oberfläche erhalten. Man machte daher die Überhitzer bald kleiner und verlegt sie gegenwärtig etwa in die Mitte der Essenzüge, wo sie sehr heißen Heizgasen mit einer Temperatur von etwa 500 bis 700° Celsius ausgesetzt sind, also bei Flammrohrkesseln dicht hinter die Flammrohre und nicht etwa dorthin, wo die Heizgase in den Essenfuchs eintreten. Auf diese Weise erreicht man eine sichere Überhitzung des Dampfes.

Die Dampfüberhitzer wurden früher aus einem besonderen Gußeisen hergestellt. Die Rohre erhielten bei einer Weite von etwa 150 Millimetern außen nach der Art der Rippenheizrohre Querrippen und innen Längsrippen, die die Wärme auch in den inneren Kern des Dampfstromes übertragen sollten.

In neuerer Zeit werden die Überhitzer aus einer Anzahl nebeneinander liegender, schmiedeeiserner, nahtlos gewalzter Rohre von 30 bis 45 Millimeter äußerem Durchmesser und 3 bis 4 Millimeter Wandstärke verwendet (Fig. 51). Die Rohre sind schlangen- oder spiralförmig gebogen und an den freien Enden mit querliegenden Dampfkammern oder Sammelrohren durch Verschraubung oder Schweißung verbunden. Die beiden Dampfkammern oder Sammelrohre liegen außerhalb der Kesselzüge und bilden die Rohranschlüsse für die Rohrleitungen nach dem Kessel und nach der Dampfmaschine. Durch die vielen engen Rohrschlangen wird der Kesseldampf in viele schwache Strahlen zerteilt und infolgedessen schneller erhitzt als in den aus einzelnen weiten Rohren bestehenden gußeisernen Überhitzern. Die Dampfüberhitzer werden auch mit nur einer Dampfkammer ausgeführt, die aber durch eine innere Zwischenwand in zwei Teile geteilt ist. Wagerecht liegende Überhitzer (siehe Fig. 60) lassen sich leichter als senkrecht stehende (siehe Fig. 51) entwässern, doch werden auch letztere, je nachdem die Kesselbauart dies erfordert, angewendet. **Dampfüberhitzer mit direkter Feuerung** werden nur aufgestellt, wenn sich wegen Platzmangels keine Überhitzer in die Kesselzüge einbauen lassen. Man bringt sie bei langen Dampfrohrleitungen in einem kleinen Anbau nahe dem Dampfmaschinenhause an. Ihre Bedienung ist umständlich und erfordert viel Aufmerksamkeit, wenn die Temperatur des überhitzten Dampfes nicht allzu sehr schwanken soll und öftere Reparaturen infolge Ausglühens der Überhitzerrohre vermieden werden sollen. Sie brauchen nur ein geringes Feuer und können, trotzdem sie den Brennstoff schlecht ausnutzen, zu Ersparnissen beim Kohlenverbrauch im Dampfkesselfeuer und zur Erhöhung der Leistungsfähigkeit der Kesselanlage viel beitragen.

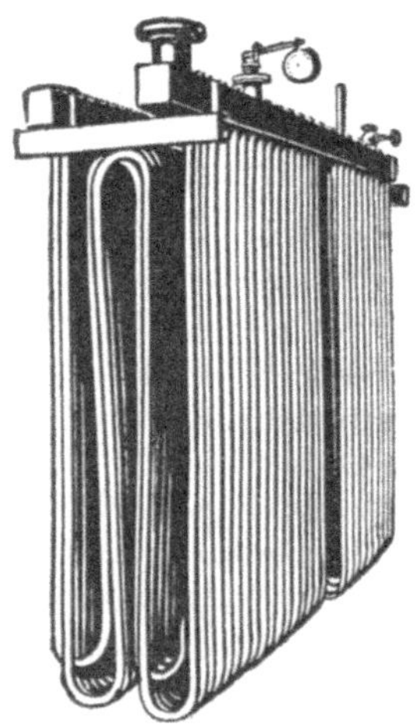

Fig. 51. Schmiedeeiserner Überhitzer von Hering, Nürnberg.

Zur Beobachtung des überhitzten Dampfes werden am Überhitzer und an der Dampfmaschine Thermometer angebracht. Außerdem rüstet man die Überhitzer mit Manometer, Sicherheitsventil und Ablaßventil aus. Das Sicherheitsventil wird häufig für einen Druck eingestellt, der eine Atmosphäre höher als der höchste Kesseldruck ist.

Die Thermometer erhalten mitunter einen elektrischen Kontakt für ein Läutewerk, welches durch ein Glockenzeichen anzeigt, daß die Überhitzung das höchste zulässige Maß erreicht hat. Zum Schutze gegen äußere Beschädigungen werden die Thermometer mit metallenen Schutzhülsen versehen. Ihr Tauchrohr ist von einer eisernen Hülse umgeben, welche im Dampfstrome liegt und gut abgedichtet in die Wand des Dampfrohres eingeschraubt ist. Der Zwischenraum zwischen Thermometertauchrohr und Eisenhülse wird der besseren Wärmeübertragung halber mit Quecksilber ausgefüllt. Die Eisenhülse bleibt ständig in der Rohrleitung für den überhitzten Dampf. Man kann daher jederzeit das Thermometer herausnehmen. Will man das Thermometer auf richtigen Gang prüfen, was von Zeit zu Zeit nötig ist, so schaltet man für kurze Zeit den Überhitzer aus und setzt das Thermometer einem Sattdampfstrome aus. Es muß dann die dem jeweiligen Dampfdruck entsprechende aus Tabelle Seite 64 ersichtliche Temperatur anzeigen.

Die Bedienung des Überhitzers hat sich auf folgende Gesichtspunkte zu erstrecken:

1. Die Überhitzerschlangen dürfen beim Anheizen und während des Betriebes nicht glühend werden, da sie sonst verbrennen oder ausbeulen und aufplatzen.
2. Der Überhitzer ist vor dem Anlassen der Dampfmaschine gut zu entwässern, damit die Dampfmaschine nicht durch Wasserschläge beschädigt wird.
3. Der Überhitzer ist öfter von Ruß und Flugasche zu reinigen.
4. Die Temperatur des überhitzten Dampfes muß möglichst gleichmäßig bleiben.

1. Die Dampfüberhitzer sind (bei etwa 75 Prozent aller Kessel) so eingebaut, daß sie völlig oder teilweise von den Heizgasen abgesperrt werden können. Zur Absperrung bringt man vor der Überhitzerkammer Schieber oder Drehklappen an, meistens aus Schamotte, seltener aus Gußeisen, die der Heizer von außen mehr oder weniger öffnen oder auch völlig schließen kann.

Die Rauchkammer mit dem Überhitzer ist während des Anheizens des Kessels durch Verstellen der Schamotteschieber von den Heizgasen abzuschließen und darf erst geöffnet werden, wenn dem Kessel Dampf entnommen wird.

Dauert das Anheizen nur kurze Zeit, wie dies bei den Dampfkesseln zutrifft, die nur nachts nicht befeuert werden, so sperren die Heizer den Überhitzer häufig von den Heizgasen nicht ab. In diesem Falle genügt der darin stehende Dampf, um die Überhitzerschlangen kühl zu halten und vor einer Beschädigung durch die Heizgase zu bewahren. Dasselbe gilt auch für kurze Betriebsunterbrechungen, die Vor- und Nachmittags- und die Mittagspause. Es ist in diesen Fällen Sache des Heizers, darauf zu achten, ob er hierbei nicht etwa die Überhitzerrohre überhitzt und beschädigt. Einzelne Kesselfirmen verlangen jedoch auch unter solchen Verhältnissen, namentlich früh vor dem täglichen Anheizen des Kessels, die Abstellung der Heizgase von den Rauchkammern des Überhitzers mittels der vorhandenen Absperrschieber oder Drehklappen.

Bei manchen Kesselsystemen (Wasserrohrkessel, Steilrohrkessel) liegt der Überhitzer in einem sehr heißen Gasstrome, so daß etwaige Absperrschieber einer sehr starken Abnutzung unterworfen sein würden. Da sie sich aber schwierig ausbessern lassen, weil sie an einer wenig zugänglichen Stelle liegen, läßt man sie ganz weg. In diesem Falle muß der Überhitzer bei längere Zeit andauerndem Anheizen vorher mit Wasser gefüllt werden. Man verbindet ihn zu diesem Zwecke durch eine Rohrleitung von etwa 25 bis 30 Millimeter lichtem Durchmesser mit dem Wasserraume des Kessels. Durch einfaches Öffnen eines Ventils in dieser Rohrleitung läßt der Heizer den Überhitzer voll Wasser laufen. Diese Einrichtung ist namentlich an den Wasserrohrkesseln mit Wasserkammern (Fig. 75 und 75a) gebräuchlich, da bei diesen Kesselsystemen der Einbau von Absperrschiebern für die Beheizung des Überhitzers weniger gebräuchlich ist. Sie hat den Vorzug, daß sie die Heizfläche des Kessels um etwa ein Drittel vergrößert, so daß sich der Kessel schneller anheizen läßt. Das Verbindungsrohr des Überhitzers mit dem Dampfraume des Kessels muß während des Anheizens offen bleiben, damit der im Überhitzer entstehende Dampf nach dem Kessel übertreten kann. Soll der Betrieb beginnen, so schließt der Heizer zunächst die Verbindung des Überhitzers mit dem Wasserraum des Kessels wieder ab und bläst hierauf den Überhitzer durch den daran befindlichen Ablaßhahn sorgfältig aus. Erst dann darf das Absperrventil am Überhitzer geöffnet und der Dampf nach der Dampfmaschine fortgeleitet werden. Das Füllen des Überhitzers mit Wasser während des Anheizens hat den großen Nachteil, daß sich an dessen Innenwandungen Kesselstein ansetzt, der nicht entfernbar ist und die Wirkung des Überhitzers beeinträchtigt; Voraussetzung ist demnach für derartige Überhitzeranlagen, daß das Kesselwasser rein ist oder daß der Überhitzer nicht zu oft mit Wasser gefüllt wird. Das Anfüllen wird meist nur nötig sein, wenn der Kessel kalt geworden ist; nach den gewöhnlichen Betriebspausen über Nacht füllt man den Überhitzer nicht auf.

2. Auf **die Entwässerung des Überhitzers** hat der Heizer den größten Wert zu legen, will er die Dampfmaschine nicht durch Wasserschläge gefährden und zertrümmern lassen, wie dies schon oft vorgekommen ist. Bevor der Heizer das Dampfventil zwischen Überhitzer und Dampfmaschine öffnet, also bevor letztere Dampf erhält, muß er unbedingt und stets das Entwässerungsventil am Überhitzer öffnen und das darin etwa angesammelte Wasser ausströmen lassen. Erst hierauf darf er das Dampfventil nach der Dampfmaschine langsam öffnen.

3. Die Überhitzer sind wöchentlich zwei- oder dreimal von dem anhaftenden Ruß mittels eines Dampfrohres **auszublasen**, da, wie bereits früher erwähnt, die Rußschicht den Durchgang der Wärme und die Dampfüberhitzung aufhält. Das Überhitzergemäuer erhält zu diesem Zwecke eine Anzahl Öffnungen, die für gewöhnlich mit drehbaren Klappen zugedeckt sind. Das Rohr zum Ausblasen, mit dem man durch die Öff-

nungen nach den Überhitzerrohren hindurchfährt, muß handlich sein und hat einen lichten Durchmesser von etwa 10 Millimeter.

Wie oft der Heizer den Überhitzer von Ruß reinigen muß, hängt viel von der Kohle ab. Sind die Rußablagerungen groß, so bemerkt der Heizer am Fallen der Überhitzung und an der Verschlechterung des Essenzuges, daß ein öfteres Reinigen des Überhitzers nötig ist.

4. **Das Regulieren der Dampfüberhitzung.** Bei neuen Dampfanlagen benutzt man stets hohe Überhitzungsgrade (bis zu 400° Celsius im Überhitzer), in der Rohrleitung nach der Dampfmaschine fällt die Temperatur, so daß sie beim Einlaßventil etwa noch 350° Celsius beträgt. Wird dem Kessel zeitweilig wenig Dampf entnommen, so strömt der Dampf langsamer durch den Überhitzer und wird zu hoch erhitzt. Derartige Temperaturschwankungen, die auch aus anderen Ursachen, z. B. bei ungleichmäßiger Befeuerung, eintreten, wirken nachteilig; namentlich zu hohe Überhitzung wirkt zersetzend auf das Schmieröl ein und hat Beschädigungen der Laufflächen des Zylinders und der Kolbenringe zur Folge. Auch hält der zu hoch überhitzte Dampf die Überhitzerrohre nicht genügend kühl, so daß letztere erglühen und ausbeulen, was bei etwa 500 bis 600° Celsius der Fall ist, oder durch Abbrand beschädigt werden. Eine gute Regulierung der Dampfüberhitzung ist daher von großer Wichtigkeit und erfordert, daß der Heizer die am Überhitzer und an der Dampfmaschine angebrachten Thermometer gut beobachtet. Die Regulierung erfolgt entweder

a) durch Verstellen der Drehklappen oder der Absperrschieber der Überhitzerkammer,
b) durch Mischen des Heißdampfes mit Sattdampf aus dem Kessel,
c) durch Abkühlung des überhitzten Dampfes im Wasser- oder Dampfraum des Kessels oder in einem Speisewasservorwärmer.

a) **Das Regulieren der Überhitzung mittels der Drehklappen oder der Absperrschieber der Überhitzerkammer.** Läßt man sämtliche Heizgase durch die Überhitzerkammer strömen, so wird die Überhitzung am größten, sie wird geringer, wenn nur ein Teil der Heizgase mit dem Überhitzer in Berührung kommt. Durch Verstellen der Drehklappen und Absperrschieber an der Überhitzerkammer ist daher eine Regelung der Dampfüberhitzung möglich. Außen am Kesselmauerwerk angebrachte Hebel mit Arretiervorrichtung zeigen dem Heizer die jeweilige Stellung der Drehklappen und Absperrschieber an. Die Ausschaltklappen sind in der Handhabung vielleicht etwas schwerfällig, haben aber den Vorteil, daß durch ihren Gebrauch der Überhitzer sehr geschont werden kann. Da sie dem Abbrand unterworfen sind, werden sie bei Überhitzern, die an sehr heißen Stellen eingebaut sind, nicht angewendet.

b) **Die Regelung der Überhitzungstemperatur durch Mischen des überhitzten Dampfes mit Sattdampf** ist bei allen Überhitzern möglich und erfolgt dadurch, daß man dem aus dem Überhitzer austretenden zu hoch erhitzten Dampf Sattdampf unmittelbar aus dem Kessel zusetzt. Man erhält dann den sogenannten gemischten Dampf, dessen Temperatur zwischen den Temperaturen der beiden Dampfstrahlen vor der Mischung liegt, und der im Grunde genommen auch weiter nichts ist, als einfach überhitzter Dampf. Das Mischen selbst geschieht auf einfachste Weise durch Aufdrehen der Dampfabsperrventile. Je nachdem man mehr oder weniger gesättigten Dampf zu dem überhitzten Dampf hinzutreten läßt, kann man die Temperatur des Mischdampfes regulieren. Diese Regulierung ist demnach verhältnismäßig sehr einfach. Das Mischen des Dampfes hat aber den großen Nachteil, daß gerade dann, wenn der Überhitzer überanstrengt ist, durch die Verringerung der Dampfentnahme aus demselben noch höhere Wandtemperaturen entstehen. Wenn daher auch sonst gegen das Mischen keine Bedenken bestehen, so darf es bei überanstrengten Überhitzern zur Vermeidung von Beschädigungen des Überhitzers doch nur als Aushilfsmittel Anwendung finden.

c) **Die Regelung der Überhitzung durch Abkühlung des überhitzten Dampfes.** Viel verbreitet ist der patentierte Heißdampfregler der Deutschen Babcock & Wilcox-

Werke (Fig. 52). Derselbe besteht aus einem in den Wasser- und Dampfraum eingebauten Kühler, der aus schmiedeeisernen Rippenrohren zusammengesetzt und an den Dampfüberhitzer und das Dampfrohr nach der Dampfmaschine angeschlossen ist. An seiner Anschlußstelle an den Dampfüberhitzer ist ein Regulierventil eingebaut, in welchem der überhitzte Dampf aus dem Überhitzer in zwei Teilströme zerlegt wird, von denen der eine durch den Kühler strömt. Der in dem Kühler abgekühlte Dampf, der aber immer noch bis zu einem gewissen Grade überhitzt ist, trifft nach seinem Austritt aus dem Kessel wieder mit dem anderen Teilstrome des überhitzten Dampfes zusammen und kühlt diesen bei der Vereinigung entsprechend seiner Temperatur ab. Je nachdem nun der Heizer mittels des Regulierventils mehr oder weniger Dampf durch den Kühler hindurchströmen läßt, erzielt er eine niedrigere oder höhere Temperatur des Arbeitsdampfes. Die Einstellung des Regulierventils ist außerordentlich einfach, unmittelbar neben demselben befindet sich das Kontrollthermometer. Bei der Kesselreinigung muß der Heizer darauf achten, daß auch der Kühler von etwa anhaftendem Kesselstein und Schlamm gereinigt wird und daß er insbesondere nicht angefressen ist; schreiten etwaige Anrostungen des Kühlers fort und wird er durchlässig, so besteht die Gefahr, daß in den Kühler Kesselwasser eindringt, was zur Vermeidung von Wasserschlägen in der Rohrleitung nach der Dampfmaschine sehr unerwünscht ist.

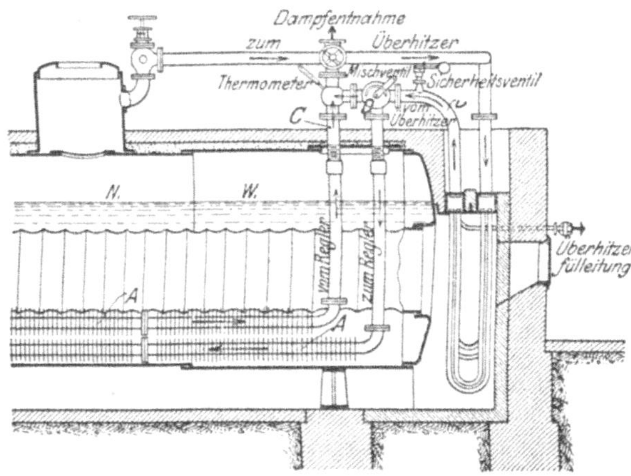

Fig. 52.
Heißdampfregler der Deutschen Babcock & Wilcox-Werke.

Ein ähnliches, gleichfalls patentamtlich geschütztes Verfahren benutzt die Sächsische Maschinenfabrik in Chemnitz. Bei diesem wird der gesamte überhitzte Dampf durch einen Behälter geleitet, der von einer großen Anzahl von Rohren durchzogen und wie der Abdampfspeisewasservorwärmer Fig. 143 gebaut ist. Der überhitzte Dampf bespült die Außenseite der Rohre. Innen sind die Rohre mit Wasser gefüllt. Durch Drosselung eines Absperrventils in der Speiseleitung kann der Wasserstand in den Rohren verschieden hoch eingestellt werden. Ist der Wasserstand hoch, so strömt der überhitzte Dampf an einer großen wasserberührten Fläche der Rohre vorbei und wird mehr abgekühlt als bei niedrigem Wasserstand in den Rohren. Das Wasser in den Rohren wird hierbei hoch erhitzt und geht zum Teil in Dampf über, der durch eine Rohrleitung nach dem Dampfraume des Kessels abgeleitet wird. Der Heizer hat durch richtige Einstellung des Drosselventils in der Speiseleitung für ausreichenden Wasserzufluß und für genügend hohen Wasserstand in den Rohren des Behälters zu sorgen, zu dessen Erkennung ein Wasserstandsglas angebracht ist.

Die Anwendbarkeit der Dampfüberhitzung. Durch den überhitzten Dampf wird fast jede unerwünschte Kondensation in der Dampfleitung und im Dampfmaschinenzylinder vermieden, so daß der Dampfverbrauch wesentlich heruntergedrückt wird. Es ist daher auch bei älteren, nicht als Heißdampfmaschinen gebauten Dampfmaschinen und zumal bei langen Rohrleitungen immer empfehlenswert, den Dampf mäßig, bis auf etwa 230° Celsius, zu erhitzen, da auch hierdurch die gefürchteten, bei Naßdampf leicht auftretenden Wasserschläge vermieden werden. Bei hohen Überhitzungstemperaturen müssen die Dampfmaschinen besonders konstruiert sein. Anfänglich, vor etwa 30 Jahren, stieß die Einführung des überhitzten Dampfes vielfach auf Widerstand. Man befürchtete eine rasche Abnützung der Dampfmaschinen, weil der trockene und hoch überhitzte Dampf die Schmiermittel zersetzen würde. Diese Befürchtungen waren zwar nicht ganz unzutreffend, man hat jedoch geeignete Schmiermittel für hohe Temperaturen ausfindig gemacht und auch das Eisen für die Dampfzylinder und Kolben entsprechend verbessert. Gegenwärtig wird die Dampfüberhitzung für fast alle Dampfmaschinen über etwa 40 bis 50 PS angewendet. Für Heiz- und Kochzwecke ist die Dampfüberhitzung wenig gebräuchlich und man verwendet hierbei in Betrieben, die überhitzten Dampf in der Dampfmaschine benutzen, für gewöhnlich Sattdampf (der hohen, mitunter nicht verwendbaren Temperatur halber).

Verstopfungen der Überhitzerrohre bei unreinem Dampf. Gelangt der Dampf sehr naß in den Überhitzer, so bilden sich, falls nicht ganz reines (destilliertes) Speisewasser verwendet wird, in den Überhitzerrohren im Laufe der Zeit Ablagerungen, die die Überhitzung wesentlich beeinträchtigen und mitunter die Überhitzerrohre fest verstopfen, so daß letztere aufplatzen. In solchen Fällen empfiehlt es sich, den Dampfraum des Kessels durch einen Aufbau (Dampfdom, Dampfsammler) zu vergrößern, in welchem der Dampf vor dem Eintritt in den Überhitzer das mitgerissene Wasser ausscheidet. Mitunter werden die Dampfunreinigkeiten auch vom überhitzten Dampf in Form von feinem Staub mit fortgerissen und haben dann einen erheblichen Ölverbrauch und eine schnelle Abnutzung der Dampfmaschine zur Folge.

Der Dampfdruck. Der im Dampfkessel erzeugte Dampf kann nur dann zum Betriebe einer Dampfmaschine verwendet werden, wenn seine Spannung größer als der äußere Luftdruck ist. Wenn der Dampfkessel nur so weit befeuert worden ist, daß Dampfdruck und Luftdruck einander gleich sind, so strömt der Dampf auch beim Öffnen der Ventile oder des oberen Mannlochdeckels nicht aus. Es ist daher der Dampfdruck im Kessel nur so weit wirksam, als er den äußeren Luftdruck übersteigt. Man bewertet und mißt daher den Dampfdruck nach seinem sogenannten Überdruck, im Gegensatze zu seinem absoluten Drucke, das ist der Druck, den der Dampf ausüben würde, wenn man den äußeren Luftdruck etwa mit Hilfe einer Luftpumpe einmal hinwegnähme.

Den von der **Luft** ausgeübten **Druck** nennt man den Druck einer **Atmosphäre**. Das Wort Atmosphäre heißt auf deutsch die Lufthülle, die die Erde umgibt. Der von dieser Lufthülle oder Atmosphäre ausgeübte Druck beruht darauf, daß die Luft wie jeder andere feste, flüssige oder gasförmige Stoff ein gewisses Gewicht oder eine gewisse Schwere hat. Wie groß der Druck der Atmosphäre ist, ersieht man am besten aus folgendem Beispiel. Ein U-förmig gebogenes, an beiden Enden offenes Glasrohr (Fig. 53) sei etwa zur Hälfte mit Quecksilber gefüllt. Da die Luft in beiden aufwärts stehenden Rohrschenkeln mit gleicher Schwere auf dem Quecksilber lastet, muß letzteres auch in beiden Rohrschenkeln gleich hoch stehen. Zieht man über das eine Glasrohrende den Gummischlauch einer Luftpumpe, und saugt man die über dem Quecksilber befindliche Luft mit der Luftpumpe ab, so wird das Quecksilber in dem anderen, offenen Rohrschenkel einseitig vom Gewicht der Luft belastet und in dem Rohrschenkel, der an die Luftpumpe angeschlossen ist, in die Höhe gedrückt. Im günstigsten Falle, das ist bei völliger Luftleere im Rohrschenkel b, beträgt der Höhenunterschied zwischen den Oberflächen des Quecksilbers in beiden Rohrschenkeln 760 Millimeter. Diesen Höhenunterschied nennt man den normalen Luftdruck. Füllt man das Glasrohr nicht mit Quecksilber, sondern mit Wasser, so wird das Wasser vom Luftdruck $13^1/_2$mal so hoch wie das Quecksilber gehoben, da letzteres $13^1/_2$mal so schwer wie das Wasser ist. Die Wassersäule, die dem normalen Luftdruck das Gleichgewicht hält, würde dann $13^1/_2 \times 760 = 10{,}3$ Meter betragen. Höher kann aber der Luftdruck das Wasser nicht heben und es bildet sich, wenn der an die Luftpumpe angeschlossene Rohrschenkel länger als 10,3 Meter ist, über der Wassersäule ein luftleerer Raum oder (lateinisch:) ein Vakuum.

Die Saughöhen der Pumpen, der Injektoren usw. dürfen daher theoretisch die Höhe von 10 Metern nicht übersteigen; praktisch dürfen sie jedoch, da der Luftdruck das Wasser bis in den Pumpenstiefel heben muß und eine vollständige Luftleere darin nicht erreichbar ist, höchstens 8 Meter betragen. Bedingung ist hierbei, daß die Temperatur des Wassers 0^0 beträgt. Ist das Wasser wärmer, so sammelt sich über dem Wasserspiegel im Saugrohr Wasserdunst an, der mit zunehmender Wassertemperatur immer dichter und schwerer wird und die erreichbare Saughöhe der Pumpe entsprechend verringert.

Die Atmosphäre als Maßeinheit im Dampfkesselbetriebe. Der Luftdruck ist örtlich verschieden. Er ist um so größer, je höher die Lufthülle über der Erdoberfläche ist. Auf einer Bergspitze ist der Luftdruck niedriger als am Bergfuße, da die Lufthülle um die Bergeshöhe größer ist als dort. Die zum Messen des Luftdruckes benutzte Vorrichtung heißt Barometer. (Näheres darüber siehe in den Erläuterungen im Buche „Die Maschinistenschule".) Bei Dampfmaschinen und Dampfturbinen mißt man die Luftleere in den Kondensationsanlagen mit einer dem Röhrenbarometer (Fig. 53) ähnlichen Vorrichtung, bei welcher das obere Ende eines der Rohrschenkel mit dem Kondensationsraume für den Abgangsdampf verbunden ist.

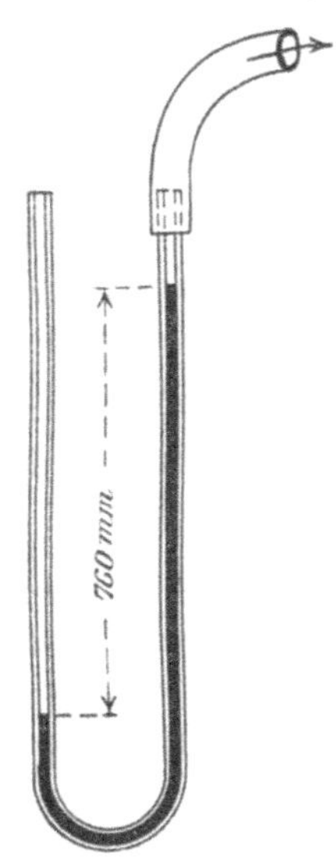

Fig. 53. Vorrichtung zum Messen des Luftdruckes mittels Quecksilbersäule.

Angenommen, der lichte Querschnitt eines eben besprochenen U-förmigen Glasrohres sei gerade 1 Quadratzentimeter groß, so würde eine darin stehende Wassersäule von 10,3 Meter Höhe, die nach dem vorher Gesagten dem atmosphärischen Luftdruck das Gleichgewicht hält, einen Rauminhalt haben = 1 Quadratzentimeter × 1030 Zentimeter = 1030 Kubikzentimeter = 1,03 Liter. Da nun ein Liter Wasser ein Kilogramm schwer ist, so würde der normale Luftdruck gleich dem Drucke von 1,03 Kilogramm auf ein Quadratzentimeter Fläche sein. Dieses genaue Maß des atmosphärischen Luftdruckes hat man der Bequemlichkeit halber für praktische Rechnungen abgerundet und man versteht allgemein unter einer Atmosphäre den Druck von einem Kilogramm auf ein Quadratzentimeter. Der Dampfkesselatmosphärendruck ist demnach eine Kleinigkeit niedriger als der mittlere atmosphärische Luftdruck, und zwar ist er gleich dem Drucke einer 735 Millimeter hohen Quecksilbersäule oder einer 10 Meter hohen Wassersäule. Wenn man also sagt, der Betriebsdruck eines Dampfkessels beträgt 7 Atmosphären Überdruck, so heißt das, auf jedem Quadratzentimeter der inneren Kesselfläche lastet ein Druck von 7 + 1 = 8 Kilogramm.

10. Beschreibung und Bedienung der hauptsächlichsten Kesselarten.

Die allgemeinen Anforderungen an einen Dampfkessel richten sich nach den jeweiligen Platz- und Betriebsverhältnissen.

1. Der Dampfkessel soll möglichst viel Dampf entwickeln und eine recht wirksame Heizfläche bei möglichst kleiner Bodenfläche haben.

2. Es soll sich die Dampfspannung leicht auf gleichmäßiger Höhe halten lassen. Man benutzt daher in Betrieben, in denen zu gewissen Tagesstunden große Dampfmengen verbraucht werden und gleichmäßiger Dampfdruck für die Dampfmaschinen vor-

handen sein muß, Kessel mit einem großen Wasserinhalt, die man auch Großwasserraumkessel nennt, im Gegensatz zu den Wasserrohrkesseln mit kleinem Wasserraume. Der große Wasserinhalt der Großwasserraumkessel wirkt bei plötzlich vermehrtem Dampfverbrauch als Regulator für die Dampferzeugung und verhütet ein zu starkes und zu schnelles Fallen des Dampfdruckes. Wird einem Dampfkessel plötzlich mehr Dampf entnommen, als er zu erzeugen vermag, so gehen die Spannung und die Temperatur des Dampfes zurück. In einem Dampfkessel mit großem Wasserinhalte wird aber die aufgespeicherte Wärmemenge nicht so schnell erschöpft werden können wie bei einem Dampfkessel mit kleinem Wasserinhalt. Hat z. B. ein Dampfkessel 20 Kubikmeter Wasser- und 6 Kubikmeter Dampfinhalt, so sind nach der Tabelle Seite 64 bei einem Betriebsdruck von 8 Atm. im Wasserraum 20 × 171490 Wärmeeinheiten, im Dampfraume hingegen nur 6 × 2015 Wärmeeinheiten enthalten. Es müßte daher bei einem plötzlich gesteigerten Dampfverbrauche der Dampfraum dieses Kessels sehr oft entleert werden, ehe der hiermit verbundene Wärmeverbrauch gegenüber der Wärmemenge in dem gesamten Wasser ins Gewicht fallen und eine größere Druckabnahme zur Folge haben würde. Für Betriebe, in denen ein größerer Dampfverbrauch längere Zeit andauert, eignen sich die Großwasserraumkessel weniger, da sich bei ihnen auch der Dampfdruck schwieriger wieder in die Höhe bringen läßt. Ebenso dauert ihr Anheizen längere Zeit als bei Kesseln mit kleinem Wasserinhalt. Es sind daher in solchen Betrieben, wo es auf ein schnelles Anheizen des Kessels ankommt, und wo der Dampfkesselbetrieb nur tage- oder stundenweise stattfindet, Dampfkessel mit kleinem Wasserraume anzuwenden (Feuerspritzkessel).

3. Der Kessel soll trocknen Dampf liefern, zu diesem Zwecke dürfen Dampfraum und Wasserspiegel nicht zu klein sein. Der Dampfraum dient nicht zur Ansammlung eines Dampfvorrates, sondern zur Ausscheidung des vom Dampf mitgerissenen Wassers. Er wird daher durch den Dampfdom oder Dampfsammler vergrößert, an denen auch die Absperr- und Sicherheitsventile angebracht werden. Häufig wird zur Entwässerung des Dampfes im obersten Teile des Kessels ein geschlitztes oder gelöchertes wagerechtes Dampfentnahmerohr eingebaut (Fig. 61).

4. Der Speiseraum des Kessels, das ist der abwechselnd mit Dampf und mit Wasser gefüllte Raum zwischen dem höchsten und niedrigsten Wasserstand im Kessel, soll einen genügenden Spielraum bieten, so daß während des verstärkten Dampfverbrauches die Speisung ruhen und bis zu den Betriebspausen damit gewartet werden kann. Ist er zu klein, muß also der Kessel auch bei verstärkter Dampfentnahme gespeist werden, so ist es für den Heizer schwer, die Dampfspannung auf einer genügenden Höhe zu erhalten, da das Speisen des Kessels schon an sich ein Fallen der Dampfspannung bewirkt.

5. Ferner verlangt man von einem Kessel leichte Zugänglichkeit seiner inneren Wandungen, damit der Kesselstein leicht entfernt werden kann. Gewisse Kesselarten, Heizrohrkessel, engrohrige Siederohrkessel, bei denen diese Zugänglichkeit nicht vorhanden ist, dürfen daher nur mit gereinigtem Wasser gespeist werden. Andernfalls sind zeitraubende und kostspielige Kesselreparaturen, wie Herausnehmen der Heiz- und Siederohre, oder ein beträchtlicher Kohlenmehrverbrauch infolge der anhaftenden Kesselsteinkruste unvermeidlich.

Die Großwasserraumkessel. Der Walzen- oder Zylinderkessel. Derselbe (Fig. 54) ist die einfachste und älteste Kesselform. Er besteht aus einem zylindrischen Mantel, der an den Enden durch gewölbte Böden verschlossen ist und auf der hinteren Hälfte einen Dampfdom trägt. Wird bessere oder mittlere Steinkohle verfeuert, so erhält der Kessel eine Planrostunterfeuerung, beim Verfeuern von minderwertiger Steinkohle oder Braunkohle bringt man dagegen eine Schrägrost- oder eine Treppenrostfeuerung an. Damit sich der Schlamm mehr im hinteren Teile des Kessels ablagert und das Wasser durch den am hinteren Stirnboden angebrachten Stutzen abgelassen werden kann, wird das hintere Kesselende um einige Zentimeter tiefer als das vordere gelegt. Nietnähte dürfen nicht über dem Feuer liegen. Die Feuerplatte läßt man deshalb in der Längsrichtung über die beiden vordersten Schüsse reichen. Den Durchmesser dieser Kessel macht man selten größer als 1,5 Meter, die Länge bis zu 10 Metern. Kleine Walzenkessel erhalten nur einen Unterzug. Bei größeren Dampfkesseln teilt man entweder den Unterzug durch eine Mauerzunge in zwei Züge, oder man ordnet außer dem Unterzug noch zwei Seitenzüge an, in denen die Heizgase von hinten nach vorn und dann nach dem Schornsteinfuchs abziehen.

Der einfache Walzenkessel besitzt von allen Kesselsystemen im Verhältnis zu seiner Heizfläche den größten Wasserraum. Er eignet sich daher für Betriebe mit nicht allzu großem, aber stark schwankendem Dampfverbrauche. Infolge seines großen Wasserspiegels und Dampfraumes liefert er ziemlich trockenen Dampf. Er läßt sich ferner innen gut reinigen und ist infolge seiner einfachen Bauart billig. Diese Vorteile werden indes von den Nachteilen überwogen. Der Kessel nimmt eine große Bodenfläche ein

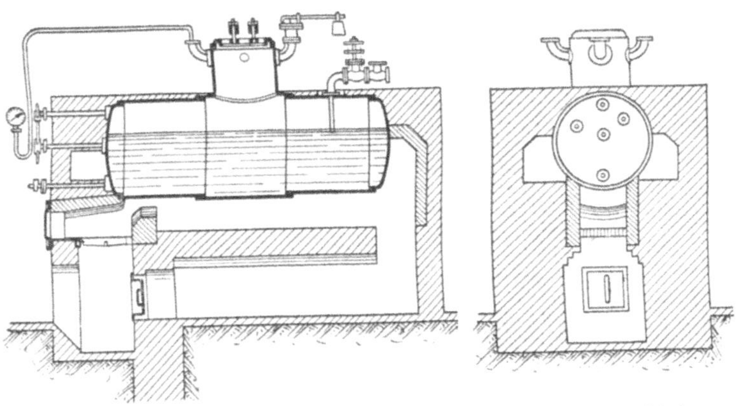

Fig. 54. Einfacher Walzenkessel von Sulzberger & Co. in Flöha.

und hat dabei eine kleine Heizfläche. Da die Feuerzüge sehr kurz sind, wird auch die Wärme schlecht ausgenutzt, und man darf bei sparsamem Betriebe nicht mehr als 8 Kilogramm Wasser auf einem Quadratmeter Heizfläche verdampfen. Die Feuerplatte wird über dem Rost leicht durch Ausbeulen, Blechrisse, Blechabzehrungen usw. schadhaft, da an dieser Stelle der meiste Dampf erzeugt wird, und das Wasser beim Nachströmen aus dem hinteren Kessel den Schlamm nach vorn schleppt. Man wendet daher den Walzenkessel nur noch für kleine Kesselanlagen bis zu 25 Quadratmeter Heizfläche an.

Der Walzenkessel mit einem oder zwei Unterkesseln. Um eine größere Heizfläche auf derselben Bodenfläche unterzubringen, legt man mehrere Zylinderkessel übereinander und vereinigt sie durch mehrere Stutzen von 350 bis 450 Millimeter lichter Weite. Der gebräuchlichste Kessel dieser Art ist der Siederohrkessel mit einem Oberkessel und einem darunter liegenden kleineren Unterkessel. Beide sind durch aufgenietete Stutzen miteinander verbunden. Der Unterkessel ist ganz voll Wasser und dient als Vorwärmer oder Sieder, der Oberkessel ist etwa bis zu zwei Drittel seiner Höhe mit Wasser gefüllt und enthält den Dampfraum. Der Durchmesser des Oberkessels schwankt zwischen 0,8 und 1,5 Meter, derjenige des Unterkessels ist gewöhnlich um $^1/_5$ kleiner. Wie beim einfachen Walzenkessel bringt man auch beim mehrfachen Walzenkessel unter dem Oberkessel entweder die Unterfeuerung mit Planrost oder eine Treppenrostfeuerung an und läßt die Feuerplatte über die beiden ersten Mantelschüsse des Oberkessels reichen. Zur Vermeidung von Schlammansammlungen im vorderen, über dem Feuer gelegenen Kesselteile gibt man dem Oberkessel eine Neigung nach hinten. Außerdem macht man den hinteren Verbindungsstutzen zwischen Ober- und Unterkessel länger als den vorderen, so daß Ober- und Unterkessel schräg zueinander liegen. Der im Oberkessel erzeugte Dampf kann infolgedessen ungehindert nach dem Dampfraum im Oberkessel abziehen. Ist dies nicht der Fall, so bilden sich im Unterkessel Dampfsäcke, an denen eine Überhitzung der Kesselbleche eintreten kann. Auch wird der ganze Kessel, wenn sich die abgesperrten Dampfblasen zeitweilig einen Ausweg nach oben verschaffen, heftig erschüttert. Der Unterkessel ist ferner vorn, um Platz für die Feuerung freizumachen, verkürzt und hinten über den Oberkessel hinaus verlängert, so daß der hintere Stirnboden mit Ablaßventil und Mannlochdeckel aus dem Kesselgemäuer herausragt und für die Bedienung zugänglich ist. An Stelle des einen Unterkessels verwendet man auch zwei nebeneinander liegende kleinere Unterkessel, die meist nur die zu ihrer Befahrung erforderliche lichte Weite von 600 bis 800 Millimeter haben. Man nennt sie Sieder, Vorwärmer, oder französisch Boullière.

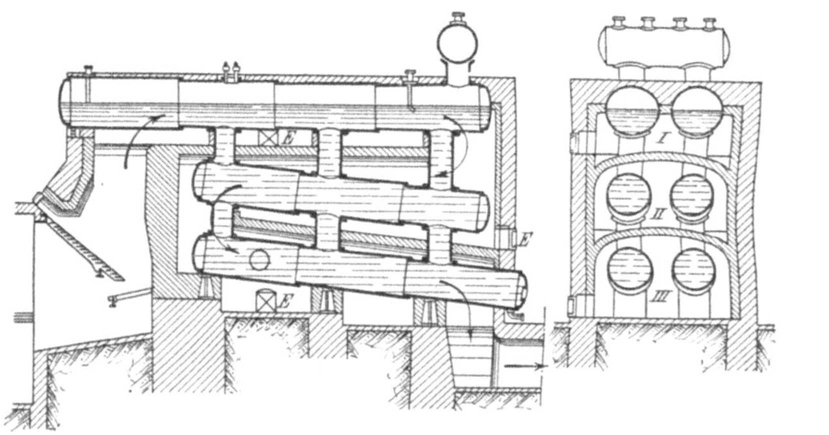

Fig. 55 u. 56. Mehrfacher Walzenkessel von Sulzberger & Co. in Flöha.

Die Heizgase bestreichen zunächst die untere Hälfte des Oberkessels, fallen durch eine Öffnung des über dem Unterkessel gespannten Gewölbes nach unten, ziehen auf der einen Seite des Unterkessels nach vorn, bewegen sich hier um dessen Stirnseite herum und ziehen auf seiner anderen Seite nach hinten in den Essenfuchs. Bei dieser Einmauerung wird der Raum mit dem Unterkessel durch je eine über und unter dem Kessel liegende Mauerzunge in zwei Teile geteilt. Die untere Mauerzunge ersetzt man zuweilen durch eine eiserne Zunge, da das Mauerwerk bei Betriebsstillständen die Feuchtigkeit aufsaugt und der Kessel an den Aufliegeflächen anrostet.

Ein häufig angewendeter mehrfacher Walzenkessel ist in Fig. 55, 56 abgebildet. Seine Einmauerung zeichnet sich durch Übersichtlichkeit und leichte Befahrbarkeit der Feuerzüge aus, die durch die Einsteigöffnungen E zugänglich sind. Während die Oberkessel mit den Dampfräumen wagerecht liegen, sind die Unterkessel beträchtlich schräg gestellt, wodurch das Aufsteigen des Dampfes nach dem Dampfraum und das Ablassen des Kessels durch den Ablaßhahn sehr erleichtert werden. Die früher übliche Einleitung des Speisewassers in einen der beiden Unterkessel hat sich nicht bewährt. Das Wasser zirkuliert zu wenig und verdampft in den Unterkesseln so langsam, daß sich an ihren Innenwandungen Luft- und Kohlensäureblasen ansetzen und nach kurzer Zeit Anrostungen entstehen. Mitunter treten an den Unterkesseln auch außen Anrostungen auf, die darauf zurückzuführen sind, daß sich der in den Heizgasen enthaltene Wasserdampf auf den verhältnismäßig kühlen Kesselwänden niederschlägt. Man läßt daher das Speiserohr am besten in den hinteren Teil des Oberkessels münden.

Für die Kessel mit zwei Ober- und zwei Unterkesseln (Fig. 57, 58) ist die kammernförmige Einmauerung gebräuchlich, bei welcher die Feuergase durch senkrecht eingebaute Wände schlangenförmig auf- und niedergeführt werden und hierbei den Ober- und Unterkessel abwechselnd berühren. Die Flugasche ist durch seitliche Öffnungen E im Kesselgemäuer aus den Essenzügen herauszuziehen. Der Dampfkessel muß also bei einer derartigen Einmauerung mindestens auf einer Längsseite freistehen. Die Öffnungen E bringt man möglichst dicht vor den senkrechten Zwischenwänden an, da sich vor diesen die meiste Flugasche niederschlägt und sich letztere alsdann bequem herausziehen läßt.

Der mehrfache Walzenkessel hat gegenüber dem einfachen Walzenkessel den Vorzug, daß er auf derselben Bodenfläche eine größere Heizfläche zuläßt, und daß infolge der längeren Essenzüge die Heizgase besser ausgenutzt werden. Er ermöglicht ferner, was namentlich beim Verfeuern von billigen Kohlen von Wert ist, auf die einfachste Weise den Einbau eines großen Rostes, erzeugt trockenen Dampf, eignet sich infolge

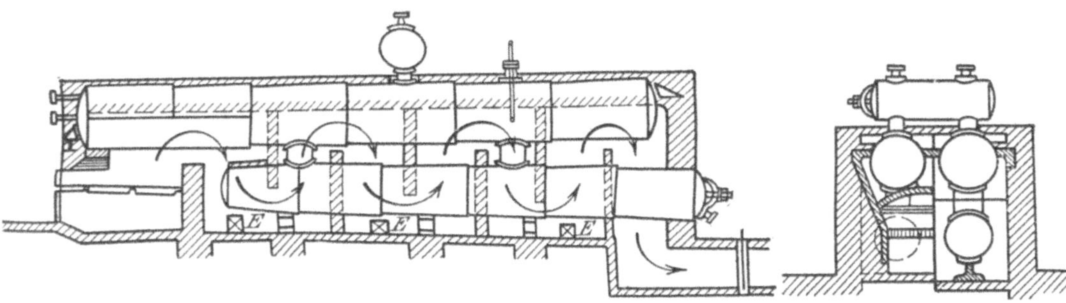

Fig. 57 u. 58. Walzenkessel mit kammernförmiger Einmauerung.

seines großen Wasserraumes für Betriebe mit schwankendem Dampfverbrauche und ist bei der Kesselreinigung leicht befahrbar.

Der **Tenbrinkkessel** ist ein mehrfacher Walzenkessel mit einem vorn quer eingebauten Walzenkessel, der mit den Längskesseln durch mehrere Stutzen verbunden ist und ein oder zwei Feuerrohre hat, in denen die Schrägrostfeuerung (siehe Fig. 28) untergebracht ist. Er ist namentlich in Süddeutschland häufig angewendet (Fig. 59).

Der hauptsächlichste Nachteil der mehrfachen Walzenkessel besteht darin, daß sie neueren Kesselarten gegenüber noch zu viel Bodenfläche erfordern. Am häufigsten ist noch der Walzenkessel mit einem oder zwei Unterkesseln auf Bergwerken anzutreffen, wo der minderwertige Kohlenschlamm aus der Kohlenwäsche auf einer Schrägrostfeuerung unter dem Kessel verbrannt wird, doch wird er auch hier durch den Steilrohrkessel mit Wanderrostfeuerung (Fig. 79) verdrängt. Im übrigen wird er bis zu 100 Quadratmeter Heizflächengröße gebaut.

Ähnlich dem Walzenkessel ist der Batteriekessel. Derselbe besteht aus 12 bis 16 Zylinderkesseln, die in drei oder vier Reihen übereinander liegen, durch wagerechte und senkrechte Stutzen miteinander verbunden sind und etwa je 700 Millimeter Durchmesser haben. Die Zylinderkessel der obersten Reihe sind zur Hälfte mit Wasser gefüllt und enthalten die mit einem gemeinsamen Dampfsammler in Verbindung stehenden Dampfräume. Die übrigen Zylinderkessel sind ganz voll Wasser. Von diesem Kesselsystem ist schon wegen der vielen Mannlochverschlüsse, der schwierigen Befahrbarkeit der einzelnen Zylinderkessel und der unbequemen Körperlage der Arbeiter bei der Kesselreinigung entschieden abzuraten.

Der Flammrohrkessel. Der Flammrohrkessel ist der gebräuchlichste aller Dampfkessel. Er besteht aus einem äußeren Walzenkessel mit zwei Kesselböden, durch welche zwei weite Rohre — die Flammrohre — hindurchgehen. Die Flammrohre dienen zur Aufnahme der Feuerung und werden von den Heizgasen durchströmt. Je nach der Zahl dieser Flammrohre unterscheidet man Ein-, Zwei- und Dreiflammrohrkessel. Bei dem Einflammrohrkessel wird das Flammrohr in der Regel seitwärts eingebaut; man nennt daher einen derartigen Kessel auch Seitrohrkessel. Die seitliche Lage des Flammrohres erleichtert die Befahrung des Kessels und hat weiter den Vorteil, daß das Wasser an der engen Stelle schneller als an der weiten Stelle erwärmt und ein guter Wasserumlauf im Kessel erreicht wird. Im Innern des Kessels sollte auf dem Kesselmantel niemals eine Laufschiene aus Winkeleisen entlang der weiten Seite fehlen, da sie die Befahrung des Kessels wesentlich erleichtert. Auch bei den Zwei- und Dreiflammrohrkesseln müssen die Flammrohre so eingebaut werden, daß der Kessel leicht befahren und gereinigt werden kann. Beträgt der lichte Abstand der Flammrohre weniger als 250 Millimeter (in den

Fig. 59. Tenbrinkkessel von M. Streicher in Stuttgart-Cannstatt wird von der Firma neuerdings weniger angewendet, da sich bei ihm die für minderwertige Brennstoffe erforderlichen großen Rostflächen nicht anbringen lassen.

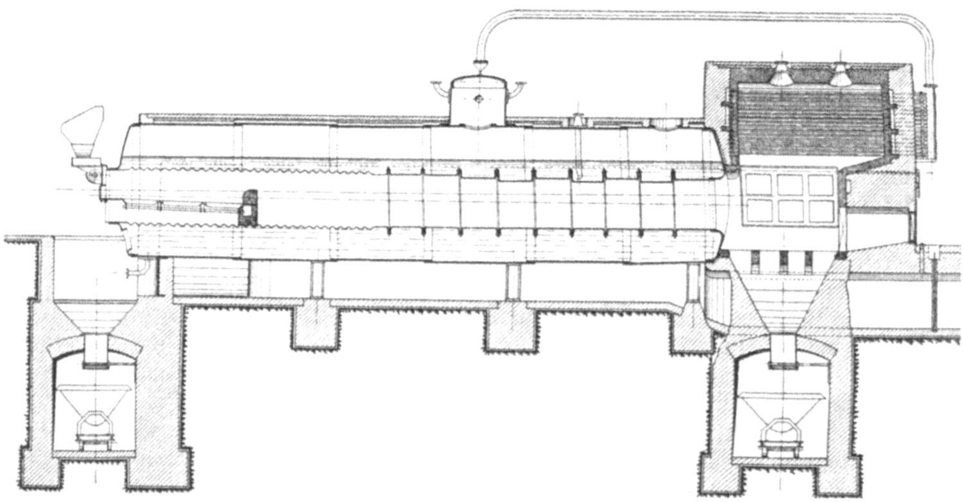

Fig. 60. Stufenrohrkessel mit wagerechtem Dampfüberhitzer von F. L. Oschatz, Meerane.

meisten Fällen ist er erheblich kleiner), so muß die vordere Stirnwand unterhalb der Flammrohre noch ein Mannloch erhalten, oder man macht die letzten Flammrohrschüsse konisch und enger als die übrigen, so daß wenigstens an dieser Stelle der zum Befahren des unteren Kesselteiles nötige Abstand vorhanden ist.

Der Flammrohrkessel wird meist wagerecht verlegt, doch geben ihm auch einige Kesselfabrikanten eine Neigung nach der vorn angebrachten Ablaßvorrichtung, damit er sich beim Ablassen vollständig entleert. Der Kessel wird auf gußeiserne Böcke im untersten Zuge gelagert. Die Tragböcke sind möglichst dicht neben den Rundnähten und unter den weiten Flammrohrschüssen aufzustellen. Wird letzteres nicht beachtet, so hat der Kessel durch sein Eigengewicht das Bestreben, die Nietverbindung neben dem Lagerbock auseinander zu drücken, und letztere kann infolgedessen undicht werden.

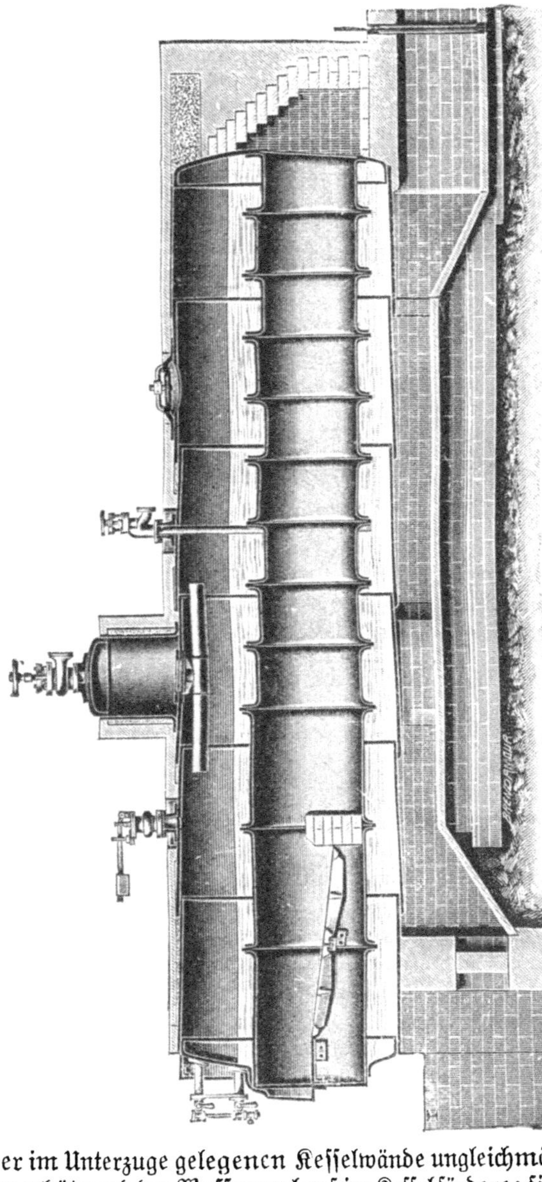

Fig. 61. Stufenrohrkessel von Pauksch A.-G., Landsberg a. W.

Flammrohrkessel sollte man nur mit Planrostinnenfeuerung, nötigenfalls auch mit einer Vorfeuerung, nicht aber mit einer Unterfeuerung versehen, so daß die Flammrohre stets den ersten Zug bilden. Bei der gebräuchlichsten Anordnung werden dann die hinten aus den Flammrohren strömenden Heizgase in zwei Seitenzügen nach vorn und durch den Zug unter dem Kessel — dem Unterzuge — nach dem Essenfuchs geführt. Bei einer anderen Einmauerungsart strömen die Heizgase aus den Flammrohren zunächst in den Unterzug und von diesem erst in die Seitenzüge. Diese Zuganordnung wird vielfach als die zweckmäßigere empfohlen, da sie durch die erhöhte Erwärmung der im Unterzuge gelegenen Kesselwände ungleichmäßige Spannungen in den Kesselblechen verhüte und den Wasserumlauf im Kessel fördere; sie hat sich aber nicht wesentlich eingeführt, weil die erstbesprochene Einmauerung zur Erzielung einer günstigen Verdampfung und eines guten Wasserumlaufes vollauf genügt.

Bei den Seitrohrkesseln ordnet man nur zwei Seitenzüge an und läßt den Unterzug fort, da letzterer infolge des kleinen Kesseldurchmessers sehr schmal ausfallen müßte.

Die Einmauerung mit einem Oberzuge, das ist ein Zug oben, über dem Dampfraume des Kessels hinweg, hat keine große Verbreitung gefunden, da das Mauerwerk hierdurch erheblich verteuert und der Nutzen des Oberzuges durch die unvermeidliche Ablagerung von Flugasche auf dem Kesselbleche sehr beeinträchtigt wird. Der Oberzug soll in erster Linie zur Trocknung des Dampfes dienen, ohne jedoch diesen Zweck in genügender Weise zu erreichen. Für Dampfmaschinen, bei deren Betriebe man die Nachteile des nassen und gesättigten Dampfes vermeiden will, benutzt man daher ausschließlich Dampfüberhitzer, die die Oberzugkessel fast völlig verdrängt haben. In den Oberzug eingebaute Speisewasservorwärmer von etwa 600 bis 700 lichtem Durchmesser und annähernder Kessellänge sind mit Vorsicht anzuwenden, da sie an denselben Nachteilen wie die Unterkessel der Walzenkessel leiden und bei lufthaltigem Speisewasser innen schnell verrosten. Es sei noch darauf hingewiesen, daß in einigen deutschen Bundesstaaten die Oberzugkessel längstens in dreijährigen Fristen einer amtlichen inneren Untersuchung und spätestens nach je 6 Jahren einer amtlichen Wasserdruckprobe zu unterziehen sind. Möglicherweise haben auch diese strengen Vorschriften die Anwendung des Oberzugkessels eingeschränkt.

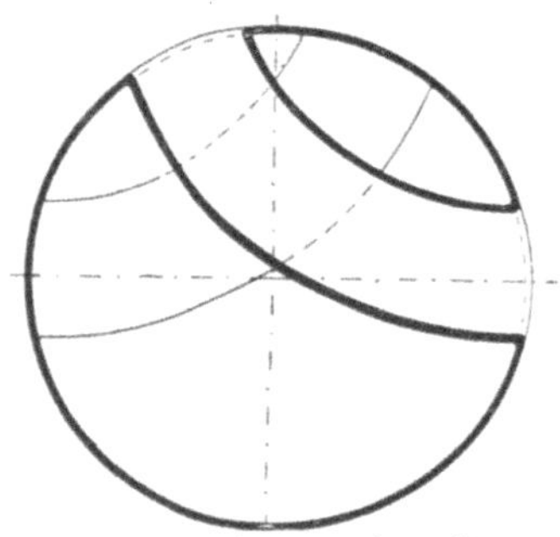

Fig. 62. Flammrohr mit gekrümmten Gallowayrohren.

Die Zweiflammrohrkessel führt man bis zu einer Größe von 120 Quadratmetern Heizfläche aus, darüber hinaus benutzt man Dreiflammrohrkessel mit einer Heizfläche bis zu 170 Quadratmetern. Fig. 60 zeigt einen Flammrohrkessel mit Überhitzer aus der Kesselschmiede von Oschatz, Meerane, Fig. 61 einen Zweiflammrohrkessel mit Stufenrohren aus der Kesselfabrik von Pauckſch in Landsberg a. d. Warthe.

Die Flammrohre können sehr verschiedener Bauart sein. Man unterscheidet glatte Flammrohre, Stufenrohre, Flammrohre mit Gallowaystutzen und Wellrohrflammrohre. Die vorderen Flammrohrschüsse sind bei größeren Flammrohrkesseln in der Regel etwas weiter als die hinteren, damit ein breiter Rost eingebaut werden kann. Bei allen Flammrohrarten vermeidet man im Feuerraume Nietverbindungen, und man läßt daher den ersten Flammrohrschuß bis hinter die Feuerbrücke reichen. Die glatten Flammrohre sind in der Längsnaht entweder geschweißt oder genietet. Die Längsnähte werden zum Schutze gegen das direkte Feuer nach unten gelegt, wo sie im Betriebe mit Flugasche bedeckt werden. Bei den Stufenrohrkesseln schließen sich an den ersten Flammrohrschuß eine große Anzahl sehr kurzer Flammrohrschüsse von abwechselnd engem und weitem Durchmesser an. Ihre Länge ist etwa gleich ihrem Durchmesser. Sie sind so miteinander verbunden, daß die unteren Mantellinien der Schüsse entlang dem ganzen Flammrohre eine gerade Linie bilden. Hierdurch wird die Ablagerung der Flugasche in den weiten Schüssen verhindert und deren Beseitigung beim Herausziehen mit einer Krücke erleichtert. Die Stufenrohre haben ferner den Vorteil, daß sie die Heizgase sehr gut durcheinander wirbeln, daher eine sehr wirksame Heizfläche darbieten und eine sehr gute, dabei aber elastische Versteifung bilden.

Die Gallowayrohre (Fig. 62) sind die bereits früher erwähnten, in die Flammrohre quer eingesetzten Rohre, sogenannte Quersieder. Damit ausgerüstete Kessel nennt man Gallowaykessel (siehe Unterkessel in Fig. 71). Sie fördern den Wasserumlauf im Kessel und versteifen die Flammrohre sehr wirksam. Als nachteilig könnte man bezeichnen, daß sie schwer vom Kesselstein zu reinigen sind und daß sie die Befahrung der Flammrohre erschweren, was aber nicht sehr ins Gewicht fällt. Bei neuen Dampfkesseln werden sie in die Flammrohre eingeschweißt und nicht gerade, sondern gekrümmt geführt. Seit einigen Jahren werden sie auch in gewellten Flammrohren angebracht.

Die gewellten Flammrohre sind wegen ihrer Vorzüge außerordentlich weit verbreitet. Ihr kleinster Durchmesser beträgt 750 Millimeter. Ihre Vorteile sind:

1. Sie besitzen eine sehr große Festigkeit gegen das Zusammendrücken durch den Dampfdruck und gestatten daher die Anwendung sehr weiter Rohre bei geringer Blechdicke.
2. Infolge des größeren Flammrohrdurchmessers läßt sich ein breiter Rost in die Feuerung einbauen.
3. Sie vergrößern die Heizfläche um $^1/_7$ gegenüber der Heizfläche der glatten Flammrohre.
4. Es setzt sich wenig Kesselstein auf ihnen ab. Durch die beim Kesselbetrieb abwechselnd eintretende Abkühlung und Erhitzung werden die Wellen des Rohres abwechselnd zusammengedrückt und gestreckt, so daß etwaiger darauf haftender Kesselstein abgeblättert und abgesprengt wird.
5. Die Wellen machen die Rohre elastisch, so daß der Kessel bei Längenausdehnungen durch die Wärme geschont wird.

Ein glattes Flammrohr von ein Meter lichtem Durchmesser müßte schon bei mäßigem Dampfdrucke eine Blechdicke von 15 Millimeter erhalten, während bei einem Wellrohre von 1500 Durchmesser noch 11 Millimeter ausreichen. Die Herstellung der Wellrohre erfolgt in der Weise, daß man glatte Blechplatten zunächst rollt und in der Längsnaht zusammenschweißt. Diese noch glatten Rohrtrommeln werden hierauf in glühwarmem Zustande auf einem besonderen Walzwerk mit den 50 Millimeter hohen Wellen versehen. Je nach der Form der Wellen unterscheidet man verschiedene Wellrohrarten, die gebräuchlichsten sind die Wellrohre nach Fox und Morison.

Bei Kesseln, für welche ein glattes Flammrohr genügt, macht man mit Vorteil wenigstens den ersten Flammrohrschuß aus Wellrohr, da hierdurch der Kessel nicht wesentlich verteuert wird und die Flammrohre elastisch werden.

Auf einem Quadratmeter Heizfläche eines Zweiflammrohrkessels können im Durchschnitt 25 Kilogramm Wasser verdampft werden; jedoch läßt sich bei großen Kesseln mit reichlichen Rostflächen diese Wassermenge auf 30 und mehr Kilogramm steigern. Eine sehr wirksame Heizfläche sind die Flammrohre, die bei Innenfeuerung die gesamte strahlende Wärme des Feuers aufnehmen. Vorfeuerungen sind daher nur im äußersten Falle anzuwenden. Die Flammrohrkessel haben ferner die Vorzüge des Großwasserraumkessels, d. h. sie eignen sich für Betriebe mit schwankendem Dampfverbrauche und liefern infolge des großen Dampfraumes und des großen Wasserspiegels ziemlich trockenen Dampf. Sie ermöglichen infolge ihrer Einfachheit einen sicheren und ungestörten Betrieb, verursachen wenig Reparaturen und sind bei entsprechender Bauart für die innere Reinigung nicht allzu schwierig zugänglich. Über ihre Anwendbarkeit für große Anlagen gehen die Ansichten auseinander. Während sie vielfach vom Wasserrohrkessel verdrängt worden sind, da sie zu viel Platz wegnehmen und ihr Anheizen zu viel Zeit in Anspruch nimmt, sind sie auch in neueren ganz großen Kraftzentralen dennoch aufgestellt worden (Kraftzentrale Lauchhammerwerk).

Der Heizrohrkessel (Fig. 63 und 64). Derselbe ist ein Walzenkessel mit einer größeren Anzahl enger, in die Stirnböden eingewalzter Rohre, die auf der äußeren Seite vom Kesselwasser bespült werden, und durch welche die Heizgase hindurchziehen. Die Heizrohre sind gewöhnlich in zwei Gruppen angeordnet, deren lichter Abstand zur bequemen Reinigung der seitlichen Rohre und zum Befahren des unteren Kesselraumes ausreichen muß. Sie erhalten einen Durchmesser zwischen 70 und 100 Millimeter, ihre Länge nimmt man 50- bis 60mal so groß wie den lichten Rohrdurchmesser oder das $2^1/_2$fache des Kesseldurchmessers. Erst in neuerer Zeit wendet man bei sehr großen Kesseln Heizrohre über 5 Meter Länge an. Sehr lange Heizrohre haben keinen großen Zweck, da die Heizgase bei den üblichen Längen genügend abgekühlt werden. Die

Rohrenden stehen 3 Millimeter über den Kesselböden hervor. Einzelne Rohre werden zur Versteifung der Stirnböden als Ankerrohre ausgebildet. Die Ankerrohre erhalten eine größere Wanddicke und werden entweder mit feinem Gewinde in die Rohrböden eingeschraubt oder eingewalzt und an den Enden außen umgebördelt. Manche Kesselfabriken bördeln zur Verminderung des Widerstandes für die Rauchgase auch die

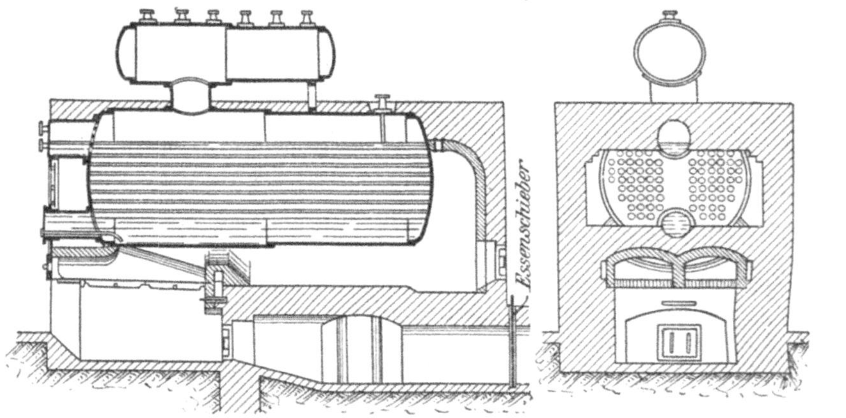

Fig. 63 und 64. Heiz (Rauch-)rohrkessel von Sulzberger & Co., Flöha.

Heizrohre um. Des leichteren Einsetzens und Herausnehmens halber werden sämtliche Rohre an einem Ende drei Millimeter im Durchmesser aufgeweitet. Man kann sie infolgedessen bei Reparaturen nur nach einer Seite hin herausschlagen.

Je nach der Art des verfeuerten Brennmaterials setzen sich die Heizrohre mehr

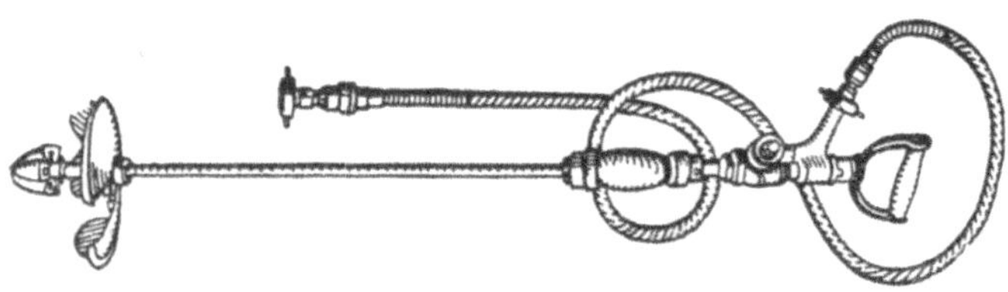

Fig. 65. Heißluft-Rußfegeapparat zum Reinigen der Rauchrohre von Fraissinet, Chemnitz.

Fig. 66. Rohrfegeapparat von Gebr. Jakob, Metallschlauchfabrik in Zwickau, an einem Rauchrohrkessel im Gebrauch.

oder weniger schnell voll Flugasche und Ruß. Da hierdurch die Wirkung der Heizfläche und auch der Essenzug vermindert werden, müssen die Rohre öfters ausgefegt werden. Man benutzt hierzu Dampfstrahlapparate (Fig. 65, 66) oder Drahtbürsten. Auch bei nicht allzu großen Rußansammlungen in den Heizrohren empfiehlt es sich, die Heizrohre in der Woche mindestens zweimal mit Dampf auszublasen und außerdem einmal mit der Drahtbürste zu reinigen; andernfalls ist es schwer, die Dampfspannung auf genügender Höhe zu erhalten. Die Reinigung der Heizrohre wird am besten während der Mittagspause oder nach Feierabend bei vermindertem Essenzuge vorgenommen. Die Heizrohre müssen für die öftere Reinigung leicht zugänglich sein, und es wird deshalb der vor ihnen liegende Essenzug nicht durch Mauerwerk, sondern durch zwei gußeiserne Türen abgeschlossen.

Die Stirnböden des Heizrohrkessels können flach oder gewölbt sein. Bei den gewölbten Stirnböden sitzen die durchgehenden Heizrohre nicht rechtwinklig, sondern (namentlich nach dem äußeren Rande zu) schräg in dem Rohrboden. Hierdurch wird das Nachwalzen der Rohre zwar schwierig, aber bei sorgfältiger Ausführung der Löcher im Rohrboden keineswegs unzuverlässig. Häufig erhalten Kessel mit gewölbten Böden weniger Rohre als Kessel mit flachen Böden. Manche Kesselfabriken bevorzugen daher Kessel mit ebenen Stirnböden, trotzdem letztere durch Ankerrohre oder durch besondere Anker versteift werden müssen. Gewölbte Stirnböden haben den Vorzug, daß derartige Versteifungen unnötig sind. Neuerdings gibt es auch gewölbte Stirnböden mit ebenen Flächen zur Aufnahme der Heizrohre.

Der Heizrohrkessel erhält eine Planrostunterfeuerung. Die Heizgase durchströmen erst den Unterzug, dann die Heizrohre von hinten nach vorn und hierauf die Seitenzüge. Die hauptsächlichsten Vorteile des Heizrohrkessels bestehen darin, daß er bei ziemlich großer Heizfläche wenig Platz einnimmt, und daß er sich schnell anheizen läßt. Andererseits verlangt er ein gutes Kesselspeisewasser, da beim Befahren nur einige Stellen des Kessels zugänglich sind, und bei starker Kesselsteinbildung die Heizrohre öfters ganz herausgenommen werden müssen. Die Heizrohre sind mit Vorsicht herauszuschlagen, da leicht Stegrisse im Stirnboden entstehen; die Rohre werden deshalb, wenn sie gänzlich erneuert und nicht wieder verwendet werden sollen, vor dem Herausschlagen zunächst mit einem Kreuzmeißel in der Einwalzstelle aufgetrennt.

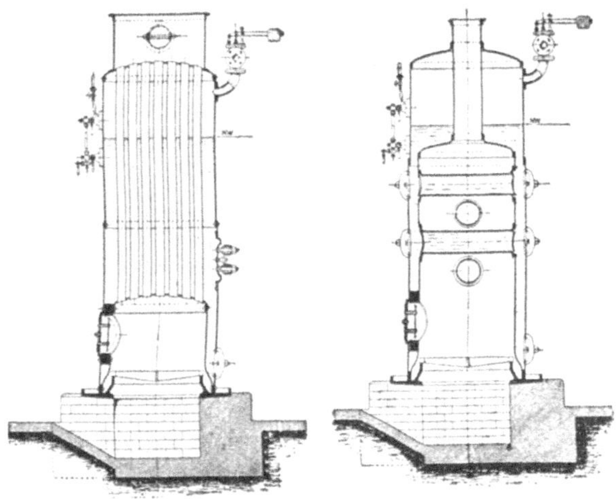

Fig. 67. Fig. 68.
Stehende Feuerbuchsenkessel
mit Rauchrohren mit Siederohren.

Der Heizrohrkessel liefert nässeren Dampf als der Flammrohrkessel; auf einem Quadratmeter Heizfläche können bis zu 18 Kilogramm Wasser verdampft werden. Eine höhere Beanspruchung ist nicht ratsam, da sie Undichtheiten an den Einwalzstellen der Heizrohre zur Folge haben kann. Das Speiseventil wird entweder am Deckel eines Stutzens am vorderen Rohrboden unterhalb der Heizrohre oder an einem Stutzen oben auf dem Kesselmantel angebracht. Im ersteren Falle läßt man das Speiserohr bis in den hinteren Kesselteil reichen, um zu vermeiden, daß die hoch erhitzte Feuerplatte durch das Speisewasser getroffen wird. Bei der Speisung von oben läßt man das Einhängerohr dicht unter dem niedrigsten Wasserstand münden. Das Speisewasser soll auch aus dem Grunde wenig Schlamm und Kesselstein absetzen, weil derartige Ablagerungen häufig die Ursache von Ausbeulungen in der Feuerplatte über dem Roste sind. (Reparaturen siehe S. 95).

Der kombinierte oder zusammengesetzte Dampfkessel. Derselbe besteht aus zwei übereinanderliegenden Dampfkesseln. Der Unterkessel ist stets ein Zweiflammrohrkessel, der Oberkessel zumeist ein Heizrohrkessel oder gleichfalls ein Zweiflammrohrkessel. Ober- und Unterkessel werden durch einen oder zwei Stutzen miteinander verbunden. Die ersten kombinierten Kessel hatten nur einen Dampfraum, und zwar im Oberkessel. Der Unterkessel war völlig mit Wasser gefüllt. Bei dieser Bauart, die man nach dem Erfinder Tischbeinkessel nannte, wurde aber die Verdampfung durch den langen Weg des Dampfes aus dem Unterkessel nach dem Dampfraume stark beeinträchtigt, und man erhielt sehr nassen Dampf. Da aber bei diesem Kessel die ganze Oberfläche des Unterkessels als Heizfläche ausgenutzt werden kann, haben einige Kesselfabriken auch neuerdings wieder derartige Kessel mit nur einem Dampfraum angefertigt. Um den nassen Dampf zu verhüten, muß ein Dampfüberhitzer eingebaut werden, und es erhält der Oberkessel einen sehr großen Durchmesser, so daß auch sein Dampfraum groß ausfällt. Dampfstauungen im Unterkessel vermeidet man dadurch, daß man den Unterkessel nach hinten zu stark konisch macht. Da der Ober- und Unterkessel durch einen vorn auf die Kesselmäntel aufgenieteten Stutzen verbunden sind, können die Dampfblasen bei einem solchen Kessel ungehindert aus dem Unterkessel in den Oberkessel emporsteigen, und es ist auch möglich, den ganzen Kessel durch den Ablaßstutzen am Unterkessel völlig zu entleeren. Die konische Form des Unterkessels hat ferner eine Verengung der Seitenzüge von hinten nach vorn zur Folge, wovon sich die Kesselfabrikanten eine bessere Ausnutzung der von hinten nach vorn ziehenden Heizgase versprechen. (Maße eines derartigen Kessels sind beispielsweise: Oberkessel 2400 Millimeter Durchmesser, Unterkessel vorn 2900, hinten 2600 Millimeter Durchmesser.) Trotzdem diese von einigen sehr erfahrenen Kesselfabrikanten vertretenen Ansichten vieles für sich haben, werden auch kombinierte Kesselsysteme gebaut, **bei denen sowohl im** Unter- wie im Oberkessel je ein Dampfraum vorhanden ist. Die Dampfräume werden durch ein unverschließbares Rohr verbunden, so daß in beiden Kesseln immer dieselbe Dampfspannung vorhanden ist. Bei diesem Kesselsystem erhält zwar jeder Kessel eine völlig getrennte Speiseleitung; man speist jedoch für gewöhnlich nur in den Oberkessel und bringt in diesem ein Überlaufrohr an, durch welches hindurch das Wasser in den Unterkessel fließt. Da der Unterkessel stets mit der Feuerung versehen ist, und infolgedessen auch das meiste Wasser darin verdampft wird, hat diese Einrichtung den Vorteil, daß der Heizer nur für einen ausreichenden Wasserstand im Unterkessel zu sorgen hat; der Oberkessel wird dann stets genügend Wasser enthalten. Nur im Notfalle, wenn die Wasserspiegel in beiden Kesseln zu weit gesunken sind, und die Speisung des Unterkessels durch den Oberkessel hindurch zu lange dauern würde, muß der Heizer den Unterkessel auf direktem Wege zuerst voll speisen (Fig. 70).

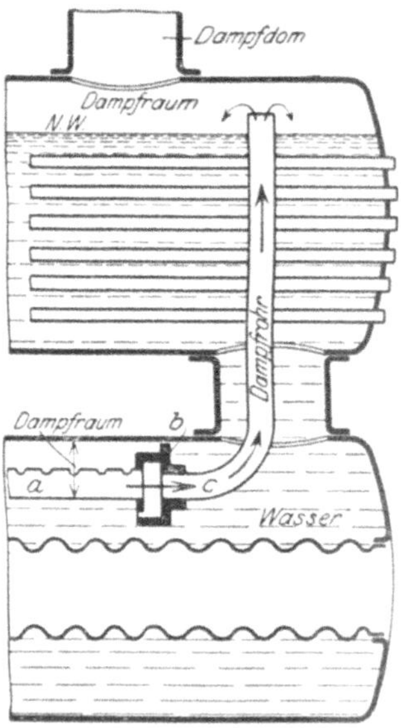

Fig. 69. Kombinierter Dampfkessel mit zwei Dampfräumen. b ist eine Wand im Unterkessel und enthält das Rohr c für die Ableitung des Dampfes nach dem Oberkessel. Der Unterkessel hat keine Wasserstandsanzeiger. Der Dampf kann den Wasserstand nicht tiefer drücken als bis zur Unterkante des Rohres a.

Den Dampfraum des Unterkessels läßt man in der Regel nicht von den Heizgasen bestreichen, sondern man deckt ihn außen mit einer Ziegelschicht ab, damit der Kessel nicht als Oberzugkessel gelte und von den hierfür vorgeschriebenen häufigen amtlichen Untersuchungen befreit bleibt.

Die kombinierten Kessel (oben Heizrohr-, unten Zwei- oder Dreiflammrohrkessel, Fig. 70,71) werden in sehr großen Abmessungen von 100 bis 700 Quadratmeter Heizfläche hergestellt. Bei einem großen Kessel entfallen auf den Mantel des Unterkessels 42,81, auf die Wellrohrflammrohre 71,4, auf den hinteren unteren Stirnboden 2, auf den Oberkesselmantel 37,5, auf die 270 Heizrohre 442 und auf die beiden oberen Stirnböden 8,4 Quadratmeter Heizfläche. Die Vorteile dieses Kesselsystems beruhen in dem geringen Bedarf an Bodenfläche und in der guten Wärmeausnutzung der Heizgase.

Auf einem Quadratmeter Heizfläche werden bei kleineren Kesseln annähernd 20, bei großen Kesseln nicht mehr als 15 bis 16 Kilogramm Wasser in der Stunde verdampft. Die verhältnismäßig kleine Leistungsfähigkeit der ganz großen Kessel erklärt sich daraus, daß es schwer ist, eine entsprechend große Rostfläche unterzubringen und genügend zu bedienen.

Die Feuerung ist bei allen kombinierten Dampfkesseln eine Planrostinnenfeuerung, die bei neueren und größeren Kesseln einen selbsttätigen Beschickungsapparat mittels Wurfrad oder Wurfschaufel erhält. Bei großen Kesselanlagen macht sich dann der

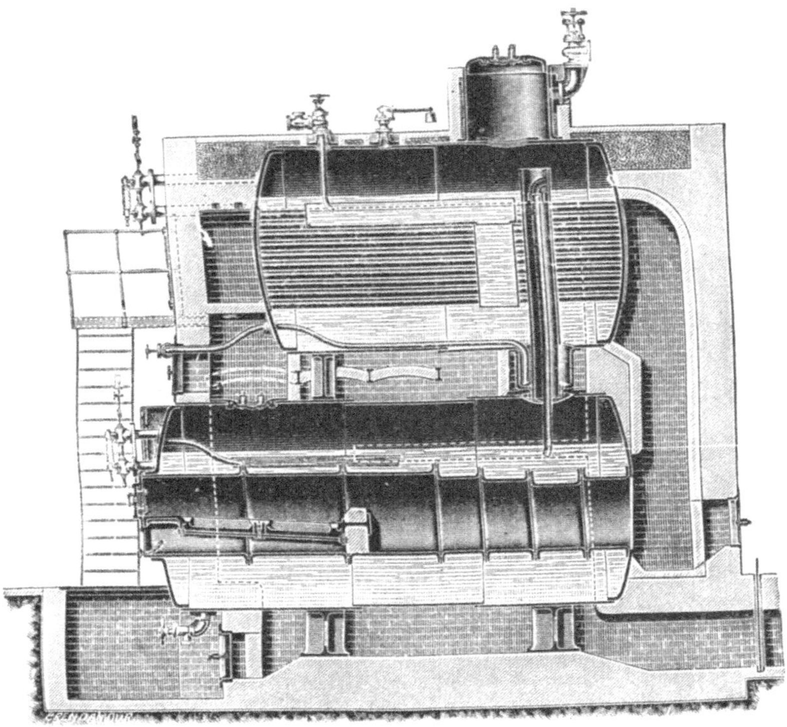

Fig. 70. Kombinierter Kessel der Firma A. G. Pauckſch, Landsberg a. W., im Oberkessel mit Speiserinne.

Mangel dieser Feuerungen, daß sie von Hand abgeschlackt werden müssen, durch Verminderung der Kesselleistung sehr bemerkbar.

Der ausziehbare Röhrenkessel (Fig. 72) besteht aus einem äußeren Kessel mit ebenen Stirnböden und einem ausziehbaren Rohrsystem. Letzteres besteht aus den Heizrohren und der Feuerbuchse, die bei größeren Kesseln aus Wellrohren und bei kleineren Kesseln aus glatten Rohren gebildet wird. Die Heizrohre sind vorn in die Feuerbuchse und hinten in eine Rohrwand eingewalzt. Etwaige Ankerrohre sind eingeschraubt. Das fertige Rohrsystem wird in den Außenkessel eingeschoben und an dessen vorderen und hinteren Stirnwand durch eine entsprechende Anzahl von Schrauben festgeschraubt. Zur Abdichtung werden Dichtungsringe aus erprobtem Material, wie Weichgummi, Klingerit usw. verwendet.

Das Auseinandernehmen, Reinigen und Wiederzusammenschrauben kann, wenn der Kessel nicht zu stark verschmutzt war, meist an einem oder zwei Tagen vorgenommen werden; zwei abgeschrägte, innen auf den Langkessel angenietete Blechecken erleichtern das Hereinschieben des Rohrsystems. Damit die Befestigungsschrauben an den Stirnrändern nicht festbrennen und sich leicht lösen lassen, müssen sie nach jeder Kesselreinigung

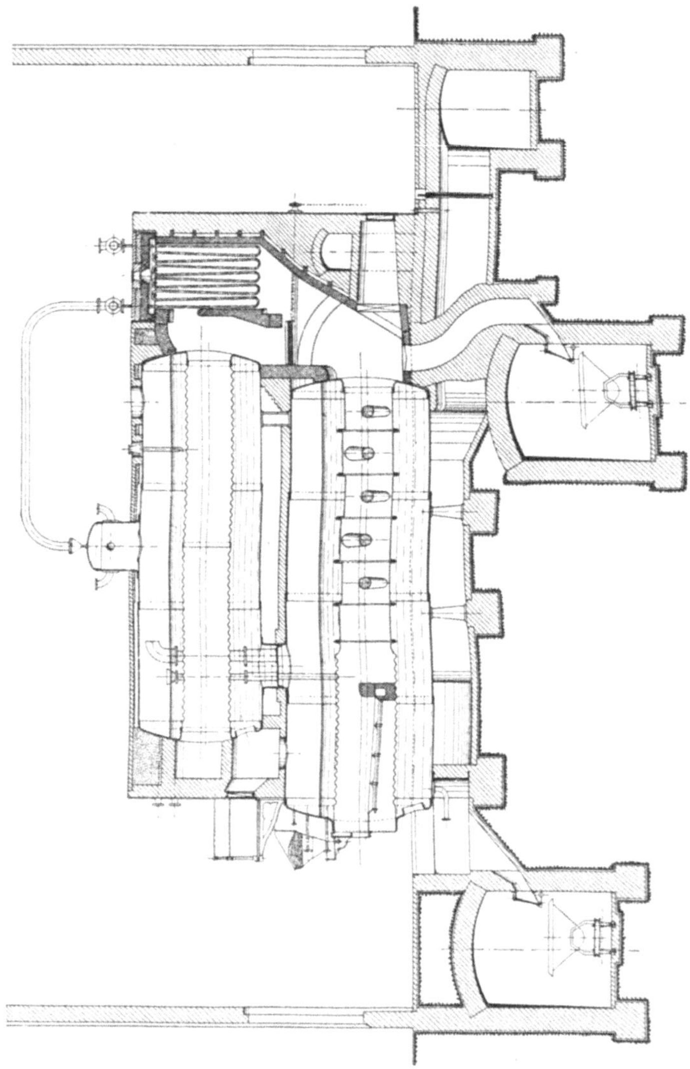

Fig. 71. Kombinierter Kessel der Firma F. L. Oschatz, Meerane i. Sa., Flammrohr im Unterkessel mit Gallowayrohren.

mit Talg und Graphit eingeschmiert werden. Beim Ausziehen des Rohrsystems verfährt man in folgender Weise: Sobald der Kessel abgelassen, also noch warm, aber ohne Druck ist, löst man die mit Petroleum angefeuchteten Muttern und drückt das Rohrsystem mittels einer Winde von der Rauchkammer aus los. Die Feuerbuchse muß unterbaut werden, damit sie nicht herunterkippt. Das Gewinde der Schrauben darf nicht beschädigt werden; schlechte Schrauben müssen ausgewechselt, die anderen zweckmäßigerweise mit einer Nachschneidemutter nachgeschnitten werden. Die Schrauben sind während des Anheizens allmählich und gleichmäßig und zwar zunächst immer die einander gegenüberliegenden anzuziehen.

Am hinteren Ende des Langkessels ist die Rauchkammer angeschraubt, in welche die Heizrohre münden, und aus welcher die Heizgase nach dem Schornstein abziehen. Je nachdem ein gemauerter oder eiserner Schornstein vorhanden ist, wird eine Drehklappe oder ein eiserner Essenschieber zur Regelung des Essenzuges angebracht. Bei den sogenannten Heißdampfkesseln wird in der Rauchgaskammer der Dampfüberhitzer eingebaut, der aus starken, nahtlosen schmiedeeisernen Röhren hergestellt wird und sich somit unmittelbar hinter den Siederohren befindet. Die Heizrohre und der Überhitzer müssen öfter von Ruß und Flugasche gereinigt werden, wozu die Kessel mit einer Dampfausblaseeinrichtung ausgerüstet werden. Der Abstand von den einzelnen Heizrohren ist so bemessen, daß selbst bei großen Dampfkesseln das ganze Rohrbündel bequem mit Reinigungsmeißeln durchstoßen werden kann. Doch empfiehlt es sich bei hartem Kesselspeisewasser, dasselbe vor dem Einspeisen in den Kessel zu enthärten. Beim Verfeuern von Steinkohle, Steinkohlenbriketts, Gas- und Hüttenkoks und besserer Braunkohle erhalten die Lokomobilkessel eine Innenfeuerung mit Planrost; sollen lange Holzscheite, Stroh oder Braunkohlenbriketts verfeuert werden, so bringt man der erforderlichen größeren Rostfläche halber eine Planrostvorfeuerung an. Für erdige Braunkohlen von geringem Heizwert, für Sägespäne und für kürzere Holzabfälle wendet man auch bei Lokomobilkesseln die Treppenrostfeuerung an. Die Roste werden in beiden letzteren Fällen in einem fahrbaren, eisernen Gehäuse untergebracht, das mit Schamottesteinen ausgemauert ist.

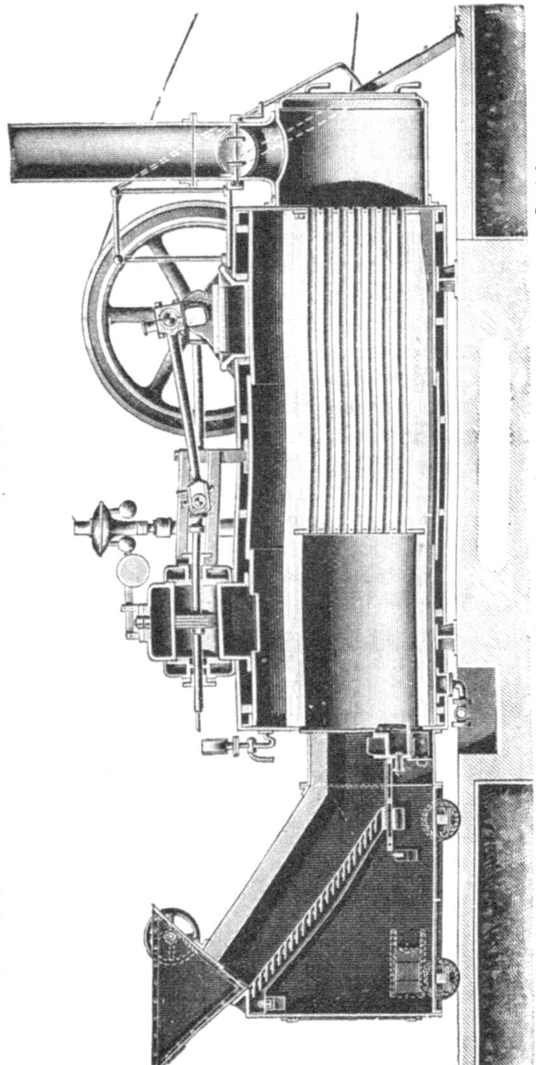

Fig. 72. Ausziehbarer Röhrenkessel mit Thostscher Treppenrostfeuerung, Zwickau.

Der Vorzug dieser Kessel besteht darin, daß sie bei großer Heizfläche wenig Raum beanspruchen und verhältnismäßig geringes Gewicht haben. Sie nutzen ferner die Kohle gut aus und liefern beim Anheizen schnell Dampf, so daß sie sich namentlich für zeitweiligen Betrieb gut eignen. Trotz der Heizrohre lassen sich die Kessel ziemlich gut reinigen, weil man das Röhrenbündel mit der Feuerbuchse herausziehen kann. Zum Reinigen der Rohre vom Kesselstein kann man mit Nutzen Rohrreiniger verwenden, die auf einem Riemen oder einem schmiegsamen Stahlband gehärtete Stahlspitzen haben, mit denen der auf der äußeren Rohrseite haftende Kesselstein abgekratzt wird. Zur Verhütung von Wärmeverlusten werden die Kessel schon in der Fabrik mit einer Isoliermasse eingepackt und darüber mit einem Blechschutzmantel versehen.

Der Wasserrohr- oder engrohrige Siederohrkessel. Bei dem Wasserrohrkessel wird die Heizfläche entweder ganz oder zum weitaus größten Teile von engen Röhren mit einem lichten Durchmesser zwischen 70 und 120 Millimeter gebildet. Er wird deshalb auch als engrohriger Siederohrkessel bezeichnet. Man unterscheidet Wasserrohrkessel mit und ohne Wasserkammern. Wasserrohrkessel, die lediglich aus Rohren bis zu 100 Millimeter lichter Weite bestehen, dürfen auch unter bewohnten, übersetzten Räumen aufgestellt werden, was bei allen sonstigen Kesseln nicht der Fall ist. Sie werden daher auch Sicherheitsdampfkessel genannt. Wasserkammern nennt man diejenigen kastenförmigen Kesselteile, in denen die Siederohre eingewalzt und die oben mit dem Dampfraum des Kessels verbunden sind. Die zahlreichen verschiedenen Bauarten der Wasserrohrkessel verfolgen im allgemeinen den Zweck, den Wasserumlauf und das Entweichen der Dampfblasen aus den Siederohren zu fördern. Kann das Wasser- und Dampfgemisch in den Siederohren nicht schnell genug aufsteigen, wie dies namentlich bei zu langen und nicht genügend steilen Rohren vorkommt, so werden die der größten Hitze ausgesetzten Rohre glühend und platzen auf oder beulen aus. In Sachsen waren daher eine Zeitlang zur Vermeidung der häufigen Unfälle an derartigen Kesseln bestimmte Maße für die Rohrlänge und für die Wasserkammern sowie eine Mindestneigung der Rohre vorgeschrieben.

Die Wasserkammern werden entweder an beiden Enden oder nur am vorderen Ende der Siederohre angebracht. Erstere nennt man Zweikammer-, letztere Einkammerkessel, obgleich sie tatsächlich auch ein Zweikammersystem darstellen.

Bekannte **Einkammerkessel** sind der Dürr- oder Gehrekessel und der Willmannkessel. Dieselben besitzen völlig getrennte Wege für Wasser und Dampf. Bei beiden Kesselsystemen ist die Wasserkammer durch eine dünne Zwischenwand in zwei Teile geteilt, so daß auch diese Kessel eigentlich Zweikammerkessel sind. Ein lebhafter Wasserumlauf wird dadurch erzielt, daß in jedes Siederohr a noch ein zweites, engeres Rohr b eingeschoben ist. Bei den Dürrkesseln münden die Siederohre in den inneren, die Einschiebrohre dagegen in den äußeren Teil der Wasserkammer (Fig. 73). Das Wasser tritt aus der vorderen Kammerhälfte in die Einschiebrohre, strömt darin nach hinten und

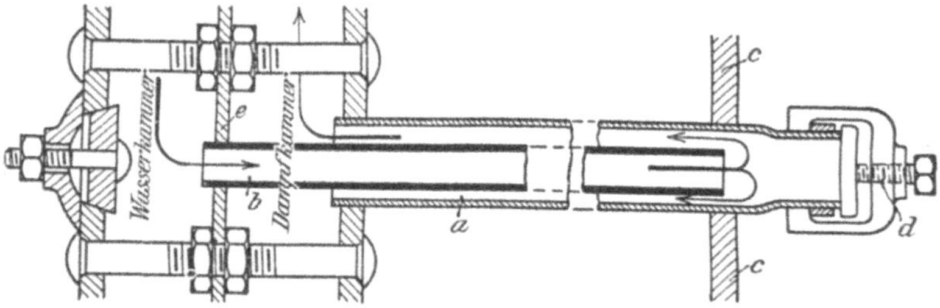

Fig. 73. Siederohr mit Wasserkammern des Dürrkessels.

gelangt in den Zwischenraum zwischen Einschiebrohr und Siederohr, wo es stark erwärmt und zum Teil verdampft wird. Infolgedessen steigt das Wasser in die Höhe, gelangt in die hintere Kammerhälfte (wohl auch Dampfkammer genannt, wegen des im Wasser enthaltenen Dampfes) und strömt nach dem einen Oberkessel. In diesem zieht das Wasser nach hinten und tritt durch einen Querstutzen in den zweiten Oberkessel, in welchem es nach vorn strömt. Von hier aus fällt das Wasser, nachdem die Dampfblasen daraus entwichen sind, in die vordere Kammerhälfte (auch Wasserkammer genannt) hinab, um wieder durch die engen Rohre zu fließen. Das hintere Ende jedes Siederohres ist, wie auch obenstehende Skizze zeigt, mit einem abnehmbaren Deckel oder mit einem anderen lösbaren Verschluß versehen, damit die Einschiebrohre leicht herausgenommen und die Siederohre vom Schlamm und Kesselstein gereinigt werden können. Im übrigen erhalten die hinteren Enden der Siederohre eine feste Auflagerung in einer eisernen Platte c, die zugleich als Abschluß der Feuerzüge dient, und über welche die hinteren Rohrschüsse hervorstehen, so daß letztere während des Betriebes vom Heizer kontrolliert werden können. Die Oberkessel liegen entweder ganz oder teilweise innerhalb der Kesselzüge und dienen daher auch mit zur Dampferzeugung. Die Einkammerkessel werden gegenwärtig wenig angewendet, da die Wasserzirkulation in denselben für hohe Beanspruchung nicht ausreicht.

Häufiger und älter sind die Wasserrohrkessel mit **zwei Wasserkammern**, bei denen die Siederohre an beiden Enden in je eine Wasserkammer eingewalzt sind. Am vorderen Ende sind die Rohre, damit sie leichter eingesetzt und bei Reparaturen herausgenommen werden können, um etwa 3 Millimeter aufgeweitet. Oberhalb der Siederohre liegt ein einfacher Zylinderkessel, in den beide Wasserkammern münden. Infolge der schrägen Lage der Rohre steigt das darin befindliche Wasser- und Dampfgemisch durch die vordere Wasserkammer nach dem Oberkessel in die Höhe. Hier scheiden die Dampfblasen aus, während das Wasser nach dem hinteren Teil des Kessels strömt, in der hinteren Wasserkammer niedersinkt und wieder in die Siederohre eintritt. Die einander gegenüberliegenden Wände der einzelnen Wasserkammern sind durch Stehbolzen miteinander versteift. Damit die Siederohre für die Reinigung vom Kesselstein zugänglich sind und bei einer etwaigen Auswechslung herausgeschlagen und eingesetzt werden können, muß vor jedem Rohrende eine Öffnung in den Wasserkammern angebracht werden, die durch einen kleinen schmiedeeisernen Deckel verschlossen wird. Auf diese Verschlüsse ist besondere Sorgfalt zu legen. Bei jeder Kesselreinigung sind die Deckel und die zugehörigen Schrauben gründlich auf etwaige schadhafte Stellen zu untersuchen und die Dichtungsflächen zu reinigen. Mangelhafte Rohrverschlüsse verursachen nicht nur Betriebsstörungen, sondern auch Unfälle durch das ausströmende heiße Kesselwasser. Als Dichtung werden für die Verschlußdeckel entweder Gummi- oder auch Kupferringe verwendet. Einige Kesselfabriken schleifen die Deckel dampfdicht in die zylindrische Bohrung der Wasserkammern ein, so daß es einer weiteren Abdichtung nicht bedarf. Deckel und Bohrung erhalten häufig längliche Form, so daß man den Deckel nur zu verdrehen und schräg zu halten braucht, um ihn nach Lösen der Bügelschraube aus der Öffnung herausnehmen zu können. Im übrigen sind die Öffnungen in der Vorderwand der Wasserkammer so bemessen, daß man die Siederohre bequem hindurchstecken kann.

Die Wasserrohrkessel liefern im allgemeinen sehr nassen Dampf und werden deshalb fast immer mit einem Dampfüberhitzer ausgerüstet.

Fig. 74 zeigt den Röhrenkessel der Firma Steinmüller in Gummersbach. Eigenartig ist die Anordnung der Rohre. An geeigneten Stellen sind einige Rohrreihen fortgelassen. Es sollen sich hierdurch die unteren Rohre besser mit Wasser füllen und die gleichmäßigere Verdampfung in allen Rohren erreicht werden. Die Deckel in den Wasserkammern werden mit dünnen Gummiringen abgedichtet. Damit die Verschlußdeckel in die Wasserkammern hinein- und herausgebracht werden können, werden einige Öffnungen größer und oval ausgeführt und mit einem ovalen Deckel verschlossen. Im Oberkessel ist über der Mündung der vorderen Wasserkammer eine Blechhaube angebracht, welche das heftig in die Höhe strömende Wasser nach hinten leitet, ein Aufspritzen desselben im Dampfraum verhütet und den Wasserstand in den Wasserstandsgläsern ruhig hält.

Bei dem Babcox- und Wilcox-Röhrenkessel (Fig. 75) sind die Wasserkammern einzelne Abteilungen, durch welche die in senkrechter Richtung übereinander liegenden

Rohre miteinander verbunden sind. Der zwischen den nebeneinander liegenden Abteilungen vorhandene Spalt wird zur Verhütung des Durchschlagens der Feuergase mit Asbestschnur ausgefüllt. Durch diese Zerlegung werden die sonst unbedingt erforderlichen Verankerungen der Wasserkammern durch Stehbolzen (s. Fig. 91) überflüssig. Die Kammerverschlüsse bestehen aus je einem inneren Dickel mit Schraube und einem äußeren Deckel. Letzterer ist genau aufgepaßt und dichtet ohne Dichtungsmaterial ab. Die inneren Deckel haben des bequemeren Hineinbringens halber ovale Form.

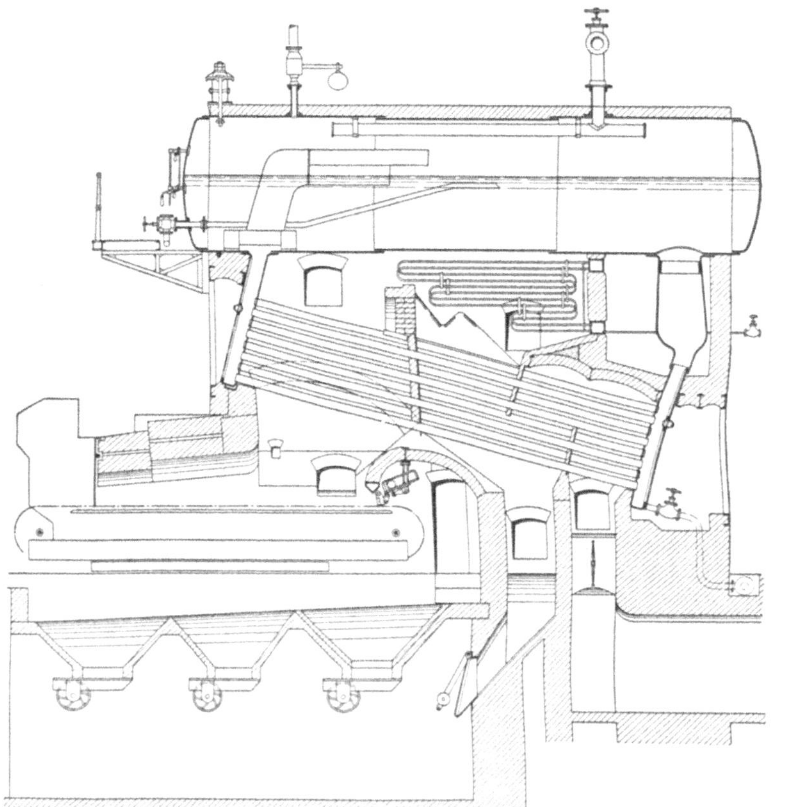

Fig. 74. Wasserrohrkessel mit Überhitzer von Steinmüller, Gummersbach.

Zur Speisung engrohriger Siederohrkessel darf nur Wasser verwendet werden, das vor dem Verbrauche in einer besonderen Reinigungsanlage von den Kesselsteinbildnern befreit ist. Denn trotz des lebhaften Wasserumlaufes setzt sich bei ungereinigtem Speisewasser Kesselstein in den Siederohren ab, der sich nur schwierig und nur mit sogenannten Rohr- oder Turbinenreinigungsapparaten entfernen läßt (Fig. 50). Der Schlamm muß durch öfteres Ausblasen des Kessels mittels eines an der hinteren Wasserkammer angebrachten Ablaßhahnes oder Ablaßventils beseitigt werden. Zuweilen wird auch im Oberkessel, dicht vor der Mündung der hinteren Wasserkammer, eine kleine Querwand eingesetzt, durch die verhindert werden soll, daß der Schlamm aus dem Oberkessel in die hintere Wasserkammer und in die Siederohre geschleppt wird.

Die über dem Feuer gelegenen Siederohre werden häufig krumm und müssen dann entweder erneuert oder doch gut beobachtet werden, da bei ihnen die Gefahr besteht, daß sie sich aus der Einwalzstelle herausziehen. Bei den Siederohren der untersten Rohrreihen wird infolge des fortwährenden Anprallens von Flugasche die Wandung oft so dünn, daß die Rohre aufreißen (Fig. 77). Gut zu beobachten sind die über dem Feuergewölbe gelegenen Schweißstellen der Wasserkammern, da sie wiederholt den Ausgangspunkt für Kesselexplosionen gegeben haben, namentlich wenn die nächsten Stehbolzen (s. Fig. 73 und 91) geplatzt waren. Seit einigen Jahren werden die Wasserkammern daher nicht mehr in den Ecken stumpf geschweißt, sondern umgebogen und nur die äußere Wand angeschweißt (Fig. 76).

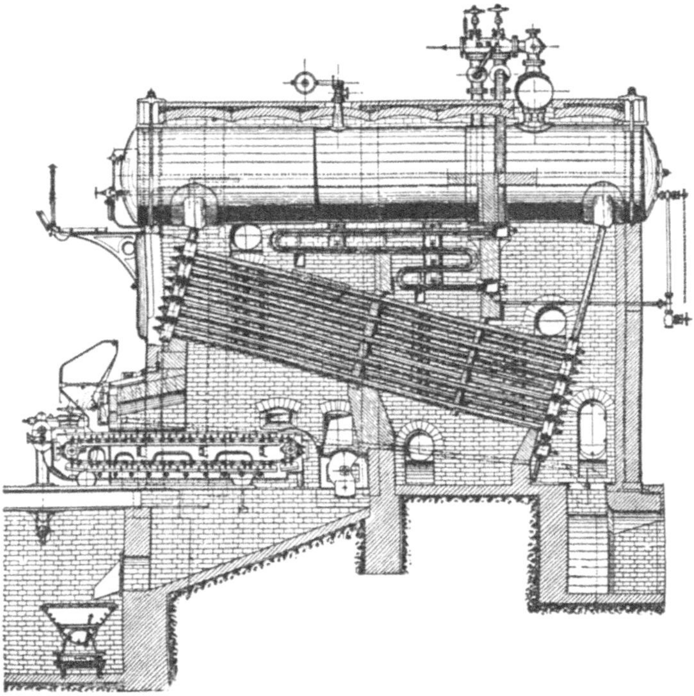

Fig. 75. Wasserrohrkessel mit Füllvorrichtung am Überhitzer (Babcock-Wilcox-Werk).

Die Wasserrohrkessel nehmen bei großer Heizfläche wenig Bodenfläche in Anspruch, lassen sich schnell anheizen und gestatten die Anwendung großer Roste. Bei normalem Betriebe verdampfen sie stündlich 16 bis 20 Kilogramm Wasser auf einem Quadratmeter Heizfläche; bei manchen derartigen Kesseln soll bei verstärkter Inanspruchnahme diese Wassermenge sogar auf 28 Kilogramm gesteigert worden sein. Da der Wasserrohrinhalt der Wasserkessel gering ist, fällt die Dampfspannung schnell beim Speisen großer Wassermengen oder bei zeitweilig großem Dampfverbrauche. Es ist daher möglichst dauernd zu speisen. Um in dieser Hinsicht mehr Freiheit zu haben, bringt man einen oder zwei Oberkessel an oder verbindet das Rohrsystem mit einem Großwasserraumkessel.

Die Feuerung der Wasserröhrenkessel ist eine Planrostfeuerung mit Hand- oder mechanischer Beschickung oder, was wegen der in Betracht kommenden großen Rostflächen neuerdings wohl die Regel ist, eine Kettenrostfeuerung. Der Rost wird sehr tief gelegt, damit ein hoher Feuerraum entsteht, in welchem sich die Feuergase frei entfalten können und ihre Verbrennung nicht durch vorzeitige Berührung mit den Siederohren unterbrochen wird. Andernfalls ist eine erhebliche Rußabscheidung und Rauchentwicklung, unter Umständen auch eine Beschädigung der Siederohre leicht möglich Die Heizgase bestreichen die Siederohre in schlangenförmigen Zügen. Die Zugführung

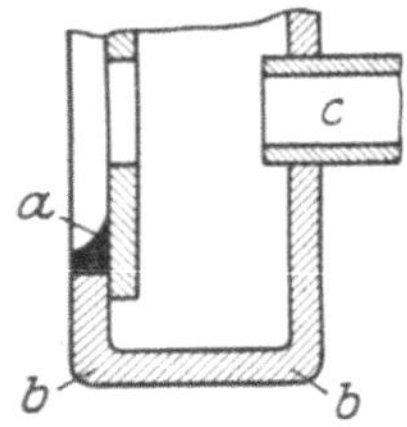

Fig. 76. Unterer Teil einer neueren Ausführung der Wasserkammer. Die älteren Wasserkammern haben bei b Schweißstellen, die schwierig auszuführen waren und durch Aufreißen zu Kesselexplosionen Anlaß gaben. Die Schweißstelle a der neueren Wasserkammern ist sicherer herzustellen, c = die unterste Reihe der Siederohre.

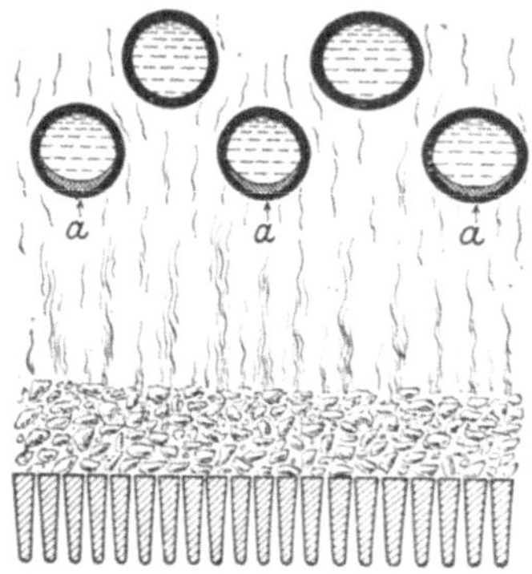

Fig. 77. Die untersten Siederohre sind an den Stellen a außen durch die anprallende Flugasche geschwächt und innen mit Kesselstein behaftet.

wird durch gußeiserne Platten, die zwischen die Siederohre eingebaut werden, oder durch feuerfestes Mauerwerk aus Schamottesteinen bewirkt. Bei den meisten Einmauerungsarten wird der Oberkessel von den Heizgasen nicht berührt, da er mehr zur Abscheidung des Dampfes vom Wasser als zur Dampferzeugung dient und übrigens seine Heizfläche verhältnismäßig klein sein würde. (Siehe Fig. 22.)

Fig. 78. Abblasen des Rußes und der Flugasche an einem Wasserrohrkessel.

Fig. 78 zeigt das Abblasen des Rußes und der Flugasche von den Siederohren mittels eines Dampfblaseapparates. Je nach ihrer Bauart sind die Kessel vorn, hinten oder seitlich durch geeignete Öffnungen für das Rußabblasen zugängig gemacht; mitunter fehlt diese Einrichtung auch ganz. Bei manchen Kesseln ist die vordere Wasserkammer in der Richtung der Stehbolzen von einer Anzahl von dünnen Röhrchen durchzogen, durch welche hindurch die Siederohre mittels des Rußblaserohres zu reinigen sind, und die sonst mit je einem lose eingelegten Stöpsel verschlossen sind.

Der Steilrohrkessel. Derselbe besteht aus einem, zwei oder drei nahezu senkrechten Rohrbündeln, die unten in einen gemeinsamen Unterkessel, oben bündelweise in je einen Oberkessel eingewalzt sind. (Beschreibung eines Rohrenaufwalzapparates oder einer Rohrdichtmaschine siehe Abschnitt 11.) Der lichte Durchmesser der Siederohre beträgt etwa 60 bis 100 Millimeter. Die Kessel werden meist mit einem Unterkessel und je nach der Zahl der Rohrbündel mit einem, zwei oder drei Oberkesseln ausgeführt. Die Unter- und Oberkessel liegen wagerecht und quer in den Feuerzügen und haben eine derartige lichte Weite, daß sie beim Einwalzen der Siederohre bequem befahren werden können. Der Wasserstand reicht bis zur Mitte der Oberkessel, darüber befindet sich der Dampfraum. Die Oberkessel sind im Dampf- und Wasserraum durch wagerechte Stutzen oder eine größere Anzahl Rohre untereinander verbunden, was auch bei den Unterkesseln der Fall ist, wenn mehrere vorhanden sind. Die Kessel werden in eisernen Gerüsten aufgehängt, so daß sich die Rohre ungehindert in der Längsrichtung ausdehnen können. Das Mauerwerk wird nach beendetem Zusammenbau des Kessels aufgeführt

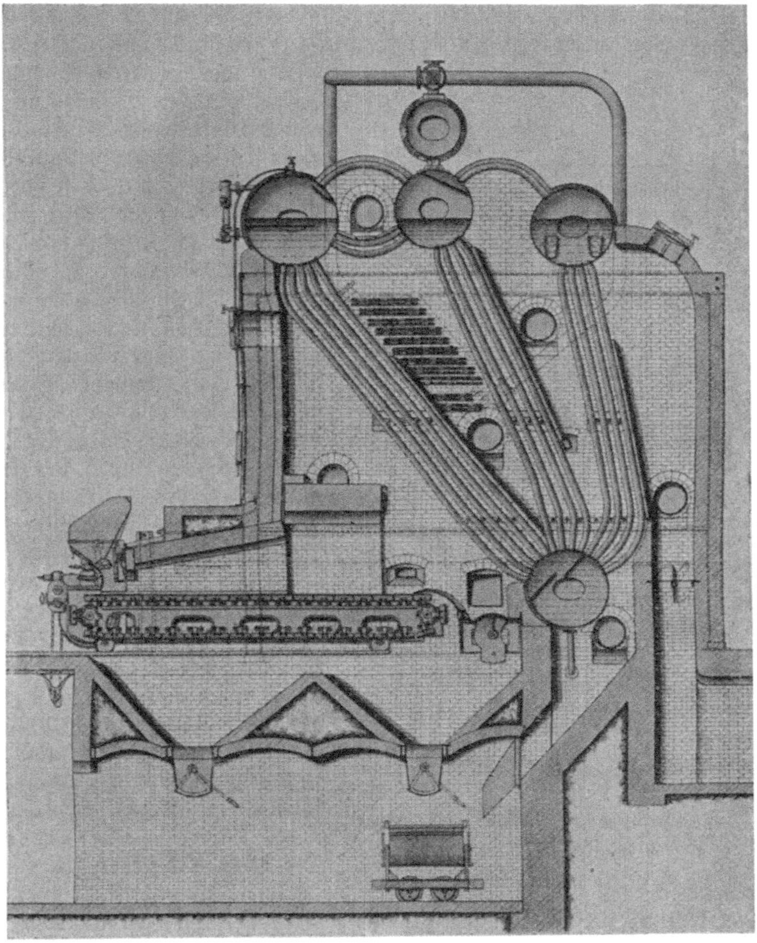

Fig. 79. Steilrohrkessel der Babcock-Wilcoxwerke mit Wanderrost und Überhitzer.

und dient nur zum Abschluß der Feuerzüge, hat also keinen Druck durch das Kesselgewicht auszuhalten.

Sind nur ein Unter- und ein Oberkessel vorhanden (Garbekessel), so wird das Rohrbündel durch eine zwischen die mittleren Rohre quer eingesetzte Schamotteplatte in ein vorderes und ein hinteres Bündel zerlegt. Die Heizgase steigen an den vorderen Rohrreihen in die Höhe, berühren hier den etwa eingebauten Dampfüberhitzer und ziehen an den hinteren Rohrreihen entlang nach unten in den Essenfuchs. Das Wasser nimmt in den Siederohren dieselbe Bewegungsrichtung an wie die Heizgase; es steigt also in den vorderen Rohrreihen vom Unterkessel nach dem Oberkessel in die Höhe und fällt in den hinteren Rohrreihen wieder nach unten. Im Unterkessel wird ein Schlammfang eingebaut, der die Bewegung des Wassers aufhält und den Schlamm abfängt, der durch öfteres Ausblasen aus dem Kessel herausbefördert wird. Ebenso wie die anderen Wasserrohrkessel sollten auch die Steilrohrkessel nur mit gut gereinigtem Wasser gespeist werden. Da es sich bei diesen Dampfkesseln meist um so große Rostflächen handelt, bei denen die Handbeschickung nicht ausreichen würde, erhalten sie fast ausschließlich Kettenrostfeuerungen. Man wendet auch keine Feuerungsapparate an, bei denen das Feuer noch vom Heizer abgeschlackt werden muß. Hieraus erklären sich die hohen Verdampfungsziffern und die gute Ausnutzung der Kohle bei diesen Kesseln, da ihr Feuerungsbetrieb keinerlei Unterbrechungen ausgesetzt ist. Bei der Kettenrostfeuerung ist darauf zu achten, daß das Gewölbe über dem Roste, welches im Betriebe sehr heiß und glühend wird, genügenden Abstand von den Siederohren hat. Bei zu kleinem Abstande ist es vorgekommen, daß in den vorderen Rohrreihen feine Haarrisse entstanden sind, die sich bei längerer Betriebsdauer vergrößerten und eine Erneuerung der Siederohre erforderlich machten. Die Entstehung der Haarrisse und die Ausbeulung der Steilrohre wird durch Kesselsteinansatz begünstigt. Auch gereinigtes Speisewasser setzt trotz der lebhaften Strömung in den Rohren eine dünne Kesselstein- oder Schlammkruste ab, die öfter mittels der Turbinenrohrreiniger zu entfernen ist. Bei jeder Kesselreinigung muß der Heizer die Steilrohre an gefährdeten Stellen genau untersuchen. Manche Kesselbaufirmen geben auch den vordersten Steilrohren eine Wanddicke von 4, gegenüber 3 Millimetern der anderen Rohre. Die Steilrohrkessel werden mit einer Heizfläche von 150 bis 700 Quadratmeter ausgeführt. Vereinzelt sind aber auch noch größere derartige Kessel bis zu 1000 Quadratmeter Heizfläche gebaut worden. Was die Betriebsergebnisse anlangt, so sind bei Steilrohrkesseln mit Dampfüberhitzern und Ekonomisern beim Verfeuern von Braunkohle auf dem Quadratmeter Heizfläche stündlich bis zu 40 Kilogramm Wasser verdampft und 84 Prozent der in der Kohle enthaltenen Wärme nutzbar gemacht worden. Die Wasserrohrkessel sind bisher für Dampfspannungen bis zu 17 Atm. gebaut worden. Fig. 79 stellt den Steilrohrkessel der Babcock & Wilcox-Werke dar. Die gekrümmten Siederohre haben alle denselben Krümmungshalbmesser. Das Auswechseln der Rohre ist deshalb einfach und verlangt keinen Vorrat verschieden gebogener Rohre. Die Herstellung der Rohre geschieht mit dem in Fig. 99 abgebildeten Rohrkrümmer. Fig. 80 zeigt einen Steilrohrkessel mit zwei Unterkesseln, durch die die Entfernung der Flugasche wesentlich erleichtert wird.

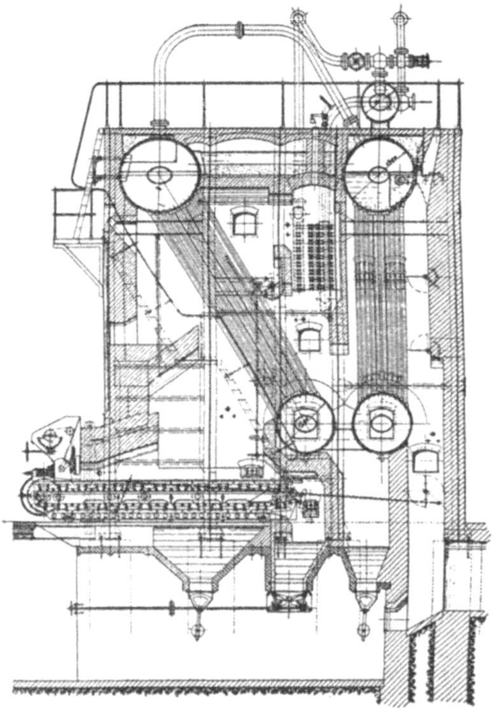

Fig. 80. Steilrohrkessel der Düsseldorf-Ratinger Röhrenkesselfabrik vorm. Dürr & Co.

Auf eine solide Ausführung der Feuerungsgewölbe ist bei den Steilrohrkesseln großer Wert zu legen. Bei jeder Kesselreinigung ist das Mauerwerk nachzusehen und nötigenfalls auszubessern.

Statt der vollen massiven Scheidewände und Bogen baut die Einmauerungsfirma Heinicke in Chemnitz einzelne voneinander unabhängige Gurtbogen von etwa 25 Zentimeter Breite ein und erreicht dadurch den Vorzug einer größeren Elastizität des Mauerwerkes und die Möglichkeit, bei Beschädigungen mit kleineren Reparaturen auskommen zu können. Auch wird das ganze Gewicht der Mauerbogen geringer als bei der sonst üblichen Einmauerung.

Fig. 81. Schiffs-(Rauchrohr-)kessel von der A.-G. Pauckſch, Landsberg a. d. W.

Der Schiffskessel. Ein gebräuchlicher Schiffskessel, der auf Seeschiffen und auf Flußdampfern vielfach verwendet wird, ist der nebenstehend abgebildete zylindrische, sogenannte Schottische Kessel (Fig. 81). Derselbe wird mit einem bis zu vier Flammrohren ausgerüstet, die aber nicht bis in den hinteren Stirnboden des Kessels durchgeführt sind, sondern mit dem hinteren Ende in eine Rauchkammer oder Feuersammelkammer münden, die völlig im Kessel untergebracht und daher allseitig vom Wasser bespült wird. Die Feuerkammern sind mit dem hinteren Stirnboden durch Stehbolzen versteift. Oberhalb der Flammrohre enthält der Kessel eine große Anzahl von Heizrohren, die mit dem hinteren Ende in die Feuerkammer, mit dem vorderen Ende in die vordere Stirnwand des Kessels eingewalzt sind. Über den Feuertüren ist eine aus Eisenblech zusammengenietete Rauchkammer am Kessel angebracht, die weiter oben in den Schornstein mündet. Dieser Kessel wird in sehr großen Abmessungen bis zu mehreren hundert Quadratmetern Heizfläche hergestellt. Ganz große derartige Kessel erhalten eine größere Länge und von beiden Stirnboden ausgehende Flammrohre, die in der Mitte des Kessels in die gemeinsame Rauchkammer münden. Die Kessel werden dann auf beiden Seiten geheizt und erhalten an jedem Stirnboden einen Schornstein. Man nennt solche Kessel Doppelenderkessel im Gegensatz zu den abgebildeten Einenderkesseln (Fig. 81). Wegen ihrer Einfachheit und Betriebssicherheit sind sie zumeist in der Handelsmarine eingeführt, während die Kriegsmarine den Wasserrohrkesseln den Vorzug gibt, da sich diese schneller anheizen und bei Reparaturen oder Auswechselungen leichter durch die Schiffsluken befördern lassen, als die umfangreichen Zylinderkessel. Vereinzelt wird der schottische Schiffskessel auch bei feststehenden Kesselanlagen angewendet, da er weniger Platz wegnimmt, die Kohle gut ausnutzt und schnell aufgestellt ist. An der vorderen Stirnwand, links und rechts von den Feuertüren, befinden sich die Speiseventile, senkrecht darüber sind die beiden Wasserstandsgläser und weiter oben vor dem Dampfdome die Sicherheitsventile (Fig. 81). Die Schiffskessel werden ohne Mauerwerk aufgestellt und zum Schutze gegen Wärmeausstrahlung mit Isoliermasse eingepackt.

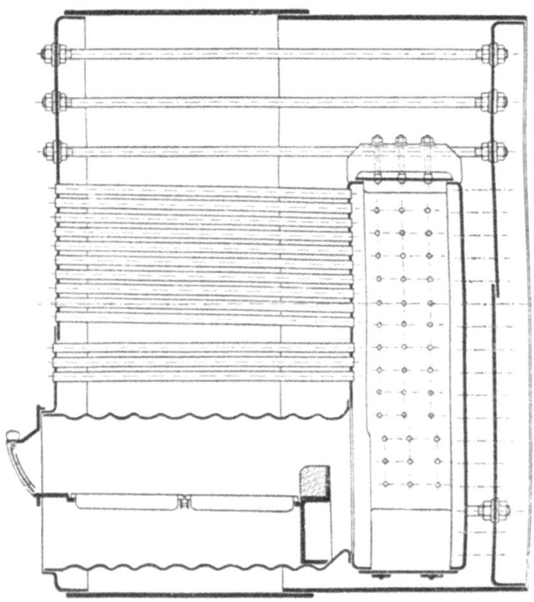

Fig. 82. Schiffskessel im Querschnitt.

11. Bau und Reparatur der Dampfkessel.

Die ersten Dampfkessel wurden aus **Kupfer** hergestellt. Heute benutzt man Kupfer nur noch zu den Feuerbuchsen und Stehbolzen der Lokomotiven. Die Einschränkung des Kupferverbrauchs bewirkte nicht nur der hohe Preis, sondern vor allem die nachteilige und gefährliche Eigenschaft des Kupfers, bei hohen Temperaturen bedeutend an Festigkeit zu verlieren und leicht brüchig zu werden. Nach dem deutschen Dampfkesselgesetz ist aus diesem Grunde auch für alle Dampfleitungsrohre, die für überhitzten Wasserdampf von mehr als 249° Celsius bestimmt sind, die Verwendung von Kupfer verboten.

Gußeisen hat für den Dampfkesselbau den großen Nachteil, daß es sehr spröde, nicht dehnbar und nicht biegsam ist. Auch treten in gußeisernen Formstücken leicht gefährliche Stellen auf, wie Gußblasen und ungleichmäßige Wanddicken, die von außen nicht bemerkbar sind und Anlaß zu Brüchen geben können. Das deutsche Dampfkesselgesetz hat aus diesen Gründen auch die Verwendung von Gußeisen für den Dampfkesselbau erheblich beschränkt. Von den Heizgasen berührte Kesselwände dürfen überhaupt nicht aus Gußeisen oder Temperguß hergestellt werden. Andere gußeiserne Teile müssen einen kreisförmigen Querschnitt haben und dürfen nicht mehr als 250 Millimeter im Lichten weit sein. Bei Dampfspannungen über 10 Atmosphären Überdruck sind Kesselteile (Stutzen, Flanschen, Mannlochdeckel, Rohranschlüsse usw.) aus Gußeisen oder Temperguß wegen ihrer Unzuverlässigkeit gänzlich verboten. Früher machte man die Dampfdome oder ihre Oberteile aus Gußeisen, das ist heute schon deshalb ausgeschlossen, weil die Herstellung derartiger komplizierter Formstücke aus Fluß- oder Schmiedeeisen keine Schwierigkeiten mehr bietet. Da indes Gußeisen nicht so leicht rostet wie Schmiedeeisen, hat es für gewisse Zwecke letzteres sogar verdrängt, und man stellt die in den

Essenfuchs eingebauten Speisewasservorwärmer, die Ekonomiser, der größeren Rostständigkeit halber zumeist aus gußeisernen Röhren her.

Schweißeisen. Flußeisen. Stahl. Die weichen Eisensorten, Schweißeisen und Flußeisen, sowie Stahlbleche müssen bestimmten gesetzlichen Anforderungen in bezug auf Zerreißfestigkeit und Dehnbarkeit entsprechen. Da den Behörden hierüber für jedes einzelne Blech Prüfungszeugnisse vorgelegt werden müssen, ist die Verwendung ungeeigneter Kesselbleche ausgeschlossen. Das Siemens-Martin-Flußeisen, welches jetzt im Kesselbau ausschließlich an Stelle des früher üblichen Schweißeisens verwendet wird, ist schlackenfreier als dieses, besitzt eine größere Festigkeit und hat einen feinkörnigen Bruch, während die Bruchfläche des Schweißeisens ein sehnigfaseriges Gefüge hat. Das Flußeisen wird in verschiedenen Qualitäten als Feuerblech und als Mantelblech hergestellt. Für Kesselteile, die gebördelt werden, z. B. Böden, Stutzen, Dome usw., oder die im ersten Feuerzuge liegen, dürfen nur Feuerbleche verwendet werden. Die übrigen Kesselteile können aus den anderen Blechsorten hergestellt werden. Die Flußeisenbleche dürfen nur im rotwarmen Zustande ausgehämmert werden und sind nach der Bearbeitung gut auszuglühen. Sind die Bleche bei der Bearbeitung zu wenig oder zu stark erhitzt und schlecht ausgeglüht worden, so wird ihre Festigkeit beeinträchtigt, und sie reißen in der Nähe der bearbeiteten Flächen leicht auf. Stahlbleche werden wenig im Kesselbau verwendet. Da sie bedeutend höhere Festigkeit besitzen als Flußeisenbleche, können die Stahlblechmäntel dünner sein, und es fallen infolgedessen die daraus hergestellten Dampfkessel leichter aus. Die Stahlbleche haben jedoch den großen Nachteil, daß sie durch abwechselndes Erhitzen und Abkühlen leicht rissig werden, und sind deshalb nur für Kesselteile zu gebrauchen, die nicht von den Heizgasen bestrichen werden. Ferner ist die Bearbeitung des Stahles schwieriger, weil er härter ist als Flußeisen. Man benutzt daher Stahlbleche nur für Kesselteile, die hohe Festigkeit und dabei ein möglichst geringes Gewicht haben müssen, wie z. B. die Mäntel der Schiffskessel und der Lokomotivkessel, die mit den Heizgasen nicht in Berührung stehen.

Fig. 83. Doppelblechstelle.

Beschädigungen der Kesselbleche. Die an den Kesselblechen mitunter auftretenden **Schieferblasen** oder **Doppelblechstellen** (Fig. 83) sind meist darauf zurückzuführen, daß beim Walzen Unreinigkeiten in das Blech gekommen sind. Äußerlich sehen sie wie Beulen aus. Schlägt man mit einem kleinen Hammer auf eine solche Stelle, so springt der Hammer zurück, da das Blech dort besonders elastisch ist. Die Blase ist zunächst abzumeißeln, damit man sich vom Umfange der schadhaften Stelle überzeugen kann. Nötigenfalls ist dann eine Ausbesserung des Bleches vorzunehmen.

Das im ersten Feuerzuge gelegene Blech beult infolge Überhitzung, die entweder durch Stichflammen oder durch Kesselstein oder durch eine Ölschicht auf dem Bleche und selbstverständlich auch durch Wassermangel verursacht sein kann, mitunter aus. Wenn diese Schäden noch nicht zu weit fortgeschritten sind, bedingen sie noch nicht ohne weiteres eine Ausbesserung. Man sorge in solchen Fällen dafür, daß die Ursache der **Ausbeulung** beseitigt werde, und mache sich, falls angängig, für die Wasser- und Feuerseite gut passende Schablonen aus Holz oder Blech und untersuche bei jeder Kesselreinigung, ob sich die Beule verschlimmert hat. Bei Flammrohren oder anderen Kesselteilen, bei denen der Dampfdruck von außen wirkt, müssen entweder die Beulen in rotwarmem Zustande zurückgedrückt oder der beschädigte Teil ausgewechselt werden.

Äußere Anrostungen der Kesselbleche werden durch Nässe in den Zügen und im Mauerwerk hervorgerufen und treten namentlich bei Kesseln auf, die nur einen Teil des Jahres im Betriebe sind, so daß sich die Feuchtigkeit der Luft auf den Kesselblechen absetzen kann. Es empfiehlt sich daher bei stillgesetzten Kesseln eine sofortige gründliche Reinigung der Kesselbleche von Ruß und der Essenzüge von Flugasche, sowie eine öftere

Durchlüftung der Züge, nötigenfalls mittels eines Strohfeuers im Essenfuchs. Äußere Anrostungen können auch von Undichtheiten des Kessels, der Ventile oder Rohrleitungen herrühren.

Anzehrungen auf der Wasserseite entstehen durch Luftblasen oder bei ungeeigneter chemischer Beschaffenheit des Speisewassers. Anrostungen infolge der Luftblasen treten an den Stellen mit geringer Verdampfung und langsamer Strömungsgeschwindigkeit des Wassers auf. Abhilfe ist durch Verlegung der Ausmündungsstelle des Speiserohres an eine heißere Kesselstelle möglich. Sind die Anfressungen auf die chemische Beschaffenheit des Speisewassers oder auf dessen Säuregehalt zurückzuführen, so ist mit dem Speisewasser zu wechseln, da auf anderem Wege kaum eine Besserung zu erzielen ist; nicht ausgeschlossen ist, daß durch einen Sodazusatz zum Speisewasser dessen schädliche Bestandteile beseitigt werden können. Derartige Anfressungen treten zuweilen an den über dem Feuer gelegenen Kesselblechen (Flammrohrschüssen) so stark auf, daß letztere erneuert werden müssen. Sie sind darauf zurückzuführen, daß das Blech über dem Feuer eine höhere Temperatur als in den übrigen Kesselzügen annimmt, und hierdurch im Wasser befindliche Chlorverbindungen zersetzt werden, so daß sich freies Chlor (Salzsäure) bildet, welche das Blech rasch zerstört. Auch durch das Abdecken des Feuers während der Betriebspausen — also meist nachts — wird die Entstehung dieser Anfressungen in der Höhe des Rostes sehr begünstigt, da an den betreffenden Stellen eine fortwährende Verdampfung stattfindet und die schädlichen Chlorverbindungen voll zur Wirkung kommen können, weil während des Betriebsstillstandes die Wasserzirkulation im Kessel aufhört.

Nietverbindung und Schweißung. Die Blechtafeln werden durch Nietung und Schweißung miteinander verbunden. Schweißnähte wendet man bei Flammrohren, Feuerbuchsen und ähnlichen Kesselteilen an, die von dem Dampfdruck von außen gedrückt werden. Für Kesselmäntel, auf welche die Dampfspannung von innen drückt, sind die Schweißnähte nicht zuverlässig genug und kommen daher nur Nietverbindungen in Betracht. Eine Ausnahme hiervon macht man nur bei kleinen Kesseln (Backofenkessel), ferner bei Dampfdomen, Verbindungsstutzen zwischen Ober- und Unterkesseln, Wasserkammern von Wasserrohrkesseln usw., wo die Naht schwierig zu nieten oder zu verstemmen ist. Geschweißte Nähte sind, wenn irgend möglich, gut auszuglühen, da die Schweißnaht meist hart ist. Ist eine Schweißnaht undicht geworden, so wird sie nachgeschweißt, oder man nietet eine Sicherheitslasche auf. Schweißarbeiten lasse man nur von einem bewährten Fachmanne ausführen (siehe autogene Schweißung Seite 102).

Die Nietlöcher werden zurzeit wohl in allen Kesselfabriken gebohrt. Bei dem früher üblichen Stanzen der Löcher entstehen am Rande des Nietloches sehr leicht feine Risse, die sich beim Betriebe des Kessels erweitern und im Bleche fortsetzen. Passen die Nietlöcher in den aufeinander liegenden Eisenplatten nicht richtig zusammen, so müssen sie mit der Reibahle nachgerieben werden. Ganz zu verwerfen ist in solchen Fällen das Einschlagen eines Dornes, weil dadurch starke Spannungen und Brüche in den Nietreihen auftreten. Viele Kesselfabriken bohren daher die Nietlöcher in dicken Blechen erst, nachdem letztere gerollt und zusammengepaßt sind. Hierdurch werden dann sehr genau aufeinander passende Nietlöcher erzielt.

Die Nieten werden warm eingezogen. Beim Erkalten ziehen sie sich zusammen und pressen die Bleche fest aufeinander. Der Nietkopf muß infolgedessen genügenden Widerstand gegen Aufbiegen haben und hoch sein. Eine Nietverbindung mit flachen Nietköpfen kann nicht genügend festhalten. Sind die Nieten in Laufe der Jahre abgerostet, was namentlich bei den Nieten in der Rauchkammer von Lokomobilen vorkommt, so müssen sie durch neue ersetzt werden. Völlig dicht werden die Nieten und die Nähte erst durch **Verstemmen**. Gewöhnlich werden die Kessel nur von außen verstemmt, was auch völlig genügt. Einzelne Kesselfabriken verstemmen jedoch die Nähte auch auf der Innenseite. Schiffskessel werden innen und außen verstemmt. Das Dichtstemmen erfolgt dadurch, daß die Kante des übergreifenden Bleches mit dem Stemmer aufgetrieben und auf das darunter liegende Blech gehämmert wird (Fig. 84, 85). Falsch ist es, das untere Blech mit einem scharfen Meißel gegen die freiliegende Kante aufzustauchen, da die entstehende Furche die Blechstärke verringert und den Ausgangspunkt für die sehr gefährlichen Blechrisse in der Stemmkante bildet.

Der Steg zwischen dem Rande des Nietloches und der Blechkante ist gleich dem Nietdurchmesser zu machen. Ist er größer, so federt das Blech beim Verstemmen, und die Naht ist nicht dicht zu kriegen; ist er kleiner, so können schon beim Einziehen der Nieten Kantenrisse entstehen. Die Kessel werden jetzt allgemein maschinell zusammengenietet, und zwar entweder mit hydraulischem (Wasser-) Druck oder mit pneumatischem Druck (mittels Preßluft). Alle Nietverbindungen eines Kessels kann man allerdings auch heute noch nicht maschinell herstellen, sondern einige Nietnähte, die für die Bearbeitung mit der Nietmaschine nicht zugänglich sind, müssen noch von Hand eingezogen werden. Das sind insbesondere bei Flammrohrkesseln die Rundnaht des zuletzt eingesetzten Stirnbodens, die Verbindungsnähte zwischen Dampfdom und Kesselmantel usw. Die maschinellen Nietvorrichtungen drücken, nachdem der rotwarme Niet durch das Nietloch gestoßen ist, zunächst die Bleche mit großer Kraft aufeinander; hierauf wird der Schließkopf der Niete angestaucht, der durch einen Wasserstrahl rasch abgekühlt wird, so daß sich der Niet nach dem Zurückgehen des Preßstempels nicht aufbiegen kann. Infolgedessen halten die maschinell genieteten Verbindungen sehr gut dicht. Bei der maschinellen Nietung füllt der Nietschaft das Nietloch vollständig aus, während er bei Handnietung am Rande des Nietloches nicht ganz anliegt. Hierdurch wird zwar auch das Dichthalten der maschinellen Nietungen erhöht, doch lassen sich die maschinell eingezogenen Nieten im Falle etwaiger Kesselreparaturen schwer herausschlagen und müssen nötigenfalls ausgebohrt werden, um ein Aufreißen der Bleche zu verhüten. Da sich die Handnietungen bei Kesselreparaturen leichter lösen lassen, wird die Nietnaht, die sich ohnehin nicht maschinell nieten läßt, an eine bei Kesselreparaturen leicht zugängliche Stelle verlegt. Bei Flammrohrkesseln sind daher immer im vorderen, nicht eingemauerten Stirnboden die Niete von Hand eingezogen. Die Längsnähte vom Kesselmantel verlegt man möglichst in die Seitenzüge, damit sie beobachtet werden können und erforderlichenfalls beim Nachstemmen zugänglich sind. Etwaige Längsnähte der Flammrohre legt man nach unten, wo sie nach kurzer Betriebszeit von einer schützenden Schicht Flugasche bedeckt werden.

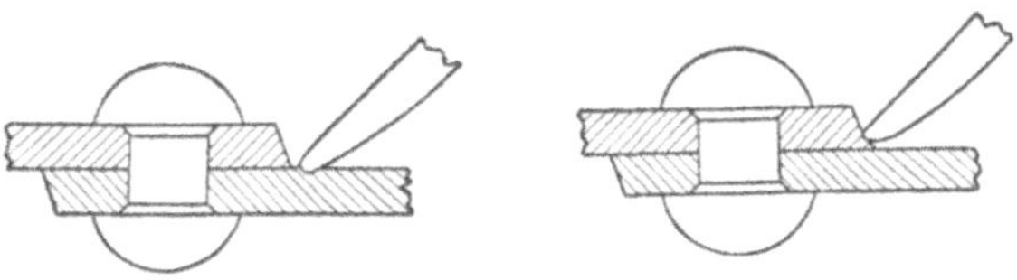

Fig. 84 richtige, Fig. 85 falsche Stemmkante.

Undichte Längsnähte bei Dampfkesseln für hohen Druck und großen Druck sind mitunter auf **mangelhafte Bauausführung** in der Kesselschmiede zurückzuführen. Die für diese Zwecke erforderlichen sehr dicken Bleche bedingen ein sorgfältiges Zusammenpassen vor dem Nieten, was beim Runden der Bleche auf den gewöhnlichen Walzmaschinen nicht erreichbar ist, weil die Blechenden, auf die es besonders ankommt, nicht genügend gerundet werden. Es wird daher das Runden sehr dicker Bleche besser auf hydraulisch angetriebenen Pressen bewirkt.

Die **Blechrisse** sind mitunter schwer aufzufinden und oft nur an Undichtheiten oder an Roststreifen zu erkennen. Die Bleche und Nietverbindungen sind daher bei jeder Kesselreinigung vom Heizer genau zu besichtigen. Sehr undichte Risse machen sich durch Dampf, der aus dem Kesselgemäuer aufsteigt, oder durch ein Zischen im Feuerzuge bemerkbar. Bei derartigen Anzeichen, mögen sie auch unbedeutend erscheinen, ist daher sofort die Ursache zu erforschen.

Die Nietlochrisse treten als Stegrisse a oder als Kantenrisse b auf (Fig. 86, 89). Sehr schwierig zu finden und deshalb besonders gefährlich sind die Stegrisse unter der Überlappung (siehe Fig. 88), die bei der Besichtigung des Bleches nicht auffindbar sind und sich nur durch Undichtheit rechtzeitig bemerkbar machen können. Darum dürfen äußerlich fehlerfreie Nietnähte, wenn sie wiederholt an derselben Stelle undicht sind, nicht ohne weiteres verstemmt werden, sondern sind nach Herausnahme der Nieten sorgfältig, nötigenfalls mit der Lupe zu untersuchen.

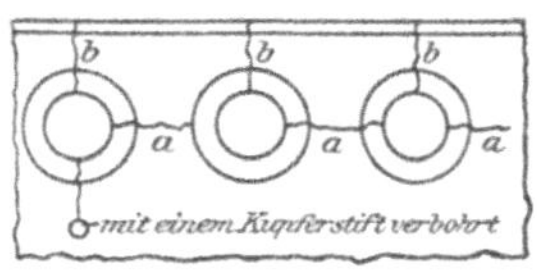

Fig. 86.

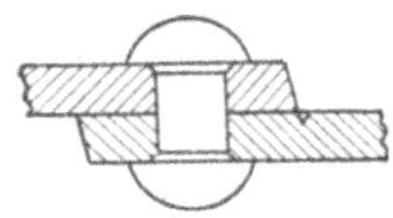

Fig. 87.
Verschiedene Blechrisse.

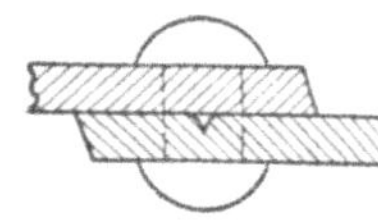

Fig. 88.

Die Kantenrisse sind weniger gefährlich. Wenn sie sich ins volle Blech fortsetzen, müssen sie verschweißt oder, was besser ist, durch Einbohren eines Stiftes am Fortschreiten verhindert werden. Sie sind sehr häufig an den Nietnähten in der Nähe des Feuers anzutreffen, z. B. in der vorderen Rundnaht der Walzenkessel, in den Feuerbuchsen von Lokomotivkesseln und in den Rauchkammern der Schiffskessel. Bei älteren Kesseln rühren sie vielfach schon von der Kesselschmiede her, während neuerdings derartige Fehler bei der Herstellung durch autogene Schweißung sofort wieder gut gemacht werden. Gewöhnliche Kantenrisse, wie die drei äußeren Risse b in Fig. 86, müssen lediglich sorgfältig beobachtet werden. Solange sie dichthalten und nicht fortschreiten, sind sie unbedenklich. Die Stegrisse a erfordern eine sofortige Reparatur.

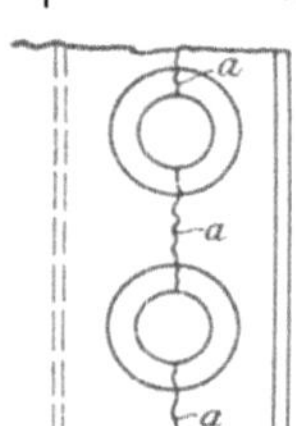

Fig. 89.
Durch Kantenrisse a beschädigte Nietverbindung.

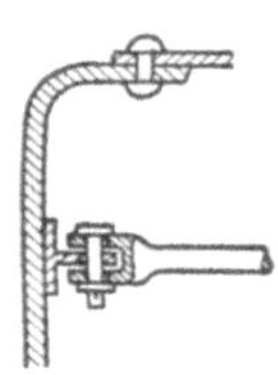

Fig. 90.

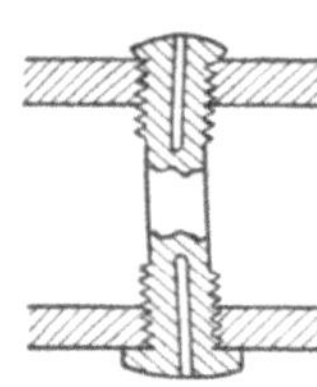

Fig. 91.
Stehbolzen.

Verankerungen. Damit für einzelne Kesselteile, z. B. für ebene Stirnböden und für Flammrohre, nicht zu starke Bleche erforderlich werden, wird ihre Widerstandsfähigkeit gegenüber dem Dampfdruck durch Verankerungen und Versteifungen erhöht. Bei ebenen Stirnböden von kleinem Durchmesser genügen zur Versteifung meist einige Winkeleisenschienen, die auf der Innenseite des Stirnbodens entweder in senkrechter oder wagerechter oder schräger Lage aufgenietet werden. Größere Kesselböden werden durch schmiedeeiserne Rundanker miteinander verbunden. Bei kurzen Kesseln (Schiffskesseln) gehen die Rundanker durch die Stirnböden hindurch und fassen das Blech mit je einer außen und innen angebrachten Schraubenmutter (siehe Fig. 82). Besser dicht zu bekommen sind Rundanker, die nicht durch die Stirnböden hindurchgehen, sondern mit Bolzen an Winkeleisen oder ⊥-Rippen auf der Innenseite der Stirnböden verbunden sind (Fig. 90). Diese Anker haben noch den Vorzug, daß sich ihre Wirkung auf eine größere Fläche verteilt. Sie lassen sich jedoch schwieriger einbauen als die durchgehenden Anker, weshalb sie für enge Kessel, wie Schiffskessel, nicht anwendbar sind. Eine andere sehr häufig angewendete Stirnbodenversteifung ist der Eckanker. Derselbe besteht aus einer Blechplatte, die an den Enden an je eine Winkeleisenschiene angenietet ist, von denen sich die eine am Kesselmantel, die andere am Stirnboden befindet.

Für Flammrohrkessel verwendet man ausschließlich gewölbte Stirnböden. Dieselben bedürfen keiner Versteifung, da die gewölbte Form die Gefahr des Ausbauchens ausschließt und in diesem Falle außerdem die Flammrohre für die Verankerung der Stirnböden völlig ausreichen. Risse und Brüche treten an den Ankern selten auf.

Kesselwände mit kleinem gegenseitigen Abstande versteift man durch **Stehbolzen** (Fig. 91). Es sind dies mit Schraubengewinde versehene schmiedeeiserne oder kupferne Bolzen, die mit jedem Ende in eine der beiden zu versteifenden Kesselwände eingeschraubt und eingenietet oder angestaucht sind. Sie werden zur Versteifung der breiten Wände der Wasserkammern von Wasserrohrkesseln sowie zwischen den Feuerbuchs-

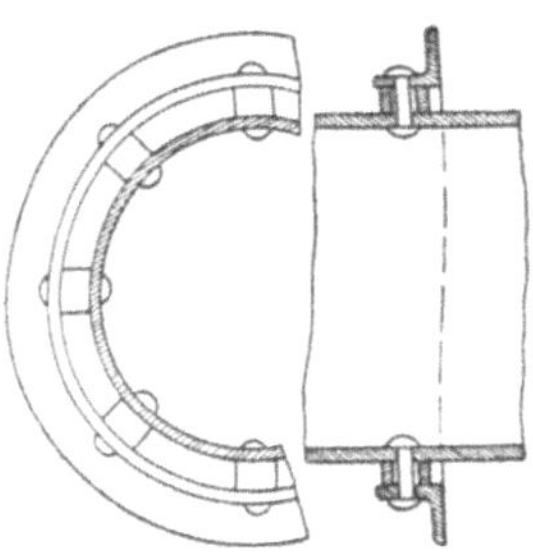

Fig. 92.
Fairbairnscher Versteifungsring.

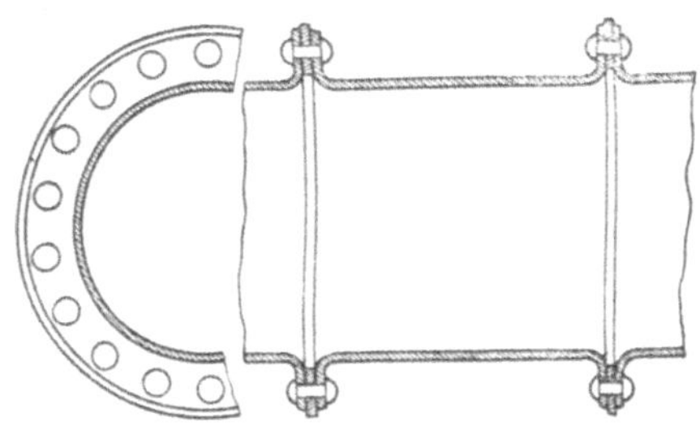

Fig. 93.
Adamsonsche Flammrohrverbindung.

wänden und dem äußeren Kesselmantel bei Lokomotiven und Lokomobilen angewendet.

In den Stehbolzen treten sehr häufig Risse auf. Damit ein derartiger Bruch bemerkbar ist, bohrt man die Stehbolzen schon vor dem Einziehen entweder von außen her 3 bis 5 Millimeter weit und 30 bis 40 Millimeter tief an, oder man macht sie hohl. Ist ein solcher Stehbolzen schadhaft geworden, so wird dies durch das aus der Ausbohrung herausspritzende Wasser angezeigt. Stehbolzen ohne eine derartige Anbohrung sind durch Abklopfen zu untersuchen. Man hält einen Hammer gegen den einen Kopf und schlägt mit einem zweiten Hammer auf den Gegenkopf des Stehbolzens. Ist der Stehbolzen unversehrt, so wird der vorgehaltene Hammer abspringen, während bei gebrochenem Bolzen der Hammerschlag sich entweder gar nicht oder nur wenig fortpflanzt. Zur Vornahme einer solchen Prüfung gehören zwei Mann. Einzelne durchbrochene Stehbolzen bedeuten an sich noch keine Gefahr, sie können jedoch den Bruch benachbarter Stehbolzen beschleunigen, und es können durch ihre rechtzeitige Erneuerung unter Umständen umfängliche Kesselreparaturen vermieden werden.

Der Kesselmantel wird nicht versteift und bedarf bei ausreichender Blechstärke auch keiner Versteifung. Ist er unrund, so hat der von innen drückende Dampf das Bestreben, den vom Bau des Kessels herrührenden Fehler zu beseitigen und die unrunde Form des Mantels in die kreisförmige überzuführen.

Ganz anders liegt die Sache bei den Flammrohren. Sobald diese Rohre nicht vollkommen rund sind, besteht die Gefahr, daß die von außen wirkende Dampfspannung die Rohre an der unrunden Stelle zusammendrückt. Diese Gefahr ist um so größer, je weiter und je länger die Rohre sind. Kurze und enge Flammrohre werden schon durch die Kesselböden genügend versteift. Langen und weiten Flammrohren ist jedoch durch geeignete Bauart genügende Steifigkeit zu verleihen. Die einfachste Versteifung für Flammrohre ist der Winkeleisenring (Fig. 92), nach dem Erfinder auch Fairbairnscher Ring genannt. Sein lichter Durchmesser ist etwa 6 Zentimeter größer als der äußere Flammrohrdurchmesser. Er wird um das Flammrohr gelegt und durch 6 bis 8 Nieten darauf befestigt. Den gleichmäßigen Abstand des Winkeleisenringes vom Flammrohr erreicht man durch kurze Rohrstücke, die über die Nietschäfte, zwischen Winkeleisenring und Flammrohr, geschoben werden. Bei neuen Dampfkesseln sind die Versteifungsringe geschweißt; sollen sie nachträglich bei schon fertigen Dampfkesseln angebracht werden, so muß man die Ringe aus zwei Teilen herstellen und im Kessel zusammennieten oder zusammenschrauben. Die Winkeleisenringe werden in Entfernungen von zwei bis drei Metern angebracht sind aber veraltet.

Die jetzt allgemein übliche Versteifung für glatte Flammrohre ist die **Adamsonsche Verbindung** der Flammrohrschüsse (Fig. 93). Sie besteht in der senkrechten Umbördelung der Enden der Flammrohrschüsse, die unter Zwischenlegung eines Flacheisenringes zusammengenietet sind. Der Flacheisenring erhöht die Steifigkeit der Rohre und ermöglicht ein leichtes Verstemmen der Nietnaht. Die Adamsonsche Verbindung der Flammrohre hat den Vorzug, daß die Nieten nicht von den Heizgasen berührt werden und daß die Flammrohre in den Umbördelungen federn können. Bei gewöhnlichen glatten Flammrohren, die nicht auf Adamsonsche Art, sondern durch Überlappungsnietung zusammengefügt sind, macht sich der Mangel an Elastizität mitunter insofern bemerkbar, als die Rohre bei ihrer Längenausdehnung durch die Wärme Risse in den Krempen der Stirnböden verursachen. Zeigen sich derartige Schäden, so darf man sich nicht mit einer Ausbesserung des betreffenden Stirnbodens begnügen, sondern man muß statt des starren glatten Flammrohres ein Wellrohr-Flammrohr oder ein Flammrohr mit der Adamsonschen Nietverbindung einsetzen.

Um derartigen kostspieligen Änderungen der Kessel aus dem Wege zu gehen, macht man häufig bei Kesseln mit glatten Flammrohren wenigstens den ersten Flammrohrschuß aus Wellrohr.

Sehr wirksam werden die glatten Flammrohre durch die schon früher erwähnten Gallowaystutzen versteift. Die Flammrohre aus Wellrohr brauchen infolge ihrer Bauart keine Versteifung.

Das Einwalzen und Abdichten der Rohre. Zum Einwalzen der Siederohre von Wasserrohrkesseln oder der Rauchrohre von Heizrohrkesseln und zum Aufwalzen der Flanschen auf die Rohre benutzt man den nebenstehend abgebildeten Aufwalzapparat, auch Rohrdichtmaschine genannt (von der Firma Seiffert & Co., A.-G., Berlin), Fig. 94, 95. Dieselbe besteht aus einer hohlen Büchse, aus welcher drei Rollen hervorstehen. Im Innern befindet sich ein konischer Kern, der mittels einer Schraubenspindel aus der Büchse hinein- und herausgeschraubt werden kann und hierbei die Rollen mehr oder weniger nach außen schiebt. Beim Gebrauche steckt man den Apparat in das aufzuwalzende Rohrende, so daß die Rollen gerade an der Einwalzstelle sitzen. Dann wird der konische Dorn mittels der Schraubenspindel so weit in den Apparat hineingeschraubt, bis die Rollen fest gegen die Rohrwand drücken. Dreht man nunmehr mittels eines Mutterschlüssels oder einer Knarre an dem vorn angebrachten Vierkant den ganzen Apparat, so wird das Rohr infolge des Druckes der Rollen aufgeweitet und fest an die Bohrung in der Kesselwandung oder des Flansches gedrückt.

Schadhafte Heiz- und Siederohre, die sich schwierig oder, wie dies bei Steilrohrkesseln häufig zutrifft, überhaupt nicht aus dem Kessel herausschlagen lassen, werden im Falle ihrer Erneuerung abgeschnitten. Fig. 96 zeigt einen solchen Rohrschneideapparat. Das Schneidemesser a sitzt auf einem exzentrisch eingebohrten Bolzen, der mittels des Rädchens b gedreht werden kann. Beim Einsetzen des Apparates in das abzuschneidende Rohr dreht man das Messer so weit zurück, bis es nicht mehr hervorsteht. Dann preßt man es durch Drehen an dem **Rädchen** b gegen die Rohrwand und

Fig. 94.

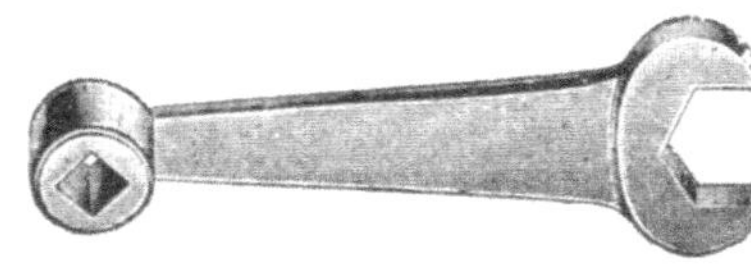

Fig. 95.

Rohreinwalz- und Dichtapparat.

beginnt mit dem Abschneiden, indem man den Apparat mittels eines Mutterschlüssels an dem Vierkant dreht.

Wird bei einem Heizrohrkessel (Fig. 63 und 64) oder bei einem Wasserröhrenkessel (Fig. 74, 75) ein einzelnes Rohr undicht, etwa infolge von Anfressungen auf der Wasser- oder Feuerseite, und ist nicht sofort ein Ersatzrohr zur Hand, so kann man eine größere Betriebsunterbrechung durch Verstöpselung des schadhaften Rohres vermeiden. Dieselbe besteht darin, daß man jedes Rohrende mit einem gedrehten, konischen Eisenstöpsel verschließt und die beiden Stöpsel mittels einer durch das ganze Rohr hindurchreichenden Schraube fest in die Einwalzstellen des Rohres hineinpreßt (siehe Fig. 97). Bei der Anfertigung der Stöpsel ist zu beachten, daß die Heiz- und Siederohre, wie bereits früher erwähnt, an einem Ende zwei bis drei Millimeter aufgeweitet sind. Der für diese Stelle bestimmte Verschlußstöpsel muß daher einen entsprechend größeren Durchmesser erhalten.

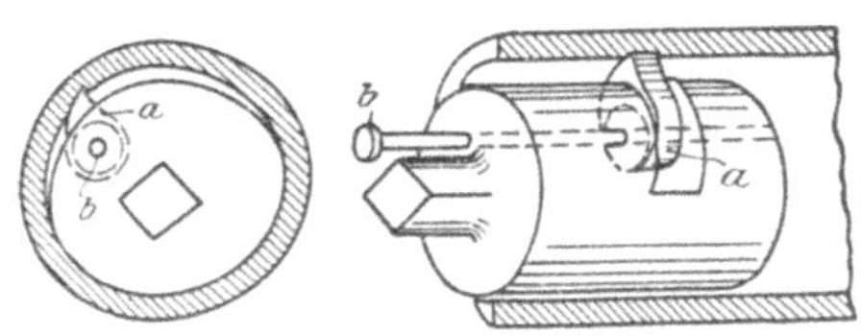

Fig. 96.
Rohrschneider für Rauch- und Siederohre.

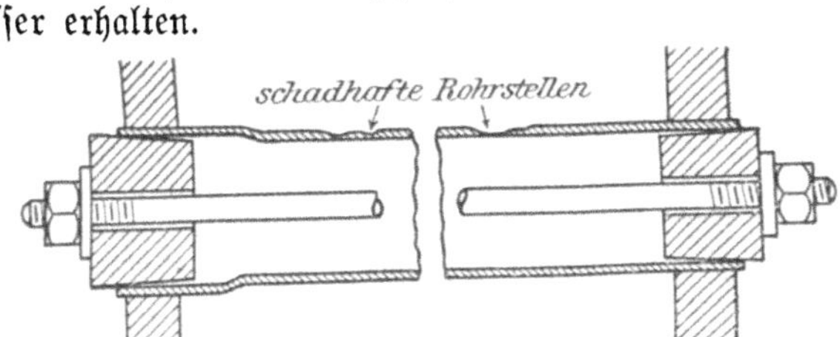

Fig. 97. Verstöpselung eines schadhaften Rauch- oder Siederohres.

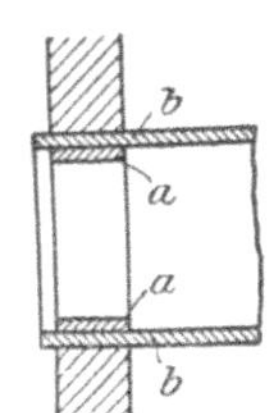

Fig. 98. Abdichten eines Rauchrohres durch den Ring a.

Sind einzelne Rohre eines Heizrohrkessels in der Einwalzstelle durch Abbrand beschädigt oder infolge zu häufigen Nachwalzens nicht mehr dicht zu bekommen, so kann man statt der Auswechselung der Rohre durch Einwalzen von sogenannten Brandringen Abhilfe schaffen. Diese Ringe (siehe Fig. 98) werden aus 3 bis 4 Millimeter dickem Flacheisen hergestellt. Ihre Breite macht man gleich der Dicke des Rohrbodens.

Zum **Biegen der Siederohre** für die in Fig. 79 abgebildeten Steilrohrkesselarten benutzt man einen Rohrkrümmer (Fig. 99), der die gewünschte Krümmung durch einen Hebeldruck hervorbringt und sich durch seine einfache Bauart und gleichmäßige Arbeitsweise auszeichnet.

Die Wasserdruckprobe des Kessels. Mit dem Verstemmen der Nähte sind die Herstellungsarbeiten am Kessel beendet. Um zu sehen, ob die Nietnähte dicht halten, wird der Dampfkessel völlig mit Wasser gefüllt und hierauf mit einer Handpumpe Druck im Kessel erzeugt. Undichte Stellen müssen verstemmt werden, doch ist es nicht zu empfehlen, bei anhaltend hohem Wasserdruck im Kessel an den Nieten und Nähten herumzuhämmern, da infolge der beträchtlichen Blechspannungen sehr leicht Nietköpfe abspringen oder Nietnähte aufreißen. Der Probedruck wird bei den amtlichen Wasserdruckproben bei Kesseln bis zu 10 Atmosphären Betriebsdruck um die Hälfte des letzteren, bei Kesseln über 10 Atmosphären um 5 Atmosphären erhöht. Will sich ein Heizer überzeugen, ob sein Dampfkessel dicht hält, so kann er sich mit einer Wasserdruckprobe mit dem höchsten zulässigen Betriebsdruck des Kessels begnügen.

Das autogene Schweißverfahren. In Anbetracht der Bedeutung des autogenen Schweißverfahrens für die Herstellung und die Reparatur von Dampfkesseln möge hier auf dasselbe eingegangen werden. Das Wort „autogen" soll sagen, daß das Schweißen ohne Hammer und ohne Presse vor sich geht. Die zum Schweißen erforderliche Temperatur erzeugt man durch eine Gasflamme, und zwar dadurch, daß entweder Wasserstoffgas oder Azetylengas mit Sauerstoff verbrannt werden. Wasserstoff und Sauerstoff werden in stark zusammengepreßtem Zustand in Stahlflaschen an Ort und Stelle gebracht. Das Azetylen wird aus Karbid hergestellt und entweder gleichfalls in Flaschen bezogen oder in einem Apparat an Ort und Stelle hergestellt. Es wird zu Schweißzwecken bevorzugt, da seine Flamme eine Temperatur von etwa 3600° Celsius hat gegenüber 2400° Celsius der Wasserstoff-Flamme. Die Gase werden getrennt zu einem mit Griff versehenen Brenner geführt, kurz vor diesem gemischt und an der Mündung angezündet. Die Temperatur wird dabei so hoch, daß das Eisen ins Fließen kommt. Das autogene Schweißverfahren erinnert demnach an das Löten, bei welchem auch das Lötmetall sich mit dem zu lötenden Metall durch Schmelzen verbindet. Die Schweißflamme darf nicht zu viel Sauerstoff enthalten, da andernfalls das Eisen an der Schweißstelle verbrennt. Wasserstoff- oder Azetylengas müssen daher im Überschuß zugeführt werden. Die für die autogene Schweißung in Betracht kommenden Kesselbeschädigungen sind Blechrisse und Abzehrungen, die durch luft- und säurehaltiges Speisewasser entstanden sind. Beim autogenen Verschweißen von Rissen wird zunächst längs des Risses eine keilförmige Furche ausgehauen und hierauf ein Eisendraht von passender Dicke eingeschmolzen. Bei Abzehrungen muß die betreffende Stelle zunächst metallisch rein gemacht werden, worauf man neues Eisen in flüssigem Zustande aufträgt. Bei sehr ausgebreiteten Anzehrungen werden auch Flicken aufgeschweißt.

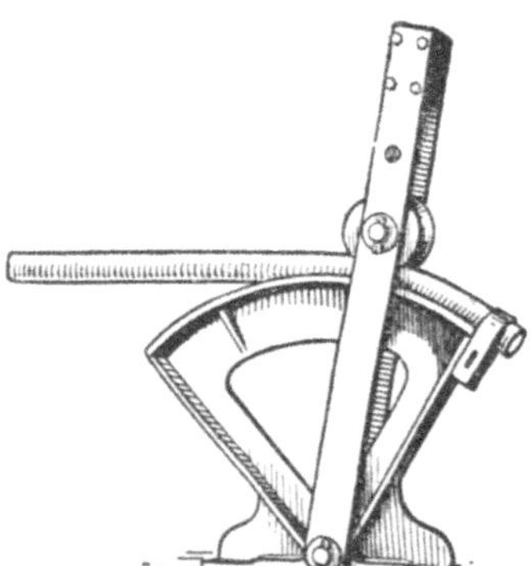

Fig. 99. Rohrbiegeapparat.

Die Schweißnähte an den Dampfdomen, Kesselstutzen usw. werden in den Kesselschmieden nur als Feuerschweißung ausgeführt, da diese in bezug auf Haltbarkeit zuverlässiger ist als die autogene Schweißung. Die vom Verein deutscher Ingenieure und vom Verband der Dampfkesselüberwachungsvereine angestellten Untersuchungen an zahlreichen versuchsweise autogen geschweißten derartigen Kesselteilen haben im allgemeinen ungünstige Ergebnisse geliefert. Während einzelne Schweißarbeiten sehr gut ausgeführt waren, ergab bei anderen die Untersuchung zahlreiche Blasen und Schlacken im eingeschmolzenen Metall und eine bedeutende Überhitzung der Schweißstelle, so daß die Festigkeit des Bleches dauernd geschädigt war. Die Dampfkesselüberwachungsvereine haben daher folgendes Urteil abgegeben: „Bei der Herstellung und Ausbesserung von Dampfkesseln durch die autogene Schweißung ist die größte Vorsicht geboten. Solche Arbeiten sind nur ganz zuverlässigen Firmen zu übertragen. Schweißnähte, die infolge der Dampfspannung oder infolge von Temperaturschwankungen auf Zug oder Biegung stark beansprucht sind, dürfen nur geschweißt werden, wenn das geschweißte Stück nachträglich sorgfältig ausgeglüht wird."

Wie die autogene Schweißung bei Dampfkesselreparaturen angewendet werden darf, muß von Fall zu Fall entschieden werden. Sie empfiehlt sich zumeist dort, wo es sich darum handelt, innere Anzehrungen oder Blechrisse von geringer Ausdehnung am Fortschreiten zu verhindern. Ist jedoch der Zerstörungsprozeß schon zu weit fortgeschritten, so ist eine gänzliche oder teilweise Erneuerung der schadhaften Kesselteile vorzuziehen.

Es sei noch bemerkt, daß einige hervorragende Kesselfabriken die Trommeln der Steilrohrkessel, die aus sehr dicken Blechen hergestellt werden, an der Verbindungsstelle nicht nieten, sondern autogen mittels Wasserstoffgas schweißen, und daß diese Schweißnähte nach angestellten Versuchen durchaus haltbar sind.

12. Die Ausrüstung des Dampfkessels.

Zu jedem Dampfkessel gehören gewisse Armaturen oder Ausrüstungsgegenstände, mittels welcher der geordnete Kesselbetrieb aufrechterhalten und für die nötige Sicherheit beim Kesselbetrieb gesorgt wird. Sie sind bis in alle Einzelheiten durch das Dampfkesselgesetz vorgeschrieben und dürfen ohne behördliche Genehmigung nicht verändert oder durch andere ersetzt werden. Sie bestehen aus den Vorrichtungen:

1. zur Erkennung des Wasserstandes (Wasserstandsgläser, Probierhähne);
2. zur Messung des Dampfdruckes (Manometer);
3. zur Verhütung einer zu hohen Dampfspannung (Sicherheitsventile);
4. zur Erhaltung des Wasserstandes im Kessel (Speisevorrichtungen, Pumpen, Injektoren).
5. aus den Ablaß- und Absperrventilen.

Die Wasserstandszeiger. Der Heizer muß jederzeit sehen können, wie hoch das Wasser im Kessel steht. Der Dampfkessel darf nicht zu hoch voll Wasser gespeist werden, er darf aber auch nicht zu wenig Wasser enthalten. Steigt das Wasser im Kessel infolge übermäßigen Speisens zu hoch an, so werden der Dampfraum und bei den meisten Kesselarten auch der Wasserspiegel zu sehr verkleinert, und es entsteht sehr nasser Dampf, der, wie wir bereits früher sahen, Wärmeverluste herbeiführt und zu Wasserschlägen und Betriebsstörungen der Dampfmaschine usw. Anlaß geben kann.

Noch gefährlicher als der zu hohe ist der zu niedrige Wasserstand im Kessel. Sinkt der Wasserspiegel so weit, daß einzelne von den Heizgasen berührte Teile des Kessels vom Wasser entblößt sind, so werden sie namentlich über dem Feuer schnell glühend und von dem gespannten Dampf mit Leichtigkeit ausgebeult. Reißt hierbei das Blech auf, so strömen der Dampf und das Wasser mit großer Gewalt aus dem Kessel heraus, das hocherhitzte Kesselwasser verwandelt sich augenblicklich in Dampf und zertrümmert, da weder der Kessel noch das Mauerwerk der plötzlich freiwerdenden Dampfgewalt widerstehen können, die Kesselanlage, d. h. der Kessel explodiert.

Es ist daher sehr wichtig, daß die Stelle, unter welche der Wasserspiegel im Kessel nicht herunter fallen darf, jederzeit deutlich erkennbar am Kessel bezeichnet ist. Man nennt diese Stelle den **zulässig niedrigsten Wasserstand** im Kessel. Er wird durch eine Strichmarke mit den Buchstaben N—W an der Stirnwand des Kessels und durch je einen Stift hinter den Wasserstandsgläsern dauernd und deutlich bezeichnet. Bis zu diesem Merkzeichen muß das Wasser im Kessel unter allen Umständen heranreichen.

Kommt es vor, daß die Speisevorrichtungen versagen, und der Wasserspiegel im Kessel zu tief sinkt, so **muß der Heizer das Feuer aus dem Kessel herausziehen** und die Ventile für die Dampfrohrleitungen schließen. Sobald das Feuer aus dem Kessel herausgezogen ist, besteht keine Gefahr für den Kessel mehr, vorausgesetzt, daß die vom Wasser entblößten Kesselbleche nicht etwa der strahlenden Wärme von glühendem Mauerwerk ausgesetzt sind. Bei derartigen Kesselanlagen muß der Heizer doppelt wachsam sein und einen zu niedrigen Wasserstand im Kessel erst recht vermeiden. Im Notfalle ist der Essenschieber aufzuziehen und das glühende Mauerwerk durch die einströmende Zugluft abzukühlen.

Das Dampfkesselgesetz schreibt vor, daß die Marken für den zulässig niedrigsten Wasserstand mindestens 100 Millimeter unter der höchsten, von den Heizgasen berührten Kesselstelle liegen. Bei Dampfkesseln, deren Wasseroberfläche kleiner als das 1,3fache der gesamten Rostfläche ist, muß dieser Abstand mindestens 150 Millimeter betragen. (Näheres enthält § 3 der reichsgesetzlichen Bekanntmachung über die Anlegung von Dampfkesseln.) Der als normal anzusehende Wasserstand, der nur ausnahmsweise überschritten werden darf, liegt je nach der Kesselart 100 bis 200 Millimeter höher als der zulässig niedrigste Wasserstand.

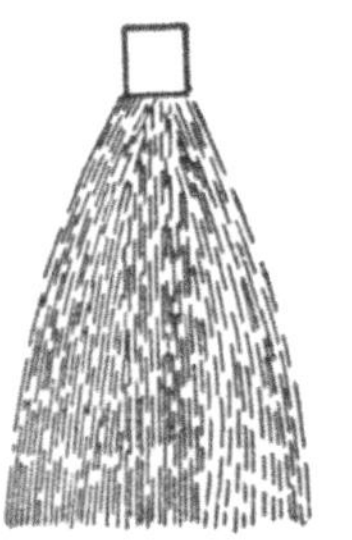

Fig. 100. Dampfstrahl aus dem Wasserraum.

Fig. 101. Dampfstrahl aus dem Dampfraum des Kessels.

Nach den reichsgesetzlichen Vorschriften (siehe § 7 des Dampfkesselgesetzes) muß jeder Dampfkessel mindestens mit zwei Vorrichtungen zur Erkennung des Wasserstandes versehen sein, von denen wenigstens die eine ein Wasserstandsglas sein muß. Schwimmer, Schmelzpfropfen und Spindelventile, die nicht durchstoßbar sind oder sich ganz herausdrehen lassen, sind überhaupt nicht zulässig. Es muß also jeder Dampfkessel von Rechts wegen entweder mit zwei Wasserstandsgläsern oder mit einem Wasserstandsglase und zwei Probierhähnen ausgerüstet sein.

Schiffskessel müssen mindestens drei Wasserstandsvorrichtungen haben, zwei davon müssen Wasserstandsgläser sein und möglichst weit nach rechts und links von der Kesselmitte abstehen.

Die Probierhähne. Die einfachste und billigste Wasserstandsvorrichtung ist der Probierhahn. Man bringt gewöhnlich zwei, seltener drei in verschiedener Höhe an der vorderen Stirnwand des Kessels an. Der unterste Probierhahn muß in gleicher Höhe mit der Marke für den zulässig niedrigsten Wasserstand liegen und daher beim Probieren stets Wasser aus dem Kessel entweichen lassen. Den obersten Probierhahn setzt man 100 bis 200 Millimeter höher als den untersten Probierhahn. Kommt beim Probieren Wasser aus ihm heraus, so muß der Heizer die Speisevorrichtungen abstellen. Mitunter wird zwischen diesen beiden Hähnen noch ein dritter Probierhahn angebracht.

Bei den Probierhähnen kann man nicht ohne weiteres ersehen, wo sich der Wasserstand im Kessel befindet. Auch gehört einige Übung dazu, um unterscheiden zu können, ob aus dem geöffneten Hahne Dampf oder Wasser austritt, denn das Wasser, welches durch den geöffneten Hahn aus dem Dampfkessel herausströmt, verwandelt sich an der äußeren Mündung des Hahnes sofort in Dampf. Einen solchen Dampfstrahl (Fig. 100) erkennt man daran, daß er breiter ist und ein stärkeres, mehr sprudelndes Geräusch erzeugt als der Dampfstrahl aus dem Dampfraum (Fig 101), der ein mehr zischendes Geräusch erzeugt. Um sich vor einem Irrtum zu schützen, probiere man niemals nur einen Hahn, sondern stets beide Hähne nacheinander.

Gewöhnliche Probierhähne haben, namentlich bei unreinem Kesselwasser, den Nachteil, daß sie leicht undicht werden. Sollen sie dicht halten, so müssen sie fest angezogen werden; dann lassen sie sich aber schwer drehen, die Hahnkegel reiben stark im Hahngehäuse, bekommen Riefen, und die Hähne tropfen erst recht. Die Probierhähne müssen daher bei jeder Kesselreinigung gründlich nachgeschliffen und geschmiert werden. Um die Hähne auch während des Kesselbetriebes schmieren zu können, macht man den Hahnkegel hohl und versieht ihn mit einer Schmierschraube und mit Schmiernuten. Als Hahnschmiere kann man Talg mit Graphit benutzen. Der Graphit verhütet das Festbrennen der Hahnkegel. Die Hahnkegel haben am unteren Ende eine Schraubenmutter, mittels welcher sie im Hahnküken festgehalten werden. Zwischen Mutter und Hahngehäuse muß eine Unterlegscheibe mit viereckigem Loche angebracht werden, damit sich die Mutter beim Gebrauche des Hahnes nicht losdrehen kann.

Um das Tropfen und die starke Abnutzung der Hähne zu verhüten, benutzt man auch sogenannte Stopfbüchsenhähne. Das Hahngehäuse derselben ist unten geschlossen und oben mit einer Stopfbüchse für den zylindrischen Teil des Hahnkegels versehen. Da beim Nachschleifen der Hähne die Hahnkegel schwächer und das Hahngehäuse weiter wird, muß darauf geachtet werden, daß die Hähne nach der Instandsetzung noch eine genügend weite Durchgangsöffnung haben. Die Bohrung des Hahnkegels muß daher schlitzförmig sein und erforderlichenfalls nachgefeilt werden. Zum Nachschleifen der Hähne benutzt man feinen Schmirgel oder Glasstaub und Öl. Will man nachsehen, ob der Hahnkegel im Hahngehäuse gleichmäßig anliegt, so bestreicht man ihn recht dünn mit Schlämmkreide, dreht ihn einige Male im Hahngehäuse um und überzeugt sich dann, ob die Schlämmkreide an der Dichtungsfläche gleichmäßig abgerieben ist.

Alle Hähne und Ventile der Wasserstandsvorrichtungen müssen in gerader Richtung durchstoßbar sein, mindestens 8 Millimeter lichten Durchmesser haben und sich bei etwaigen Verstopfungen während des vollen Betriebes wieder frei machen lassen. Nach gesetzlicher Vorschrift ist bei allen Hähnen am Dampfkessel, und zwar nicht nur bei den Probierhähnen, sondern auch bei Ablaßhähnen, Absperrhähnen an Wasserstandsgläsern, Manometern usw., die Richtung der Durchbohrung des Hahnes außen auf dem Hahnkegel durch Feilstriche deutlich erkennbar zu machen, so daß der Heizer auch bei den in geschlossener Rohrleitung befindlichen Hähnen erkennen kann, ob sie geöffnet oder geschlossen sind.

Die Wasserstandsgläser. Dieselben sind die beste und verläßlichste Vorrichtung zur Erkennung des Wasserstandes. Die Einrichtung der Wasserstandsgläser ist aus Fig. 102 zu ersehen. Das Wasserstandsglas sitzt oben und unten in den Wasserstandsköpfen a und b und kann durch leicht gangbare Hähne oder Ventile vom Kessel abgesperrt werden. Der untere Wasserstandskopf erhält einen Ablaßhahn oder ein Ablaßventil, womit das Ausblasen des Schlammes aus der Wasserstandsvorrichtung ermöglicht wird. Die Glasröhre wird, nachdem die Verschlußmutter c entfernt worden ist, von oben hereingeschoben. Den wasser- und dampfdichten Abschluß der Glasröhre besorgen die in einer kleinen Stopfbüchse liegenden Gummiringe d, welche durch die Überwurfmuttern f und die Preßringe g an die Glasröhre angepreßt werden. Damit auch die Verbindungen nach dem Kessel gereinigt und etwaige Verstopfungen rasch beseitigt werden können, sind die Wasserstandsköpfe vorn mit den Reinigungsmuttern oder Reinigungsschrauben r versehen, nach deren Entfernung der Heizer mit einem Draht etwaigen Schlamm und Kesselstein aus der Armatur entfernen kann. Der Zeiger k bezeichnet den festgesetzten zulässig niedrigsten Wasserstand im Kessel.

Eine Hauptaufgabe für den Heizer besteht darin, daß er dafür sorgt, daß die Wasserstandsgläser den im Kessel vorhandenen Wasserstand auch richtig anzeigen. Eine beträchtliche Anzahl von Kesselexplosionen sind darauf zurückzuführen, daß sich der Heizer durch einen falschen Wasserstand im Wasserstandsglase hat täuschen lassen. Ist die obere oder untere Verbindung des Wasserstandsglases mit dem Kessel verstopft, so bildet sich im Wasserstandsglase ein höherer Wasserstand als im Kessel, und es kann dann sehr leicht vorkommen, daß der Wasserspiegel im Kessel zu tief sinkt und die Kesselbleche nicht mehr ausreichend bedeckt und bis zum Glühen erhitzt werden. Man erkennt derartige Unregelmäßigkeiten daran, daß das Wasser im Glase sehr ruhig steht und beim Anstellen des Glases langsam in die Höhe steigt, während es bei einem in Ordnung befindlichen Wasserstandsapparate in demselben Maße wie das kochende Wasser im Kessel auf- und niederwallt und beim Öffnen der Hähne schnell hochsteigt. Die Verstopfung der Wasserstandsarmatur kann zunächst von

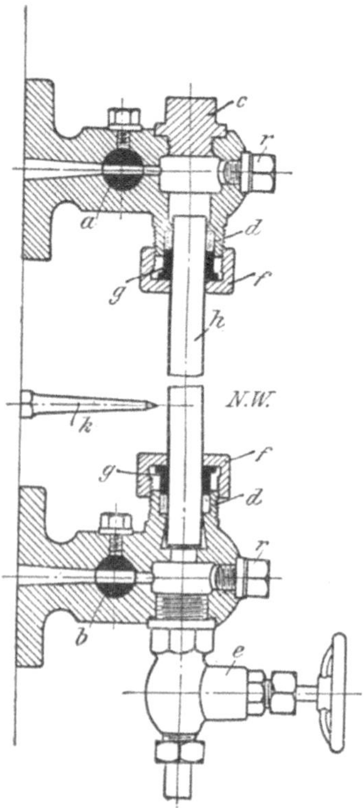

Fig. 102.
Wasserstandsglas (Schnitt).

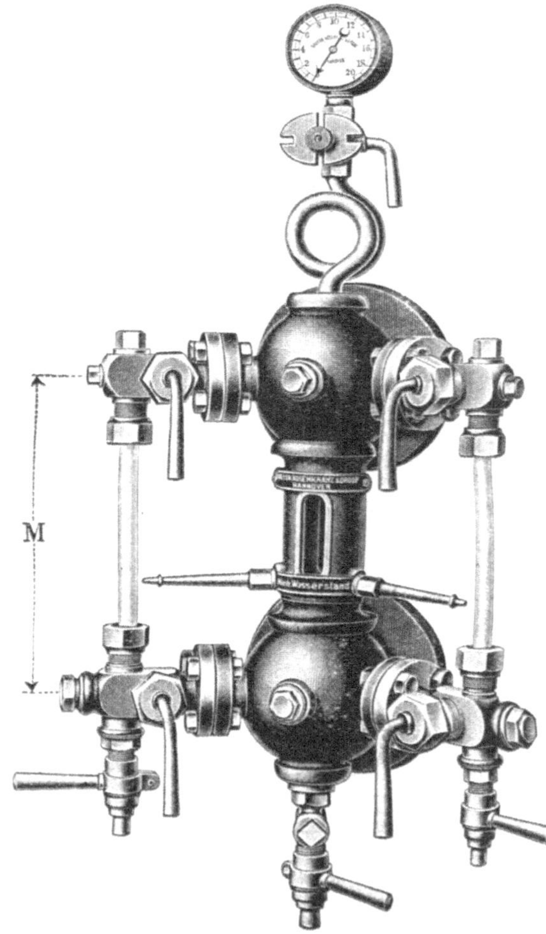

Fig. 103. Vollständiger Wasserstand von Dreyer, Rosenkranz & Droop, Hannover.

Schlamm- und Kesselsteinablagerungen herrühren. Werden die Hähne täglich einige Male ausgeblasen, so kommen derartige Unregelmäßigkeiten kaum vor. Die Verstopfung rührt aber auch häufig davon her, daß sich der untere Gummiring um das Wasserstandsglas herumgezogen hat. In diesem Falle kann man das Glas frei machen, indem man durch den unteren Ablaßhahn einen glühenden Draht einführt und den Gummi wegbrennt, oder indem man das Glas herausnimmt, sorgfältig reinigt und mit einem neuen Gummiring sorgfältig wieder einsetzt. Zur Vermeidung derartiger Verstopfungen, die für den Betrieb im höchsten

Maße gefährlich sind, darf man nur Wasserstandsgläser verwenden, die möglichst dicht in die Bohrungen der Wasserstandsköpfe hineinpassen. In sorgfältig gearbeiteten Wasserstandsköpfen müssen die Wasserstandsgläser oben und unten über den Gummiringen hervorstehen. Namentlich im unteren Wasserstandskopfe muß das Glas über den Gummiring hinaus in eine ringförmige Pfanne von ungefähr 8 Millimeter Tiefe hineinpassen. Fehlt dieselbe, so kann sich der Heizer dadurch helfen, daß er eine 5 Millimeter dicke ringförmige Messing- oder Bleischeibe vor dem Gummiring über das Wasserglas schiebt. Auch im oberen Wasserstandskopfe muß das Glas eine hinreichend lange

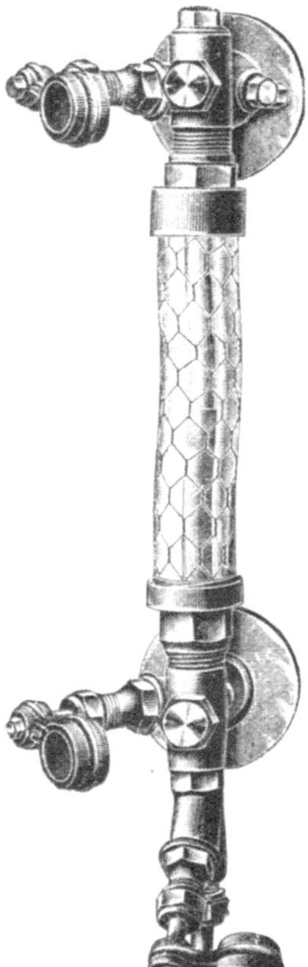
Fig. 104. Rundes Wasserstandsglas mit Schutzhülse.

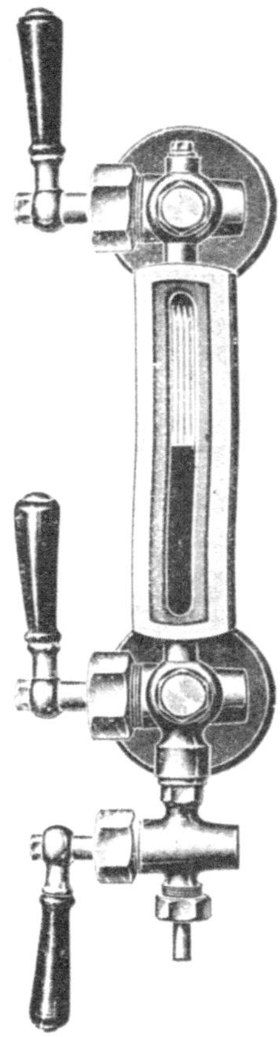
Fig. 105.

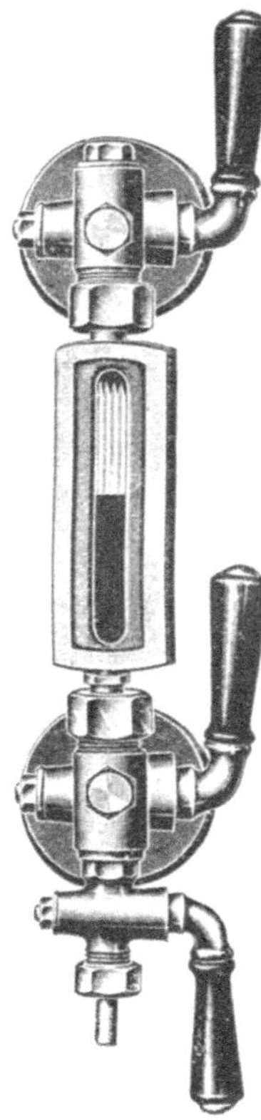
Fig. 106.

Flache Wasserstandsgläser, Schutzhülsen entbehrlich.

Führung haben und einige Millimeter in den Hohlraum des Metallgehäuses hineinragen. Beim Einsetzen eines neuen Wasserstandsglases muß zuerst die untere und dann die obere Stopfbüchsenmutter angezogen und hierbei das Glas mit der Hand fest nach unten gedrückt werden, damit es mit dem unteren Ende dicht aufsitzt. Sind zwei Wasserstandsgläser vorhanden, so sind stets beide anzustellen, damit sie zur gegenseitigen Kontrolle über den Wasserstand im Kessel benutzt werden können. Völlig verkehrt ist es, wenn der Heizer nur ein Wasserstandsglas anstellt und das andere in der Absicht abschließt, es beim Bruche des ersten Glases in Reserve haben zu wollen.

Eine Erneuerung der Wasserstandsgläser soll erst dann nötig werden, wenn dieselben infolge der Abnutzung durch den Dampf so dünn geworden sind, daß sie zerbrechen. Am oberen Ende ist die Abnutzung des Glases am größten, weil sich hier stets Dampf kondensiert und das Kondenswasser unaufhörlich am Glase niederrieselt. Die Wasserstandsgläser dürfen nicht an den metallenen Führungen, sondern nur an den Gummiringen anliegen. Klemmt ein Glas schon beim Einsetzen, so stehen die Wasserstandsköpfe schief zueinander und müssen gerade gerichtet werden. Andernfalls treten beim Anziehen der Stopfbüchsenmuttern Spannungen in den Glasröhren auf, und letztere brechen häufig. Dasselbe ist der Fall, wenn sie schroffem Temperaturwechsel beim Anstellen oder durch Luftzug ausgesetzt sind. Einzelne Glasfabriken stellen Gläser aus sogenanntem Dauerglase (Duraxgläser) her, die auch beim Bespritzen mit kaltem Wasser nicht zerspringen.

Fig. 107. Wasserstandsglas mit selbsttätigem Klappenverschluß bei Glasbruch von Schumann & Co., Leipzig.

Beim Anstellen eines Wasserstandsglases öffne man den unteren Abflußhahn und lasse zunächst eine Weile Dampf durch das Glas ausströmen. Hierauf öffne man den unteren Wasserhahn am Glase, so daß Wasser aus dem Kessel strömt, und schließe nunmehr den Abschlußhahn. Bei der Auswahl der Gläser achte man darauf, daß sie gut in die Armatur passen, d. h. daß sie die richtige Länge und den richtigen Durchmesser haben. Ferner müssen die Gläser frei von Schlieren und Sandkörnern sowie an beiden Enden verschmolzen sein. Die gebräuchlichsten Wasserstandsgläser sind 280, 320 und 340 Millimeter lang und haben einen äußeren Durchmesser von 13, 16 oder 20 Millimeter.

Die runden Wasserstandsgläser werden noch mit Schutzhülsen versehen, die die Gläser vor kalter Zugluft und den Heizer bei Glasbruch vor herumfliegenden Glassplittern schützen sollen. Nicht zu empfehlen sind die vorn und hinten mit einem Schlitze versehenen Messingrohre, ebenso die parallel mit dem Glase verlaufenden Eisenstäbe und Drahtgitter, da sie keinen genügenden Schutz bieten und erstere auch das Erkennen des Wasserstandes erschweren. Besser und auch dauerhafter sind Schutzhülsen aus starkem Glase oder aus Glas mit eingeschmolzenem Drahtnetz (Fig. 104). Die Schutzhülsen werden entweder durch schwache Federn festgehalten oder am oberen Ende pendelartig aufgehängt, damit sie beim Bruche des Glases dem Drucke des ausströmenden Wassers nachgeben können.

Flache Wasserstandsgläser werden in dem weit verbreiteten **Klingerschen Wasserstandsapparat** (Fig. 105 und 106) verwendet. Derselbe besteht aus einem Metallgehäuse mit röhrenförmigen Ansätzen, die wie die gewöhnlichen Wasserstandsgläser in den Wasserstandsköpfen abgedichtet werden. Vorn ist das Gehäuse durch ein starkes, flaches Schauglas abgeschlossen, das zur besseren Erkennung des Wasserstandes innen mit Rillen versehen ist. Die Rillen bewirken eine Brechung der Lichtstrahlen, so daß der Wasserraum im Wasserstandsapparate schwarz, der darüber befindliche Dampfraum aber silberglänzend weiß erscheint. Die flachen Wasserstandsgläser zeichnen sich durch große Haltbarkeit aus und bedürfen keiner Schutzhülsen.

Die Gläser nutzen sich, namentlich bei sodahaltigem Wasser, in der Höhe des schwankenden Wasserspiegels ab und müssen, wenn die Rillen im Glase zu weit abgefressen und infolgedessen der Wasserstand im Kessel nicht mehr deutlich erkennbar ist, erneuert werden. Beim Anbringen des Wasserstandsapparates (Fig. 106) schraubt man die in dem flachen Teile oben und unten eingeschraubten Gewinderöhrchen heraus. Dann setzt man zunächst das untere, mit einem Sechskant versehene Röhrchen in den Wasserstandskopf ein, schraubt den mittleren Teil mit dem Schauglase auf dem unteren Röhrchen in den Wasserstandskopf fest und führt durch den oberen Wasserstandskopf das obere Röhrchen ein, welches zu diesem Zwecke kein Sechskant haben darf, sondern zum Festschrauben mittels eines Mutterschlüssels zwei eingefeilte Flächen hat. Hierauf zieht man die Stopfbüchsenmuttern der Wasserstandsköpfe wie beim Einsetzen eines gewöhnlichen Wasserstandsglases fest. Um das Schauglas reinzuhalten, ist öfteres Ausblasen nötig. Außerdem lassen sich die Gläser reinigen, indem man durch den unteren Spitzhahn oder durch die verschraubte Öffnung des oberen Wasserstandskopfes mit einer Bürste hindurchfährt.

Wasserstandsgläser mit selbsttätigem Verschluß. Bei Dampfkesseln mit hohem Betriebsdruck oder bei hochliegenden Wasserständen verwendet man Wasserstandsapparate mit selbsttätigem Verschluß bei Glasbruch. Die Abschlußvorrichtungen bestehen entweder in einer Messingkugel oder in einer Drehklappe im Hahngehäuse, die beim Bruch des Wasserstandsglases durch den Druck des ausströmenden Dampfes gegen dessen Austrittsöffnung geschleudert werden und den Wasserstandskörper selbsttätig verschließen. Nebenstehend ist ein derartiger Wasserstandsapparat mit Selbstverschluß abgebildet. In den Wasserstandskopf ragt eine Spindel hinein, an der eine Metallklappe mit einem Dichtungspfropfen befestigt ist. Im Betriebe steht die Klappe nur wenig von der Öffnung im Wasserstandskopfe ab (Fig. 107). Dampf und Wasser können ungehindert zum Glase treten. Zerbricht ein Glas, so schleudert der innere Überdruck die Klappe auf die Austrittsöffnung.

Die Verschraubungen an den Wasserstandsapparaten und am Manometer werden mit Bleischeiben abgedichtet, die eine bedeutend längere Haltbarkeit besitzen als Hanfabdichtungen und auch nicht bei jedesmaligem Auseinanderschrauben erneuert werden brauchen. Sie haben ferner den Vorteil, daß die kleinen hier in Betracht kommenden Bohrungen nicht so leicht verstopft werden können, wie dies durch Hanf- oder ähnliche Packungen möglich ist.

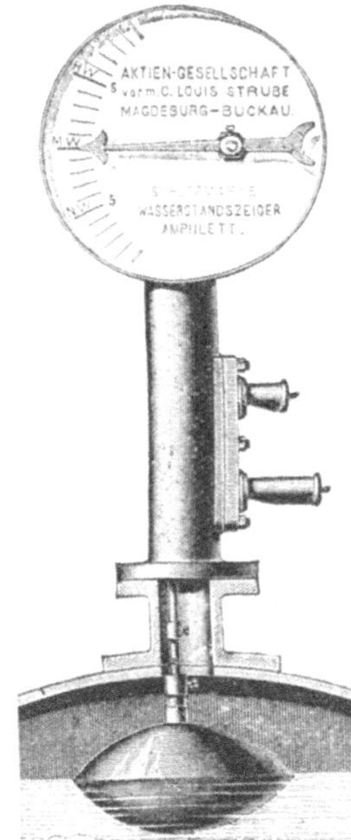

Fig. 108. Schwimmerwasserstandsanzeiger „Amphlet".

Sind die Wasserstandskörper durch eingemauerte Rohre mit dem Kessel verbunden, so ist darauf zu achten, daß letztere genügend vor den Heizgasen geschützt sind. Ist dies nicht der Fall, ist das betreffende Mauerwerk schadhaft oder zu schwach, so wird in den Verbindungsrohren Dampf entwickelt, und das Wasser schwankt im Wasserstandsglase fortwährend so unruhig auf und nieder, daß man den Wasserstand im Kessel überhaupt nicht beurteilen kann. Gerade nach dem Kessel durchstoßbare Verbindungsrohre müssen mindestens 20 Millimeter, gebogene Verbindungsrohre bei Dampfkesseln bis zu 25 Quadratmeter Heizfläche mindestens 35 Millimeter, bei größeren Kesseln mindestens 45 Millimeter lichten Durchmesser haben. Werden die Wasserstandskörper an einen gemeinsamen Hohlkörper (meist aus Gußeisen) angeschraubt, so müssen dessen Verbindungsrohre mit dem Dampf- und Wasserraum mindestens je 60 Millimeter lichten Durchmesser haben (§ 7 des Dampfkesselgesetzes).

Die **Schwimmwasserstandsanzeiger** (Fig. 108) werden zwar vom Gesetz nicht als vollwertige Wasserstandsapparate anerkannt, bei großen Kesselanlagen oder hochliegenden Wasserstandsgläsern sind sie jedoch ganz zweckmäßig, da sie den Wasserstand auch von weitem sehr deutlich erkennen lassen. Ihr Hauptbestandteil ist ein linsen- oder kugelförmiger hohler Behälter aus Messing- oder Kupferblech, der auf dem Wasserspiegel im Kessel schwimmt. Der Schwimmer trägt eine senkrechte Stange, die am oberen Ende mit einer Zahnstange versehen ist. Die Zahnstange greift in einen Zahnradbogen, der mit dem Zeiger eines Zifferblattes fest auf einer Achse sitzt. Die Zahnstange und der Zahnradbogen sind von dem Apparatgehäuse umgeben, das mit dem Dampfraum eine offene Verbindung hat. Der Schwimmer hebt und senkt sich mit dem Wasserspiegel im Kessel und überträgt dessen Bewegung auf den weithin sichtbaren Zeiger des Zifferblattes. Häufig wird mit dem Schwimmer noch ein Signalapparat verbunden. Je nachdem der Wasserstand im Kessel zu hoch oder zu niedrig steht, werden durch das Schwimmergestänge die Ventile von zwei Dampfpfeifen geöffnet und letztere zum Ertönen gebracht. Bei den Schwimmereinrichtungen muß die Zeigerachse an der Stelle, wo sie durch das Apparatgehäuse nach außen tritt, konisch angedreht und dampfdicht eingeschliffen sein. Wird eine Stopfbüchse angebracht und zu fest angezogen, so bleibt der Schwimmer leicht hängen und täuscht dann einen falschen Wasserstand vor. Besonders sorgfältig ist bei diesen Apparaten der Schwimmer auszuführen; wird er undicht, so füllt er sich mit Wasser, und der Apparat versagt gänzlich. Da diese Störungen nicht ohne weiteres sichtbar sind, müssen die Schwimmerwasserstandsapparate vom Heizer durch öfteres Drehen an dem Zeiger oder durch Anheben des Schwimmers auf ihren ordnungsmäßigen Zustand hin nachgesehen werden. Der Schwimmer ist vor dem Zulöten zu einem kleinen Teil mit Wasser zu füllen, das sich unter dem Einfluß des heißen Kesselwassers in Dampf verwandelt und den Schwimmer vor dem Zusammendrücken durch den Kesseldampf schützen soll.

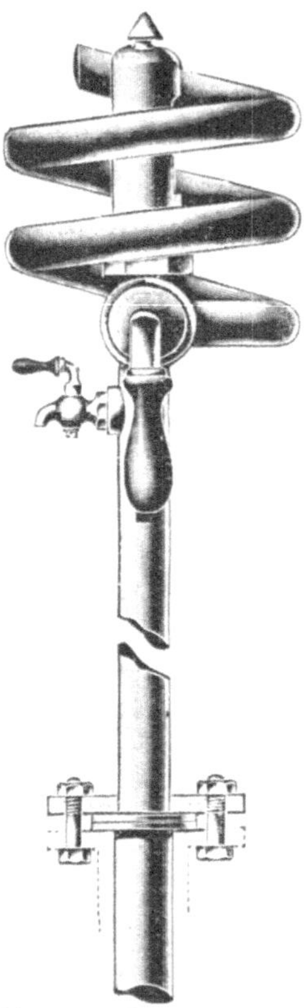

Fig. 109. Der Blacksche Speiseruser.

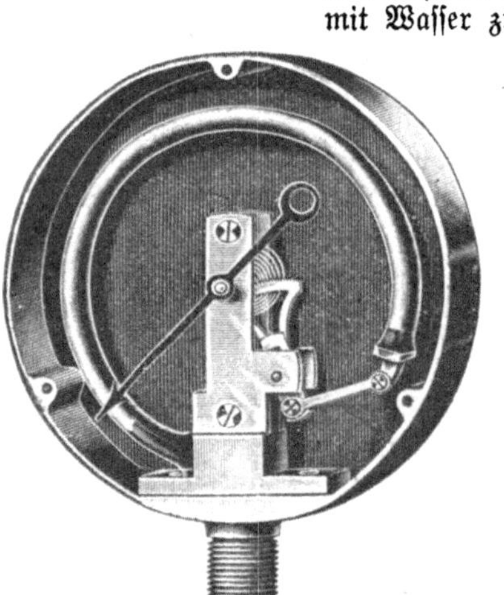

Fig. 110. Röhrenfedermanometer mit abgenommenem Zifferblatt von Dreyer, Rosenkranz & Droop, Hannover.

Um sich vor den Gefahren des Wassermangels im Kessel zu schützen, benutzt man noch verschiedene Apparate, die eine Dampfpfeife oder ein elektrisches Läutewerk selbsttätig in Gang setzen, sobald das Wasser im Kessel unter den festgesetzten zulässig niedrigsten Wasserstand gefallen ist. Der hierher gehörige **Blacksche Speiseruser** (Fig. 109) besteht aus einem senkrechten Rohr, dessen unteres Ende bis auf den niedrigsten Wasserstand im Kessel reicht, und welches am oberen Ende, etwa 1 Meter über dem Kessel einen Dreiweghahn trägt. An den Dreiweghahn ist nach oben in senkrechter Richtung eine Dampfpfeife angeschraubt und seitlich ein Schneckenrohr von etwa 35 Millimeter Durchmesser angeschlossen. Die Rohröffnung nach der Dampfpfeife ist durch eine Metallscheibe versperrt, die aus einer Legierung besteht, deren Schmelztemperatur einige Grad über 100° Celsius liegt. Taucht das untere Ende des Rohres in das Kesselwasser, so füllt es sich mit Wasser, welches aber infolge der großen Abkühlungsfläche des Schneckenrohres kühl bleibt. Sinkt jedoch der Wasserstand im Kessel unter das Rohrende herab, so füllt sich das Rohr mit Dampf und der Schmelzpfropfen vor der Dampfpfeife wird so heiß, daß er schmilzt und die Dampfpfeife ertönt. Bei den elektrischen Läuteapparaten wird das geschmolzene Metall in einem Näpfchen aufgefangen, wo es die Verbindung zwischen den Leitungsdrähten für eine elektrische Klingel herstellt, die alsdann ertönt. Die Apparate sind sämtlich so eingerichtet, daß die Schmelzpfropfen während des Betriebes ausgewechselt werden können. Bei Verstopfungen durch Kessel-

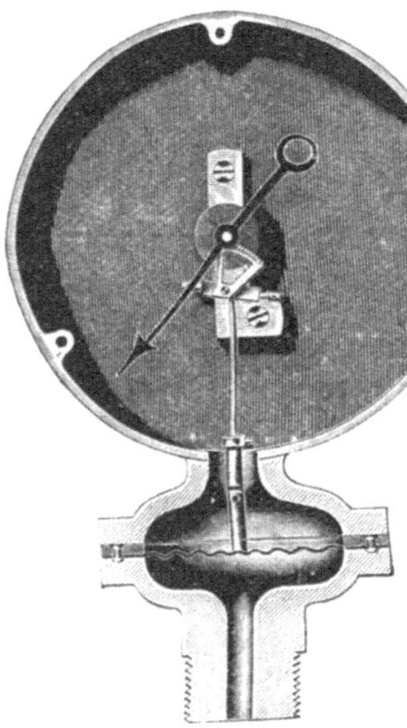

Fig. 111.

Fig. 112.

Plattenfedermanometer.

stein oder Schlamm ist ein Versagen der Apparate sehr leicht möglich. Sie müssen daher vom Heizer regelmäßig nachgesehen und ständig gut in Ordnung gehalten werden. Wegen der leichten Möglichkeit des Versagens sind sie auch nicht als gesetzliche Wasserstandsvorrichtungen anerkannt, infolgedessen sie auch keine allgemeine Verbreitung gefunden haben.

Die Manometer. Dieselben dienen zur Messung des Dampfdruckes im Kessel. Landkessel müssen ein, Schiffskessel zwei Manometer haben. Der festgesetzte höchste Kesseldruck ist am Manometer durch eine rote Strichmarke zu bezeichnen.

Früher verwendete man Quecksilbermanometer, bei denen der Dampfdruck nach der Höhe einer Quecksilbersäule in einem Glasrohre von etwa 8 Millimeter lichter Weite gemessen wurde. Für jede Atmosphäre müßte eine Glaslänge von 735 Millimeter zur Verfügung stehen. Bei einem Kesseldruck von 10 Atmosphären wäre demnach eine 7,35 Meter lange Glasröhre erforderlich, was für praktische Verhältnisse nicht ausführbar ist. Am oberen Ende des Meßrohres wurde ein Fangbehälter angebracht, der das Quecksilber aufnahm, wenn es bei einer Drucküberschreitung im Kessel aus dem Rohre getrieben wurde. Quecksilbermanometer werden nur noch angewendet, um Federmanometer zu prüfen und einzustellen (vgl. Fig. 53).

Beim Dampfkesselbetrieb werden nur noch Röhrenfeder- oder Plattenfedermanometer benutzt. Das Röhrenfedermanometer (Fig. 110), nach seinem Erfinder auch Bourdonsches Manometer genannt, hat eine hohle, spiralförmig gebogene Feder von ovalem Querschnitt, die mit dem einen offenen Ende an einen Messingschuh am Manometergehäuse fest angelötet ist, während das andere, zugelötete Ende sich frei bewegen kann. Tritt gespannter Dampf oder unter Druck stehendes Wasser in die Röhre, so sucht sie einen kreisförmigen Querschnitt anzunehmen und sich mehr oder weniger gerade zu strecken. Die dabei auftretende Bewegung des freien Endes der Röhrenfeder wird durch eine Lenkerstange und einen Zahnradbogen, der in ein Zahnrad auf der Zeigerachse greift, dazu benutzt, den Zeiger auf der Manometerskala hin und her zu bewegen. Bei besseren Manometern wird die Röhrenfeder aus einer harten Silberkomposition, bei gewöhnlichen Manometern aus Stahl oder einer Kupferlegierung hergestellt. Bei Manometern für hohen Druck wird zur Erhöhung der Federkraft an der Röhrenfeder noch eine Feder aus gehärtetem Flachstahl angebracht.

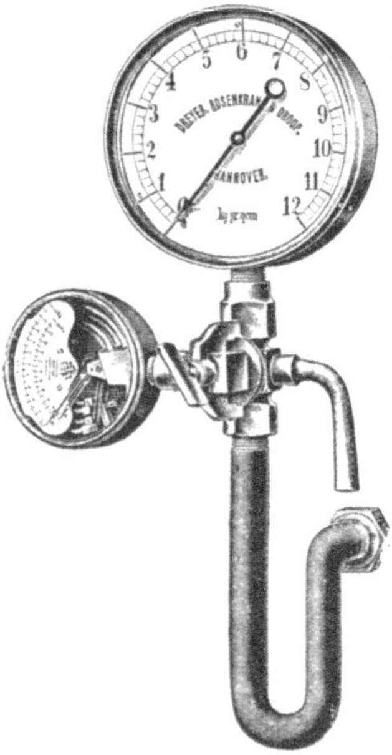
Fig. 113. Kesselmanometer mit dem amtlichen Kontrollmanometer.

Bei dem Plattenfedermanometer (Fig. 111 und 112) wirkt der Dampfdruck auf eine aus dünnem Stahlblech hergestellte Plattenfeder, die zwischen zwei Flanschen eingespannt und zur Erhöhung der Elastizität mit ringförmigen Wellen versehen ist. Der Dampfdruck wirkt nur auf die untere Seite dieser Membranfeder und biegt sie nach oben durch. Diese Durchbiegung benutzt man zur Bewegung des Manometerzeigers, indem man auf die Mitte der oberen Seite der Plattenfeder eine Säule lötet, die, wie beim Bourdonschen Manometer, durch eine Lenkerstange und einen Zahnradbogen die Zeigerachse in drehende Bewegung versetzt.

Zur Vermeidung des toten Ganges in den Gelenken und Zahnradübertragungen bringt man bei allen Federmanometern eine kleine Spiralfeder auf der Zeigerachse an. Die Manometer müssen vor zu hoher Erwärmung geschützt werden, da die Federn durch hohe Wärme ihre Elastizität verlieren und bald falsch anzeigen. Man befestigt sie deshalb an einer vor Wärme geschützten Stelle des Kesselhauses und schaltet außerdem in ihre Rohrleitung einen sogenannten Wassersack ein, der aus einem U- oder trompetenförmig gebogenen Rohre besteht. Um das Rosten der Feder zu verhüten, überzieht man sie auf der unteren Seite mit einer Kupfer- oder Silberschicht. Man kann aber auch die Röhrenfeder zum Schutze gegen Rosten mit Glyzerin füllen; in diesem Falle müssen sie aber hängend angeschraubt sein, damit das Glyzerin nicht herauslaufen kann. An jedem Manometer ist ferner ein sogenannter Kontrollflansch zum Anschrauben des amtlichen Kontrollmanometers des staatlichen Aufsichtsbeamten vorgeschrieben (Fig. 113). Mit dem Kontrollflansch ist ein Dreiweghahn verbunden, der zugleich zum öfteren Ausblasen des Dampfrohres vom Manometer dient. Die Rohrleitung, welche das Manometer mit dem Kessel verbindet, sollte stets am Kessel ein Absperrventil erhalten und zweckmäßigerweise aus Kupfer hergestellt sein. Gasrohr ist hierzu weniger geeignet, weil die Rostbildung im Innern häufig zu Verstopfungen im Rohre oder in den Manometerhähnchen Anlaß gibt.

Die Plattenfeder wird durch Erwärmen leichter beschädigt als die Röhrenfeder; auch verwirft sie sich bei einseitiger Erwärmung, und das Manometer zeigt dann falsch. Ungenauigkeiten im inneren Werk des Plattenmanometers (toter Gang) machen sich ferner stärker bemerkbar, da die Übersetzung von der Feder auf den Zeiger ungefähr 1:70 beträgt, gegenüber 1:2 beim Röhrenfedermanometer. Außerdem ist die Plattenfeder in der Anzeige bedeutend träger als die Röhrenfeder. Wenn z. B. nach längerer Entlastung Druck zugelassen wird, zeigt die Röhrenfeder sofort den richtigen Druck an, die Plattenfeder dagegen erst nach mehrmaliger Belastung. Eine gleiche Verzögerung in umgedrehter Reihenfolge tritt bei starkem Fallen des Dampfdruckes ein. Die Röhrenfedermanometer haben demnach vor dem an sich billigeren Plattenfedermanometer den großen Vorzug des besseren Funktionierens.

Dem Dreiweghahn muß der Heizer besondere Aufmerksamkeit schenken. Namentlich muß er darauf achten, daß die Durchbohrungen des Hahnes deutlich durch Teilstriche auf dem Hahnkegel gekennzeichnet sind.

Geht das Manometer falsch, geht z. B. der Zeiger nicht auf den Nullpunkt zurück, so muß man zunächst versuchen, den Fehler durch Drehen des Zifferblattes zu beheben. Man darf die Manometer nicht für zu hohen Druck benutzen und auch nicht plötzlichen Druckschwankungen, wie sie etwa in Speiseleitungen dicht hinter der Pumpe auftreten, aussetzen, da hierdurch die Federn beschädigt werden. Bei hohen Dampfkesseln muß das Manometer hoch angebracht werden; wird es tief angebracht, so bewirkt die in dem Manometerrohr stehende Wassersäule ein Voreilen des Manometers, was für je 1 Meter

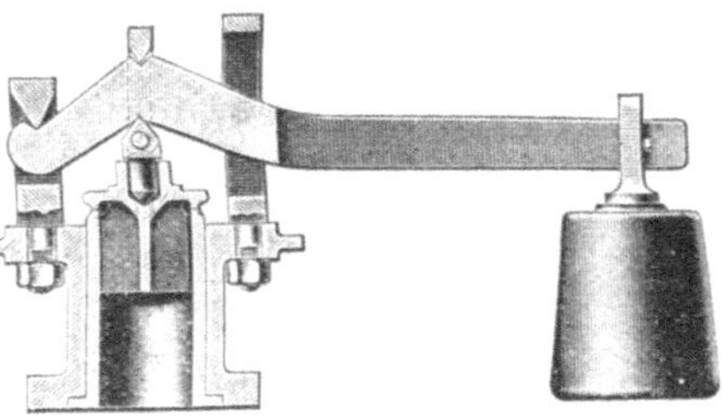

Fig. 114.

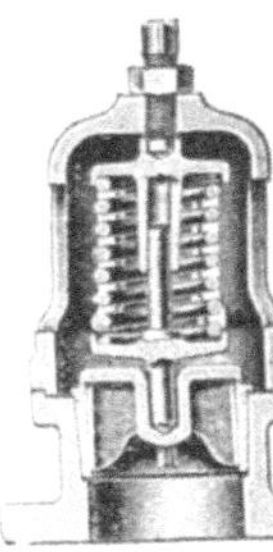

Fig. 115.

Normale Sicherheitsventile.

senkrechte Rohrlänge $^1/_{10}$ Atmosphäre beträgt. Die Manometerfabriken leisten für ihre Manometer Garantie unter der Bedingung, daß die Manometer nicht von anderen Personen geöffnet werden; zur Kontrolle hierüber bringen sie an jedem Manometer eine plombierte Garantieschnur an. Nach reichsgesetzlicher Vorschrift müssen die Kesselmanometer bei Betriebsdrucken bis zu 10 Atmosphären mindestens für den halben, bei Kesseldrucken über 10 Atmosphären mindestens für 5 Atmosphären mehr ausreichen.

Die Sicherheitsventile sollen, wie schon der Name sagt, der Sicherheit beim Kesselbetrieb dienen und zu hohen Dampfdruck im Kessel verhüten. Das Sicherheitsventil muß daher abblasen, sobald der höchste zulässige Dampfdruck überschritten wird. Das dabei entstehende Geräusch ist zugleich ein Warnungssignal für den Heizer, der hierauf die Dampferzeugung durch Anstellen der Speisepumpe oder durch Verminderung des Essenzuges hemmen muß. Nach den gesetzlichen Vorschriften muß jeder feststehende Dampfkessel mindestens ein Sicherheitsventil, bewegliche Dampfkessel und Schiffskessel müssen zwei haben.

Werden die Sicherheitsventile durch ein Gewicht oder eine Feder belastet, die an einem Hebel wirken, so nennt man die Belastung indirekt. Die Gewichtsbelastung (Fig. 114) hat den Vorteil, daß sie einfach ist und keiner Nachstellung bedarf, wie die

Federbelastung, bei welcher die Feder zeitweilig nachgespannt werden muß. Sicherheitsventile für Überhitzer und für fahrbare Kessel (Krane, Lokomotiven, Straßenwalzen) rüstet man jedoch wegen der größeren Unempfindlichkeit gegen den Rückstoß des Dampfes in der Dampfmaschine und gegen die beim Fahren des Kessels auftretenden Erschütterungen mit Federbelastung aus (Fig. 115). Das Belastungsgewicht hängt in einer Kerbe auf dem Hebel und wird durch eingebohrte Splinte gegen jede Verschiebung gesichert. Bei Sicherheitsventilen mit Federbelastung ist ein Anspannen der Feder über den zulässigen Druck hinaus durch eine Sperrhülse zu verhüten. Die Sicherheitsventile müssen sich während des Betriebes durch Anheben lüften und die Ventilteller auf dem Sitze drehen lassen. Man versieht deshalb die Ventilteller mit einem Sechs- oder Vierkant für einen Schraubenschlüssel. Sicherheitsventile für Schiffskessel, Lokomotiven und sonstige fahrbare Kessel werden auch mit direkter Federbelastung aus-

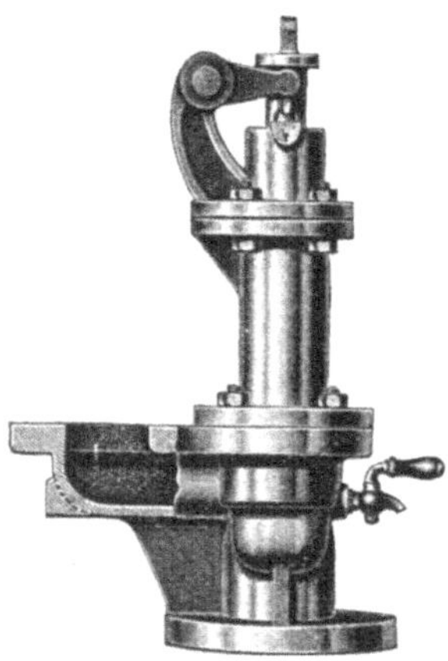

Fig. 116.

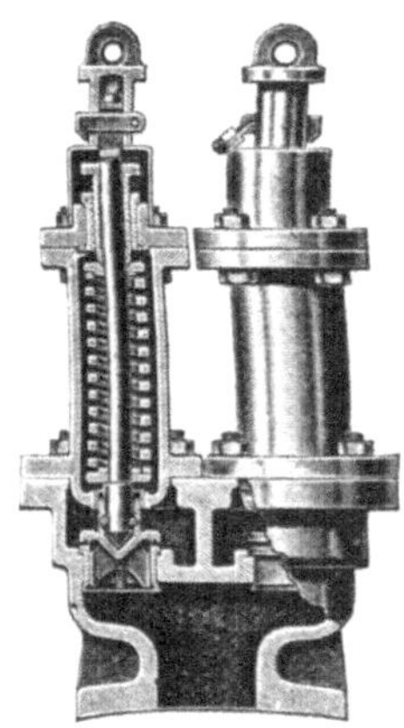

Fig. 117.

Sicherheitsventile mit direkter Federbelastung für Schiffskessel.

geführt, d. h. die Feder wirkt nicht an einem Hebel, sondern sitzt unmittelbar auf dem Ventilteller. An derartigen Ventilen wird eine Zugstange angebracht, mit der man das Ventil lüften kann (Fig. 116, 117).

Zum Unterschiede von den gewöhnlichen Sicherheitsventilen gibt es noch **Vollhubventile.** Dieselben haben über dem eigentlichen Ventilteller noch eine angegossene volle Scheibe, die einen größeren Durchmesser als der Ventilteller hat (Fig. 118). Das Ventilgehäuse ist bis an die obere Kante dieses Tellers verlängert, läßt aber einen Zwischenraum von einigen Millimetern frei. Bei einer geringen Drucküberschreitung im Kessel hebt sich der Ventilteller nur wenig; wird der Überdruck aber größer, so strömt der austretende Dampf so heftig gegen jene Scheibe an dem Ventilteller, daß letzterer sehr hoch gehoben wird und das Ventil stark abbläst. Damit der Ventilteller nicht zu hoch gehoben wird, darf das Ventilgehäuse bei geschlossenem Sicherheitsventil nicht zu viel über die mehrfach erwähnte Scheibe hinausragen. Bei dem auf Lokomotiven, Dampfbooten usw. häufig angewandten Popschen Vollhub-Sicherheitsventil (Fig. 119 und 120) ist durch die Verstellbarkeit eines den Ventilsitz und den Ventilkegel umschließenden Ringes die Vollhubperiode veränderlich gemacht. Beim Hochschrauben des Ringes wird der freie Ausweg für den Dampf enger, so daß der volle Hub des Sicherheitsventiles zeitiger eintritt und auch beim Zurückgehen des Dampfdruckes der Ventilschluß präziser einsetzt. Die Vollhubventile haben den Vorteil, daß sie einen kleineren Durchmesser haben können und infolgedessen billiger sind als gewöhnliche Sicherheitsventile. Nähere Vorschriften über den erforderlichen Querschnitt der Sicherheitsventile sind im Dampfkesselgesetz gegeben.

Bläst ein Sicherheitsventil vorzeitig ab, so sind entweder die Sitzflächen beschädigt oder das Ventil liegt nicht wagerecht, oder die Gelenke der Hebel und die Führungs-

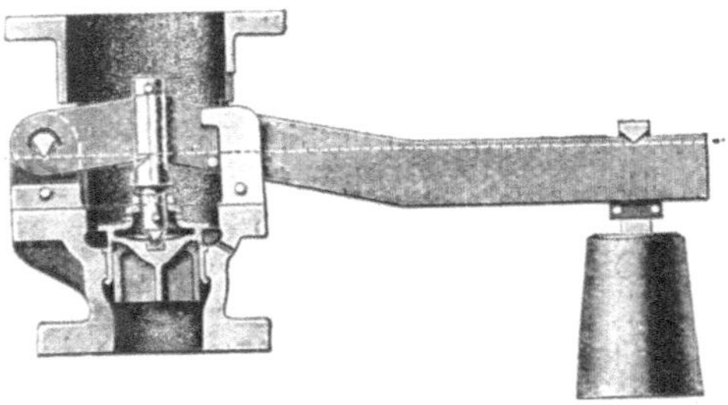

Fig. 118. Vollhubsicherheits-Ventil.

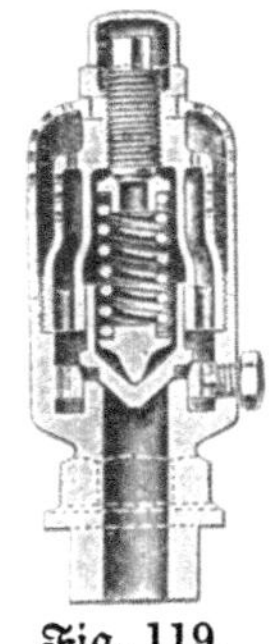

Fig. 119. Fig. 120.
Popsches Sicherheitsventil mit verstellbarem Vollhub für Lokomotiven.

flügel des Ventiltellers klemmen. Gänzlich unzulässig ist es, die Belastung oder die Hebellängen zu ändern, was nur die zuständigen behördlichen Aufsichtsbeamten vornehmen dürfen. Ein gut in Ordnung gehaltenes Sicherheitsventil hebt sich in der Nähe des höchsten Kesseldruckes durch einen geringen Druck der Hand und schließt sich beim Loslassen der Hand von selbst wieder. Die Führungsflügel des Ventiltellers sollen in der Durchgangsöffnung des Ventils etwa $^1/_2$ Millimeter Spielraum haben. Die Sicherheitsventile werden am besten an der höchsten Stelle des Dampfraumes, z. B. an einem Stutzen des Dampfdomes angebracht. Befinden sie sich an einer tiefen, dem Wasserspiegel im Kessel nähergelegenen Stelle, so kann namentlich beim Abblasen der Vollhubventile aus dem Kessel Wasser mit fortgerissen werden.

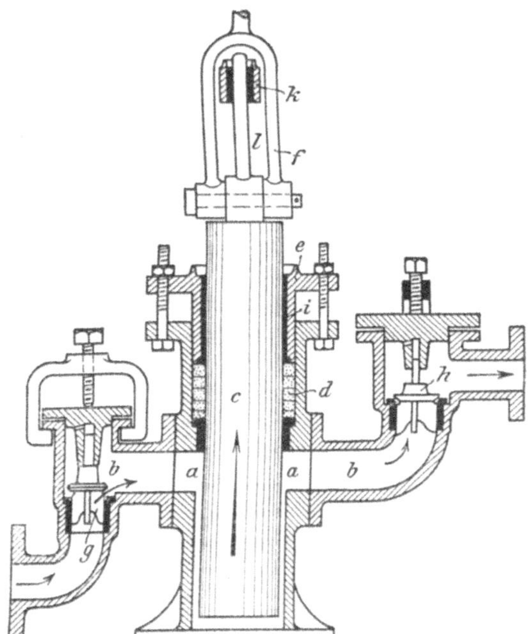

Fig. 121. Einfachwirkende Speisepumpe.

Die Speisevorrichtungen. Dieselben haben den Zweck, das verdampfte Wasser im Kessel wieder zu ersetzen. Nach dem Dampfkesselgesetz muß jeder Dampfkessel mindestens zwei Speisevorrichtungen haben, die nicht von derselben Betriebsvorrichtung (Dampfmaschine) abhängig sein dürfen. Zwei von derselben Dampfmaschine angetriebene Transmissionspumpen sind demnach unzulässig, eine der beiden Speisevorrichtungen muß eine Dampfpumpe oder ein Injektor sein. Zulässig sind natürlich auch zwei Injektoren oder zwei Dampfpumpen. Jede Speisepumpe muß ferner doppelt so viel Wasser in den Kessel speisen können, als der Kessel in normalem Betriebe verdampft. Bei Maschinenspeisungen genügt die $1^1/_2$fache Leistungsfähigkeit. Handpumpen dürfen nur für Dampfkessel verwendet werden, wenn Heizfläche in Quadratmetern mal Kesseldruck in Atmosphären nicht größer als 120 ist. Die Speisevorrichtungen sind ständig betriebsbereit zu halten und abwechselnd zu benutzen.

Die einfachwirkende Speisepumpe mit Pumpenkolben (Fig. 121). Dieselbe besteht aus dem Pumpenzylinder a und den angeschraubten Ventilgehäusen b. In dem Pumpenzylinder geht der massive Kolben c auf und nieder; die Stopfbüchse d schließt den Pumpenkolben und den Pumpenstiefel wasser- und luftdicht ab. Der dichte Abschluß des Kolbens wird durch geflochtene mit Talg eingefettete Hanfzöpfe erzielt, die in die Stopfbüchse eingelegt und mittels zweier Schrauben und der sogenannten Stopfbüchsenbrille e zusammengepreßt werden. Die Bewegung des Kolbens wird durch einen rotierenden Exzenter, mit dem er durch die Zugstange f verbunden ist, erzeugt. In dem Ventilgehäuse befinden sich zwei mit Führungen versehene selbsttätige Ventile aus Rotguß, von denen das eine, das Saugventil g, nach der Saugrohrleitung, das andere, das Druckventil h, nach der Druckrohrleitung führt. Beim Aufwärtsgange des Kolbens entsteht in dem Pumpengehäuse ein luftleerer Raum; das Druckventil setzt sich infolgedessen fest auf seinen Sitz auf und schließt die Druckleitung nach dem Kessel ab, während sich das Saugventil öffnet und in das Pumpengehäuse Wasser eintreten läßt. Bei seinem Abwärtsgange drückt der Kolben auf das im Pumpenzylinder stehende Wasser, das Saugventil wird geschlossen und das Wasser aus dem Pumpenstiefel durch das geöffnete Druckventil in die Speiseleitung und in den Kessel gepreßt. Da auf jede Kolbenbewegung nur eine Wirkung, entweder eine Saug- oder Druckwirkung kommt, nennt man diese Art Pumpen einfachwirkend.

Die einfachwirkenden Pumpen sind durchgängig Plunger- (= Tauchkolben-) pumpen. Sie werden für Maschinen- und Transmissionsantrieb und auch als Dampfpumpen ausgeführt und zeichnen sich durch sicheres Funktionieren aus. Mitunter ist nach jahrelangem Gebrauch infolge ungleichmäßiger Abnutzung die Stopfbüchse nicht mehr in dichtem Zustand zu erhalten. Der Pumpenkolben ist dann auf der Drehbank abzudrehen und die Stopfbüchse dem verkleinerten Kolbendurchmesser entsprechend neu auszubuchsen. Die Führungen für den Kolben macht man aus Rotguß oder Messing, einesteils zur Verhütung des Rostes, andererseits auch der geringen Abnutzung wegen, da Reibungsflächen von Gußeisen auf Gußeisen oder Gußeisen auf Schmiedeeisen zu stark verschleißen. Zur sicheren Führung erhalten die Ventilkegel unter dem Führungssitze angegossene Führungsflügel und über dem Ventilsitz einen angegossenen senkrechten Stift, der in einer ausgebohrten Verlängerung des Gehäusedeckels über dem Ventile läuft. Schlägt ein Ventil beim Hubwechsel der Pumpe zu hart auf dem Sitze auf, so ist die Hubhöhe des Ventilkegels durch einen Metall- oder Lederring über dem Führungsstift zu verringern. Die Hubhöhe der Ventilkegel soll $^1/_8$ bis $^1/_4$ des lichten Ventildurchmessers betragen; sie muß um so kleiner sein, je schneller die Pumpe arbeitet. Läuft die Pumpe schnell, oder wählt man eine größere Hubhöhe, so bringt man auf den Ventilkegeln Spiralfedern an, die beim Hubwechsel des Kolbens einen schnellen Abschluß der Ventile bewirken. Die Spiralfedern an den Saugventilen verringern die Saugkraft der Pumpe und dürfen bei großer Saughöhe der Pumpe nicht zu stark gespannt sein, da die Pumpe sonst leicht versagt. Im allgemeinen ist es auch nicht gebräuchlich, den schnelleren Abschluß des Saugventils durch eine darauf lastende Feder zu beschleunigen. Wendet man daher wirklich einmal solche Federn auf dem Saugventile an, so muß man darauf achten, daß sie den Ventilkegel in geschlossenem Zustande nicht zu sehr belasten.

Die **Dreiplungerpumpe** (Fig. 122) hat drei um 180° versetzte Kurbeln. Infolge dieser Kurbelanordnung arbeitet die Pumpe stoßfrei und liefert einen gleichmäßigen Wasserstrahl. Zur Regulierung der Leistung werden der Saugraum und der Druckraum der Pumpe durch ein Rohr (in der Fig. seitlich rechts) miteinander verbunden, in welches ein Absperrventil eingebaut ist. Je nachdem man letzteres mehr oder weniger öffnet, läuft beim Niedergange der Kolben ein Teil des geförderten Wassers aus dem Druckraum in den Saugraum der Pumpe zurück und verändert sich die in den Kessel gespeiste Wassermenge. Mit einer derartigen Umlaufvorrichtung ausgerüstete Pumpen können daher während der Betriebszeit des Kessels ununterbrochen im Gange und hierdurch der Wasserstand im Kessel auf gleichmäßiger Höhe gehalten werden.

Fig. 122. Dreiplungerpumpe mit Umlaufvorrichtung.

Die **Dampfpumpen** werden mit und ohne Schwungrad ausgeführt. Die schwungradlosen Dampfpumpen haben weite Verbreitung gefunden. Sie besitzen wenig bewegte Teile und lassen sich auf schnellen und sehr langsamen Gang einstellen, so daß die geförderte Wassermenge in weiten Grenzen veränderlich ist und die Pumpen sich auch für ununterbrochene Kesselspeisung eignen. Da der Kolben ein Scheibenkolben ist und bei jeder Bewegung auf der einen Seite eine Saugwirkung und auf der anderen Seite gleichzeitig eine Druckwirkung erzeugt, nennt man derartige Pumpen doppeltwirkend.

Bedingung für das sichere Arbeiten einer Pumpe ist, daß die Kolben, die Ventile und die Saugrohre luftdicht schließen. Störungen können eintreten, wenn die gangbaren Pumpenteile abgenutzt sind, das Speisewasser zu heiß und die Saughöhe zu groß ist. Am unteren Ende des Saugrohres bringt man bei Pumpen einen Saugkorb mit einem Tellerventil oder einer Gummiplatte an (Fig. 123). Der Saugkorb hat den Zweck, das Ansaugen von Schlamm und Holzteilen zu verhüten. Ist das Wasser sehr schlammig, so ist er öfters herauszuziehen und samt dem Fußventil zu reinigen. Das Fußventil oder die Gummiklappe bewirken, daß das Wasser im Saugrohr stehen bleibt und die Pumpe bei der Ingangsetzung sofort ansaugt. Saugt die Pumpe schwer an, so schließt man das Absperrventil in der Speiseleitung, öffnet das Pumpengehäuse, gießt letzteres voll Wasser und setzt, nachdem man das Pumpengehäuse wieder verschlossen hat, die Pumpe in Bewegung. Um die Pumpe schnell nachsehen und innen reinigen zu können, müssen die Schraubenverschlüsse der Pumpengehäuse leicht zugänglich angeordnet sein. Die Saughöhe der Pumpe ist von der Temperatur des Wassers abhängig; je wärmer das Wasser ist, um so kleiner muß sie sein. Bei kaltem Wasser beträgt sie theoretisch 10 Meter, in der Praxis darf sie aber nicht größer als 8 Meter sein. Das Nähere über die Saugwirkung der Pumpe ist bereits früher bei der Besprechung über die Messung des Luftdruckes erörtert worden (S. 71).

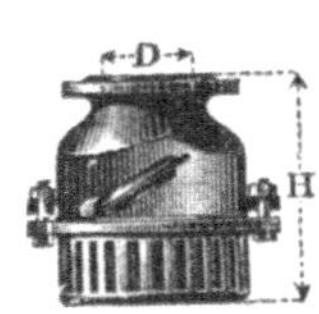

Fig. 123. Saugkorb mit Tellerventil.

Die Dampfstrahlpumpen oder Injektoren. Dieselben sind wegen ihrer Einfachheit und Zuverlässigkeit vielfach angewendet. Der Dampf tritt an der Stelle d in den Injektor (Fig. 124). Wird die Ventilspindel herausgeschraubt, so strömt der Dampf durch die Düse a und erzeugt im Injektorgehäuse eine Luftverdünnung, durch die das Wasser aus der Saugleitung e angesaugt wird. Das angesaugte Wasser wirkt kondensierend auf den Dampf, vergrößert hierdurch die Luftleere und die Saugwirkung, vermischt sich in der Düse b mit dem Dampf zu einem heißen Wasserstrahl, der mit großer Geschwindigkeit aus der Düse heraustritt, anfangs zerstreut ist und durch das Überlaufrohr f, das sogenannte Schlabberrohr, entweicht. Allmählich dringt jedoch der Wasserstrahl in die Fangdüse c ein, setzt infolge der allmählichen Erweiterung dieser Düse seine Geschwindigkeit in Druck um und ist schließlich imstande, das bei h angebrachte Rückschlagventil zu öffnen, und tritt in den Kessel ein. Der Überlauf des Wassers durch das Schlabberrohr hört nahezu auf, bis schließlich beim weiteren Öffnen des Dampfzuflusses gar kein Wasser mehr aus dem Schlabberrohr herauskommt. Die Düse a *nennt man* die Dampfdüse, die Düse b die Mischdüse und die Düse c die Druckdüse. Der Injektor ist langsam in Gang zu setzen, und es darf namentlich nicht mehr Dampf, als nötig, zugeführt werden. Die Dampfdüse muß verstellbar sein und ist während des Ansaugens zunächst wenig Dampf zuströmen lassen. Saugt der Injektor an, so muß durch weiteres Herausdrehen der Regulierspindel noch mehr Dampf in den Injektor hineingelassen werden, bis das Wasser vom Dampfstrahl in den Kessel gedrückt wird.

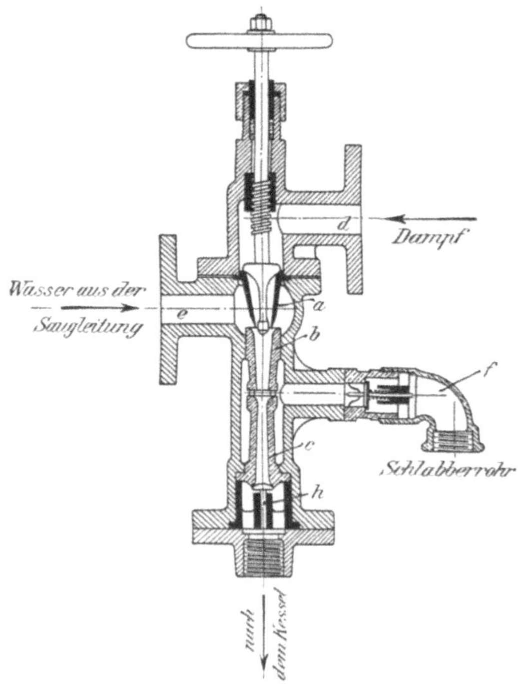

Fig. 124. Der einfache Injektor.

Damit sich die allmähliche Steigerung des Dampfverbrauches besser erreichen läßt, macht man die Regulierspindel unten konisch, so daß beim Herausdrehen die Öffnung der Dampfdüse nur allmählich Dampf frei gibt.

Fließt dem Injektor das Speisewasser zu, fällt also die Arbeit des Ansaugens fort, so wird auch die Stellvorrichtung der Dampfdüse überflüssig und der Injektor wesentlich einfacher. Solche einfache, nichtsaugende Injektoren mit festen Düsen werden gewöhnlich bei Lokomotiven verwendet. Bei einem derartigen Injektor (dem Schauschen Injektor) sind die Misch- und Überdruckdüse in der Mitte zusammengegossen und haben an der Verbindungsstelle schlitzförmige Öffnungen, durch welche das Überlaufwasser abfließen kann.

Der Körtingsche Universal-Injektor (Fig. 125 bis 127) bildet eine Vereinigung von zwei Injektoren, von denen der eine das Wasser anzusaugen und der zweite das angesaugte Wasser in den Kessel zu drücken hat. Infolgedessen kann bei ihm die Saughöhe wesentlich größer und das Speisewasser wärmer sein als beim einfachen Injektor. Man nennt ihn auch einen doppeltwirkenden Injektor. Die Düsen a_1 und a_2 sind die beiden Dampfdüsen; b_1 und b_2 die zugehörigen Mischdüsen. Zur Inbetriebnahme des

Injektors ist nur eine langsame Bewegung des auf den Hahn c gesteckten Hebels d von rechts nach links erforderlich. Wird der Hebel in der Richtung des Pfeiles bewegt, so schiebt sich die Stange e nach oben. Das untere Ende dieser Stange gleitet nämlich mittels eines kleinen Zapfens in einer spiralförmigen Nute der mit dem Hebel verbunden Scheibe f. Mit der Stange e wird aber auch zugleich die Stange g gehoben, die durch eine Stopfbüchse hindurch in den oberen Teil des Injektorgehäuses geführt ist und dort zwei um einen Bolzen frei bewegliche Balanciers h trägt. Die Balanciers haben nach den Seiten zu Schlitze, in die zwei durch die Dampfventile i_1 und i_2 gestützte Bolzen geführt sind. Das Ventil i_1 hat einen kleineren Durchmesser als das Ventil i_2. Letzteres hat außerdem unten einen zugespitzten Ansatz, welcher, wie beim einfachen Injektor, die Öffnung der Düse reguliert. Da die Ventile nicht gleich groß sind, werden sie durch den Druck des Dampfes, der dem Injektor durch das Rohr k zuströmt, ungleich belastet. Geht die Stange g in die Höhe, so öffnet sich zunächst das kleine, weniger belastete Ventil i_1 des ersten Injektors, und letzterer beginnt mit dem Ansaugen des durch das Saugrohr l eintretenden Wassers. Erst wenn das Ventil i_1 ganz geöffnet ist und sein Stiel oben im Injektorgehäuse anstößt, hebt sich bei der Weiterbewegung des Hebels d das Ventil i_2 des Druckinjektors und setzt letzteren in Tätigkeit. Im unteren Teile des Injektors haben sich inzwischen folgende Vorgänge abgespielt: Anfänglich steht der Hahn c so, daß das angesaugte Wasser durch das Schlaberrohr ablaufen konnte. Gleichzeitig mit dem Ingangsetzen der zweiten Injektorhälfte schließt sich aber der Hahn c so weit, daß das angesaugte Wasser durch die im unteren Teile der Düse b_1 angebrachten schlitzförmigen Öffnungen nach der Mischdüse b_2 strömen muß. Der Hahn c stellt sich hierbei so ein, daß das Wasser aus der Düse b zunächst durch das Schlabberrohr entweichen kann. Allmählich wird aber der Hahn c auch auf dieser Seite geschlossen, und das Wasser dringt endlich durch die unteren Schlitze der Düse b_2 und durch das Rückschlagventil m hindurch in die Druckleitung und in den Kessel ein.

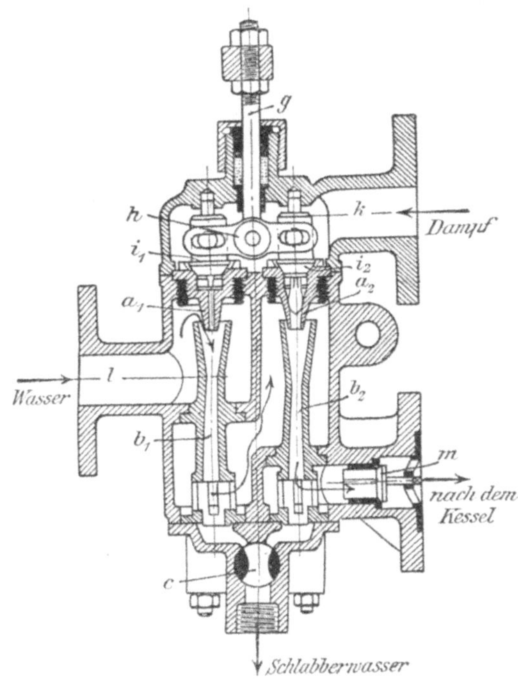

Fig. 125. Körtingscher Universal-Injektor.

Beim Einstellen des Injektors muß der Hebel in seiner Endstellung an der Knagge anliegen und die beiden im Innern befindlichen Ventile fest auf den Sitz drücken, daß sie schließen. Sind diese Ventile bereits geschlossen, ehe der Hebel an der Knagge anliegt, so kann beim Ingangsetzen des Injektors nicht der volle Hub des Exzenters, auf dem der Hebel sitzt, ausgenutzt werden, und es wird dann insbesondere das Ventil für die Druckseite nicht genügend gehoben, so daß sogar das Versagen des Injektors möglich ist. Aus demselben Grunde darf auch beim Abschrauben des oberen Injektorteiles nur eine dünne Papierscheibe und keine dicke Asbestplatte zum Abdichten verwendet werden.

Ist der Hebel umgelegt und das Ventil in der Dampfleitung vom Kessel geöffnet, so darf aus dem Injektor kein Dampf herauskommen, da andernfalls die Ventile in demselben undicht sind und der Injektor schwer in Gang zu setzen ist oder leicht versagt.

Der ganze Vorgang vollzieht sich sehr schnell, so daß der Heizer nur nötig hat, den Hebel d langsam von einer Seite nach der anderen zu bewegen und hierbei auf das richtige Ansaugen des Injektors zu achten. Während der Ansaugperiode ist der Hebel leicht zu drehen; sobald aber das Druckventil i_2 gehoben werden muß, geht er schwerer. Diese Injektoren wirken sehr zuverlässig. Sie saugen kaltes Wasser bis $6^1/_2$ Meter, 60^0 Celsius warmes Wasser noch 2 Meter hoch an. Fließt ihnen das Wasser

Fig. 126.

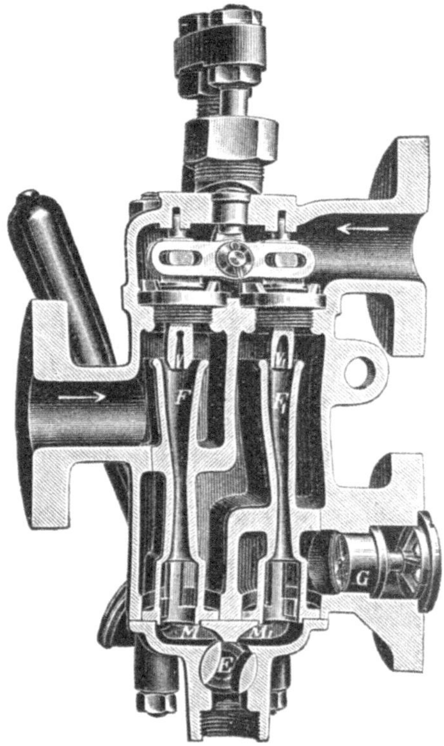

Fig. 127.

Körtingscher Universal-Injektor.

zu, so kann die Temperatur des Speisewassers bis zu 70^0 Celsius betragen; sie führen es dann weit über 100^0 erhitzt dem Kessel zu.

Der Restarting-Injektor. Er heißt (Restarting-Windansaug-)Injektor, weil er selbsttätig wieder ansaugt und von selbst weiter arbeitet, wenn er einmal abschnappt. b ist die Dampfdüse, die oben durch das Ventil a abgeschlossen ist, c die Mischdüse und d die Überdruckdüse. Das Rohr e ist die Dampfzuleitung, das Rohr f die Saugleitung nach dem Brunnen, das Rohr k die Druckleitung nach dem Kessel. Dreht man den Hebel (siehe Fig. 128, 129), so bewegt sich der Zapfen l in die Höhe und hebt den Ventilkörper a zugleich mit der daran angebrachten Regulierspitze. Der Injektor beginnt zu saugen und drückt das Wasser durch die Mischdüse c und die Druckdüse d nach dem Kessel, wobei das Rückschlagventil i geöffnet wird. Die Mischdüse c hat nun eine Klappe n, die um den Bolzen o nach außen aufklappen kann, und während des regelrechten Ganges des Injektors geschlossen ist. Versagt der Injektor während der Speisung, so braucht er infolge dieser Klappe nicht von neuem angestellt zu werden, sondern er saugt von neuem wieder an. Da beim Ansaugen aber weniger Dampf gebraucht wird, die Dampfzuströmung beim Abschnappen des Injektors aber dieselbe bleibt, muß der überflüssige Dampf bequem entweichen können. Diesem Zwecke dient die Klappe n. Sobald der Injektor während des vollen Ganges versagt, klappt sie auf und öffnet dem überschüssigen Dampf und Wasser einen freien Austritt durch das Schlabberventil h. In dem Maße, in dem der Injektor nun wieder zu arbeiten beginnt, wird die Klappe n wieder angesaugt, so daß die Mischdüse c die Form einer ungeteilten Düse annimmt und

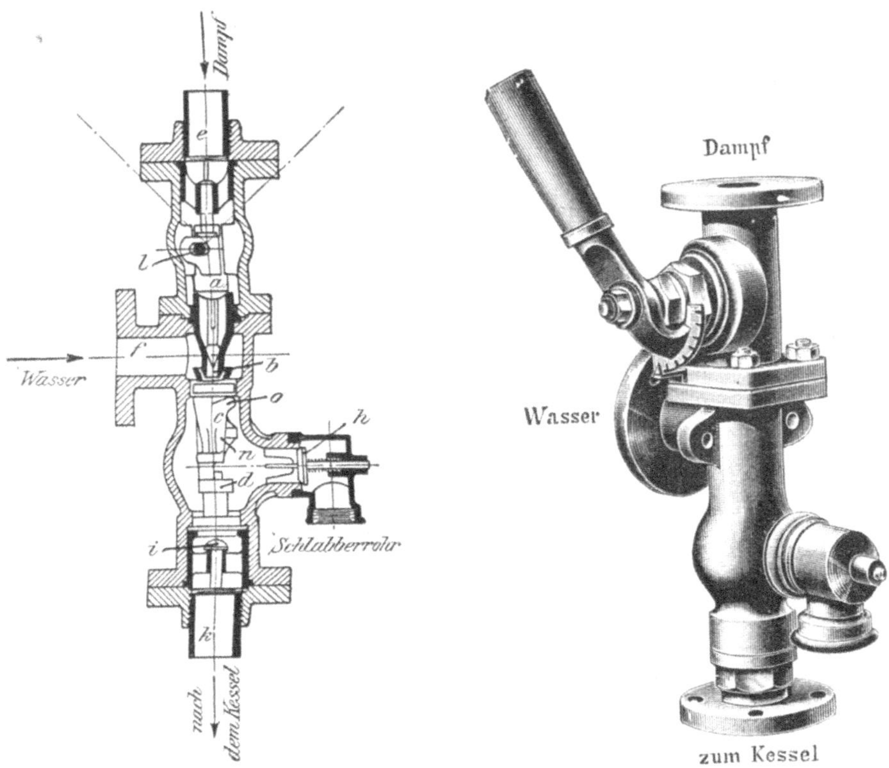

Fig. 128. Fig. 129.

Restarting-Injektor.

das Wasser durch die Druckdüse c und das Rückschlagventil i in die Speiseleitung nach dem Kessel dringt. Bei den Restarting-Injektoren kann man sogar die Saugleitung aus dem Wasser heben; sobald man sie wieder unter Wasser hält, arbeitet der Injektor weiter. Der Restarting-Injektor muß entweder liegend mit nach oben gekehrter Klappe oder stehend eingebaut werden.

Versagt ein Injektor, so kann dies an zu heißem Speisewasser oder zu großer Saughöhe liegen. Fußventile am unteren Ende des Saugrohres sind, da sie das Ansaugen erschweren, beim Injektor zu vermeiden. Alle Rohrleitungen für Kesseldampf und Wasser sowie alle in die Rohrleitungen eingeschalteten Ventile und Hähne müssen den vollen freien Querschnitt der Rohre haben. Besonders ist darauf zu achten, daß die Rohre nicht durch zu wenig ausgeschnittene Gummidichtungen oder durch Kesselstein verengt sind. Alle Rohre müssen möglichst gerade sein, erforderliche Krümmungen sind in schlanken Bogen auszuführen. Sind scharfe Ecken in den Rohrleitungen vorhanden, so stößt sich das Wasser, und es ist unnötig viel Reibungswiderstand zu überwinden. Hat sich in den Düsen Kesselstein angesetzt, so sind sie sorgfältig herauszunehmen. Beim Reinigen dürfen sie nicht beschädigt werden, da grobe Beschädigungen der Düsenbohrung den Injektor untauglich machen. Einige Firmen empfehlen die Reinigung der Düsen vom Kesselstein mittels verdünnter Salzsäure. Die Injektoren werden für bestimmte Betriebsdrucke gebaut; fehlt der notwendige Druck, so arbeitet der Injektor nicht. Bei der Untersuchung eines versagenden Injektors ist zu beachten, daß er durch die Kondensation des Betriebsdampfes, welche durch das angesaugte Speisewasser bewirkt wird, wirken muß. Ist das Speisewasser zu heiß, so wird diese

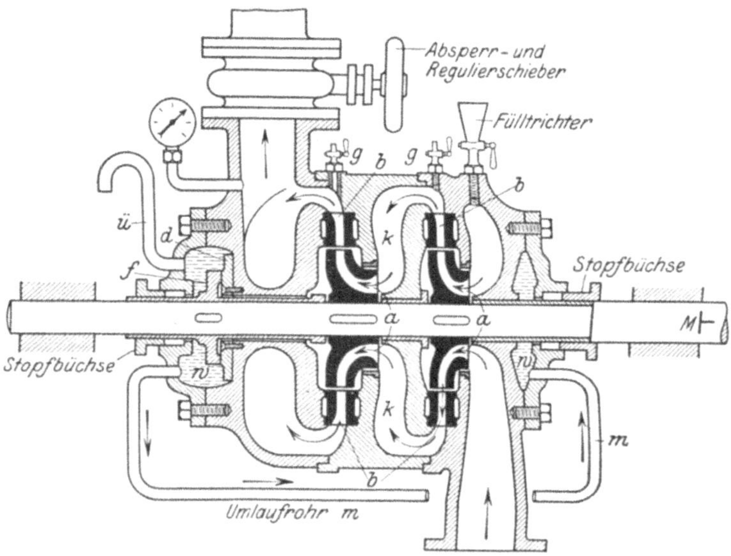

Fig. 130. Zweistufige Kreiselpumpe.

Kondensation unvollständig und der äußere Luftdruck vermag dann das Speisewasser nicht nachzudrücken.

Die Zentrifugal- oder Kreiselpumpen werden bei größeren Kesselanlagen als Speisevorrichtungen verwendet. Die Wasserförderung wird durch die mit sehr hoher Umdrehungszahl (bis zu 3000 in der Minute) umlaufenden Schleuderräder a (Fig. 130) bewirkt. Die Zahl der Schleuderräder ist verschieden, es gibt auch Kesselspeisepumpen für 15 Atmosphären Betriebsdruck, die nur ein Schleuderrad haben (einstufige Pumpen). Fig. 130 zeigt eine zweistufige Pumpe. Die Schleuderräder sind auf der Welle festgekeilt und haben im Innern spiralförmig nach außen verlaufende Kanäle S (Fig. 131). Aus dem Schleuderrad tritt das Wasser durch ein gleichfalls mit Kanälen L versehenes, in das Pumpengehäuse festverschraubtes Leitrad b. Von dem Leitrade tritt das Wasser in die Kanäle K des Pumpengehäuses und gelangt aus denselben in das Schleuderrad der nächsten Stufe, wo das Wasser eine weitere Drucksteigerung erfährt und in derselben Weise den weiteren Stufen zugeführt wird, bis es schließlich durch den Austrittsstutzen die Pumpe verläßt und in die Speiseleitung nach dem Kessel gelangt.

Vor der Inbetriebnahme müssen die Zentrifugalpumpe und die Saugleitung mit Wasser gefüllt und hierbei gut entlüftet werden. Letzteren Zwecken dienen die Entlüftungshähne g. Das Anfüllen erfolgt durch den Fülltrichter oder durch eine besondere Rohrleitung zwischen dem Druck- und dem Speiserohr. Beim Füllen der Pumpe von der Druckleitung aus ist das Manometer zu beobachten und die Rohrleitung nur so weit zu öffnen, daß sich in der Pumpe kein höherer Druck als ein bis zwei Atmosphären bildet, da andernfalls das Fußventil durchgedrückt werden kann. Ein Fußventil muß vorhanden sein, weil sich die Saugleitung sonst nicht füllen läßt und die Pumpe nicht leer anläuft. Vor dem Anlassen muß die mit Wasser gefüllte Pumpe von Hand leicht gedreht werden können. Die Pumpe wird alsdann bei geschlossenem Regulierschieber angelassen und letzterer, nachdem die volle Umdrehungszahl der Pumpe erreicht ist, langsam geöffnet.

Fig. 131. Kreiselpumpe.

Fig. 132.

Fig. 133.

Fig. 132 und 133 zeigen eine aufgeschnittene und auseinandergenommene Zentrifugalpumpe der Firma Jäger & Co. in Leipzig.

Infolge der unvermeidbaren Ungenauigkeit an den Schleuderrädern und des Unterdruckes in der Saugleitung erhält die Pumpenwelle einen seitlichen Druck, zu dessen Ausgleich bei jeder Zentrifugalpumpe eine besondere Vorrichtung vorgesehen ist. In Fig. 130 besteht sie in zwei dicht nebeneinander laufenden Scheiben d und f, zwischen denen ein kleiner Hohlraum vorhanden ist, der durch einen schmalen Kanal mit der Druckwasserseite in Verbindung steht, so daß die Scheibe f samt der Welle nach links gedrückt und der nach rechts gerichtete Betriebsdruck aufgehoben wird. Bei dieser Verschiebung entfernt sich die Scheibe f von der Scheibe d, so daß das zwischen beiden eingeschlossene Wasser abläuft, seinen Druck verliert und die Welle wieder nach rechts gedrückt wird. Durch das Rohr ü, welches selbstverständlich niemals verschlossen sein darf, läuft infolgedessen aus der Kammer n ständig ein wenig Wasser ab; es muß hoch gelegen sein, damit sich die Pumpe beim Stillstande nicht durch dieselbe entleeren kann.

Entsprechend der unvermeidbaren Abnutzung an den Auflageflächen der Entlastungsscheiben d und f tritt im Laufe der Zeit eine Verschiebung der Welle mit den darauf befestigten Laufrädern gegen die Saugseite hin ein, so daß die Kanäle der Lauf- und Leiträder nicht mehr aufeinander passen und die innere Arbeitsweise der Pumpe gestört wird. Hat die Abnutzung etwa $1^1/_2$ Millimeter erreicht, was durch das Nachmessen der am äußeren Lagerrande befindlichen Marke M auf der Welle zu kon-

Fig. 134. Zentrifugalpumpe mit elektromotorischem Antrieb der Firma Naeher in Chemnitz.

trollieren ist, so muß sie durch Einlegen eines genauen Blechringes zwischen die Scheibe d und das Pumpengehäuse ausgeglichen werden.

Die Zentrifugalpumpen läßt man vielfach ununterbrochen laufen. Soll wenig Wasser gespeist werden, so wird mit dem Regulierschieber in der Druckleitung gedrosselt. Eine schädliche Drucksteigerung findet selbst bei völlig geschlossenem Schieber nicht statt, Doch darf die Pumpe in diesem Falle nicht zu lange laufen, da sie sonst heiß wird. Zur Kontrolle erhält jede Pumpe ein Manometer, welches stets den Druck in der Pumpe anzeigt; vielfach wird auch auf der Saugseite ein Vakuummeter angebracht, dessen Schwanken darauf hinweist, daß durch undichte Stellen in der Saugleitung oder durch die Stopfbüchsen Luft eintritt. Die Stopfbüchsen sind mit weichen, gut in säurefreiem Talg oder Öl getränkten Baumwollzöpfen zu verpacken und dürfen nur leicht angezogen werden, so daß fortwährend etwas Wasser tropfenweise abläuft, um zu vermeiden, daß sie warm laufen oder die Welle angefressen wird. Die Wasserkammer auf der Saugseite ist durch das Umlaufrohr m mit der Wasserkammer auf der Druckseite zur Verhütung des Einschnüffelns von Luft durch die Stoffbüchse verbunden.

In den Lauf- und Leiträdern hat das Wasser eine sehr hohe Geschwindigkeit, die durch die breit angelegten Kanäle K in dem Gehäuse verlangsamt und in Druck umgesetzt wird. Auf der richtigen Bauart dieser Kanäle beruht daher zum großen Teil das richtige Funktionieren der Zentrifugalpumpe, deren Bauart daher nicht so einfach ist, wie es auf den ersten Blick hin aussieht. Der Kraftbedarf der Zentrifugalpumpen soll angeblich etwas höher sein als bei Kolbenpumpen; doch werden sie infolge ihrer Einfachheit, ihres geringen Platzbedarfes, der Betriebssicherheit und der stoßfreien Arbeitsweise bei großen Kesselanlagen ausschließlich angewendet.

Die ununterbrochene und selbsttätige Speisung. Die selbsttätigen Wasserstandsregler. Der Zweck dieser Apparate ist, selbsttätig die Speisung eines Kessels derart zu regeln, daß der Wasserstand im Kessel unter Zulassung geringer Schwankungen auf einer bestimmten normalen Höhe gehalten wird und sowohl Wassermangel wie Überspeisung verhindert werden. Es muß demnach jeder Dampfkessel einen solchen Wasserstandsregler für sich erhalten. Diese automatischen Wasserstandsregler, die also unabhängig von der Bedienung durch den Heizer die Speisevorrichtungen, wie Transmissions- oder Dampfpumpen, an- und abstellen, werden in verschiedener Weise aus-

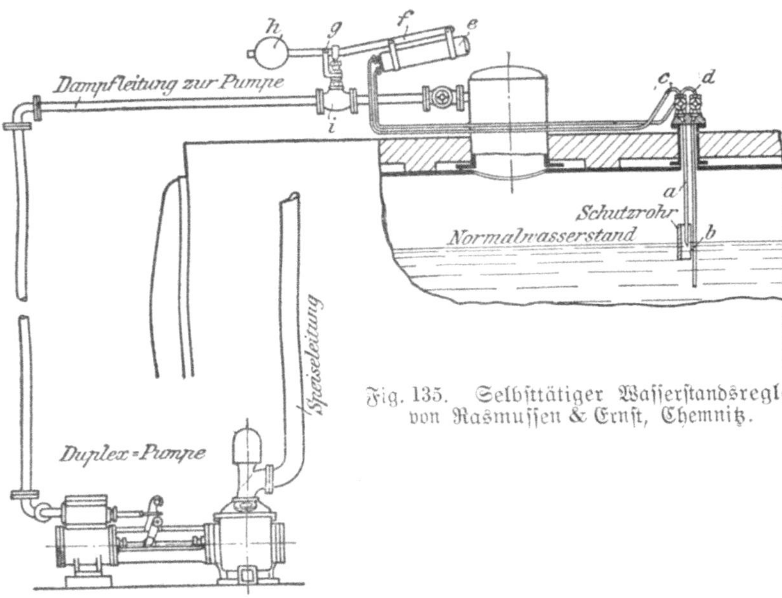

Fig. 135. Selbsttätiger Wasserstandsregler von Rasmussen & Ernst, Chemnitz.

geführt. Einige Apparate wirken durch einen beweglichen Schwimmer, der auf dem Wasserspiegel im Kessel schwimmt und sich mit diesem hebt und senkt und hierbei ein Hebelwerk bewegt, durch welches das Speiseventil geöffnet und geschlossen wird. Bei diesen Apparaten muß die Speisepumpe ununterbrochen laufen und etwas mehr Wasser fördern, als verdampft wird. Damit die Pumpe nicht beschädigt wird, wenn der automatische Speiseapparat das Speiseventil am Kessel geschlossen hat, muß in die Speiseleitung ein Sicherheitsventil eingebaut werden, durch welches das zuviel geförderte Wasser aus der Speiseleitung entweichen kann und in einer Rohrleitung nach dem Wasserbassin zurückgeleitet wird. Dieses Sicherheitsventil ist für einen um $1/_2$ bis 1 Atmosphäre höheren Druck als der zulässige Dampfdruck im Kessel einzustellen. Zweckmäßig ist es in solchen Fällen, in die Speiseleitung ein Manometer einzuschalten, nach welchem man den Überdruck in der Speiseleitung bemißt. Der Nachteil dieser Einrichtung besteht darin, daß die Pumpe überflüssige Arbeit verrichten muß und daß in der Speiseleitung bei abgestelltem Speiseventil ein ziemlich hoher Druck entsteht.

Um diesen Übelstand zu beseitigen, richtet man die automatischen Wasserstandsregler so ein, daß sie nicht das Speiseventil, sondern das Dampfventil an der Speisepumpe öffnen und schließen oder die Transmissionspumpe durch Verschieben des Riemens von der Fest- nach der Losscheibe ein- und ausrücken. Bei dem nebenstehend skizzierten von Rasmussen & Ernst, Chemnitz, gebauten Apparat (Fig. 135) dient zur Regulierung des Wasserstandes im Kessel kein Schwimmer, sondern es sind zu diesem Zwecke zwei Einhängerohre vorhanden, von denen das eine bis zum normalen Wasserstande reicht, während das andere 100 Millimeter unter den normalen Wasserstand reicht. Beide Rohre sind an einem Kesselstutzen befestigt und durch zwei dünne elastische Kupferrohre von etwa 15 Millimeter Durchmesser mit einem geschlossenen hohlen Behälter verbunden, der an dem Kipphebel f befestigt ist. Auf der anderen Seite trägt der Hebel ein Gegengewicht. Ist genügend Wasser im Kessel, so tauchen die beiden Einhängerohre in das Wasser ein. Der Dampf im Gefäß kondensiert, letzteres füllt sich mit Wasser und zieht infolge seiner Gewichtszunahme den Hebel nach unten. Hierbei wird das Ventil in der Dampfleitung nach der Kesselspeisepumpe geschlossen, so daß letztere aufhört zu arbeiten. Fällt der Wasserstand im Kessel, so tritt das untere Ende des kurzen Rohres aus dem Wasser hervor, das Wasser fließt aus dem Behälter durch das längere Rohr ab, der Behälter wird leichter, so daß der Hebel unter dem Einflusse des Gegengewichtes umkippt. — Hierbei öffnet er das Dampfventil in der Rohrleitung nach der Speisepumpe, und letztere beginnt wieder zu arbeiten. Steigt dann der Wasserstand im Kessel, so kondensiert wieder der Dampf in dem Behälter, letzterer füllt sich mit Wasser; er bewegt sich infolge der Gewichtszunahme nach unten, so daß der Hebel das Dampfventil schließt, und die Speisepumpe aufhört zu arbeiten. Die beiden dünnen Kupferröhrchen machen die Bewegung des Behälters mit und sind, genügende Länge vorausgesetzt, durchaus haltbar. Ist statt der Dampfpumpe eine Transmissionspumpe vorhanden, so wird die Bewegung des Kipphebels f durch einen Seilzug auf die Einrückvorrichtung der Transmissionspumpe übertragen und hiermit deren An- und Abstellen bewirkt.

Derartige Apparate werden in sehr verschiedener Weise ausgeführt. Sie bewirken, daß der Wasserstand im Kessel nur wenige Millimeter schwankt, sie erleichtern ferner die Kesselbedienung; doch soll sich der Heizer hüten, sich ganz darauf zu verlassen, da sie trotz ihrer Einfachheit mannigfachen Störungen ausgesetzt sind. Bei jeder Kesselreinigung sind die Apparate von etwa anhaftendem Kesselstein zu befreien, damit Verstopfungen der Rohre rechtzeitig vorgebeugt wird. Für Betriebe mit stark schwankendem Dampfverbrauche eignen sich diese Apparate nicht in besonderem Maße, weil es in solchen Fällen empfehlenswerter ist, den Wasserstand zeitweilig sehr hoch und sehr niedrig zu halten. Der Heizer kann dann allerdings auch den Wasserstandsregler abstellen und nach seinem freien Belieben die Pumpen in Gang setzen.

Das Speise- oder Rückschlagventil. Das Wasser im Kessel steht unter hohem Druck und würde durch jeden Ausweg entweichen. Etwaige undichte Stellen in der Speiseleitung könnten daher einen Wassermangel im Kessel herbeiführen. Um dies zu vermeiden, und um kleine Reparaturen an der Speiseleitung auch während des vollen Betriebes vornehmen zu können, bringt man in der Speiseleitung möglichst nahe am Kessel ein Speise- oder Rückschlagventil (Fig. 137 und 138) an. Dasselbe gestattet zwar dem Wasser den Eintritt in den Kessel, verhindert ihm aber den Austritt. Es wird unter dem Drucke des Pumpenkolbens selbsttätig geöffnet und vom Kesseldruck selbsttätig geschlossen. Der Ventilteller muß sich daher im Ventilgehäuse frei bewegen können. Das Ventil ist so einzubauen, daß das Wasser das Ventil in der Richtung des eingezeichneten Pfeiles durchfließt. Damit sich das Ventil nicht festklemmen kann, erhält der Ventilteller außer den gebräuchlichen Führungsflügeln im Ventilsitz noch einen langen, im Deckel des Ventilgehäuses geführten Stiel c.

Das gewöhnliche Rückschlagventil hat den Nachteil, daß der Ventilkegel vom durchfließenden Wasser einseitig belastet wird, infolgedessen sich seine Führungsflächen und der Ventilsitz stark abnutzen. In neuerer Zeit fertigt man daher Rückschlagventile an, bei denen das Speisewasser in senkrechter Richtung auf den Ventilkegel drückt. Die betreffenden Rückschlagventile haben entweder eine gegen früher verbesserte **Gehäuseform** oder eine ringförmige Verlängerung auf dem **Ventilsitz**. **Fig. 138 zeigt ein derartiges Rückschlagventil von Dreyer, Rosenkranz & Droop, Hannover. Zwischen dem** Speiseventil und dem **Kessel** ist gemäß gesetzlicher Vorschrift ein Absperrventil einzuschalten.

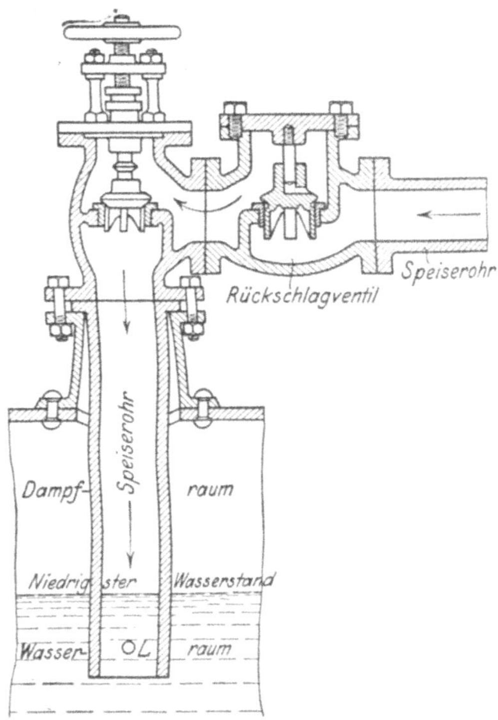

Fig. 136. Speisekopf mit Rückschlag- und Absperrventil und Speiserohr.

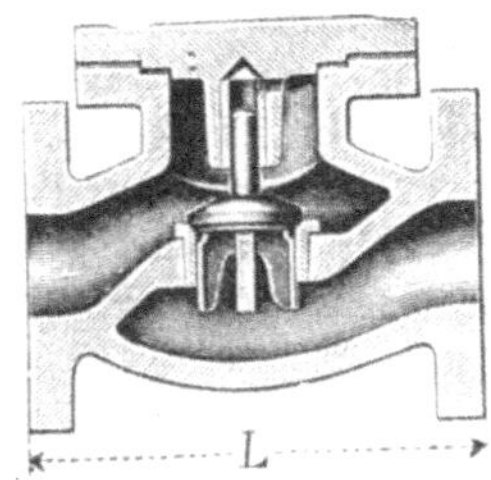

Fig. 137.

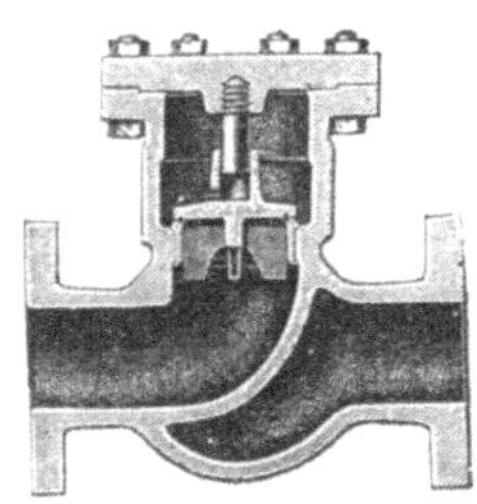

Fig. 138.

Fig. 137 u. 138. Rückschlagventile.

Hierdurch ist es möglich, das Speiseventil bei etwaigen Undichtheiten auch während des Kesselbetriebes nachsehen oder auswechseln zu können. Die früher übliche Bauart, bei welcher das Rückschlagventil zugleich als Absperrventil ausgeführt war, ist nicht mehr gesetzlich zulässig, da Störungen am Ventil nur bei abgelassenem Kessel beseitigt werden konnten. Das Speiseventil muß der Heizer gut in Ordnung halten, da Undichtheiten desselben Wassermangel im Kessel zur Folge haben können. Damit in solchen Fällen der Wasserstand nicht zu tief sinken kann, muß das Einhänge- oder Speiserohr noch oberhalb der vom Feuer berührten Kesselstellen münden oder es erhält ein Loch L. Das Speiserohr ist bei jeder Kesselreinigung herauszunehmen und vom Kesselstein zu reinigen.

Die Ablaßvorrichtung. Damit das Kesselwasser zeitweilig abgelassen werden kann, ist der Kessel an der tiefsten Stelle mit einem Hahn oder Absperrventil zu versehen. Ist die Ablaßvorrichtung nicht direkt am Kessel, sondern an einem Rohrstück angebracht, so ist letzteres vor der Berührung durch die Heizgase zu schützen, da andernfalls der sich darin ansammelnde Schlamm festbrennt, und das Rohr nach kurzer Zeit völlig verstopft wird. Soll der Dampfkessel gereinigt werden, so ist zunächst das Kesselgemäuer genügend abzukühlen und der Dampfdruck herunter zu lassen und dann erst der Ablaßhahn zu öffnen.

Setzt das Wasser viel Schlamm im Kessel ab, was namentlich bei der im Kessel vorgenommenen chemischen Speisewasserreinigung oft vorkommt, so versucht man, den Schlamm durch öfteres regelmäßiges Öffnen der Ablaßvorrichtung am Sonntag, nachdem der Kessel mehrere Stunden stillgestanden hat, unter vermindertem Dampfdruck abzublasen. Verwendet man den einfachen Ablaßhahn, so kann es leicht vorkommen, daß er sich mit Schlamm verstopft oder von dem heißen durchströmenden Wasser so stark erwärmt und ausgedehnt wird, daß er sich nicht wieder schließen läßt und bei Anwendung von Gewalt abbricht. Gewöhnliche Absperrventile lassen sich zwar leichter wieder zumachen; sie haben jedoch den Nachteil, daß sie nicht dicht zu bekommen sind, sobald sich beim Ausblasen des Schlammes abgesprungene Kesselsteinschalen und Schlamm auf der Sitzfläche festsetzen. Das Abschlämmen des Dampfkessels mittels gewöhnlicher Hähne oder Ventile unter Druck bleibt daher immer eine gefährliche Sache.

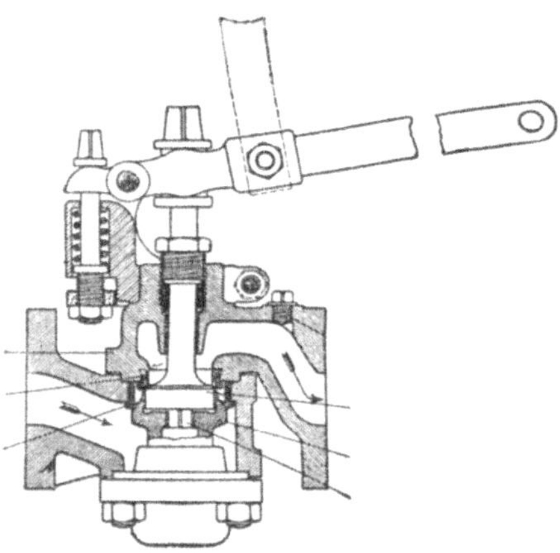

Fig. 139. Abschlämmvorrichtung.

Die Übelstände der einfachen Ablaßhähne und Ablaßventile vermeidet man durch die in den letzten Jahren vielfach angewendeten Abschlämmapparate, die durch einen Fußtritt auf einen Hebel oder durch einen Handzug geöffnet werden und beim Loslassen des Hebels selbsttätig wieder schließen (Fig. 139 und 140). Hat sich beim Abschlämmen Schlamm oder Kesselstein im Ventil festgesetzt und ist letztes infolgedessen wasserdurchlässig, so kann durch Drehen am Handrade der Schlamm zerrieben und das Ventil dicht gemacht werden, ohne es auseinandernehmen zu müssen. Das Öffnen des Ventils muß beim Abschlämmen kurz und stoßweise erfolgen, da hierdurch der Schlamm am besten aus dem Kessel fortgerissen wird. Nach jedesmaligem Abschlämmen muß der Heizer sich an der Mündung des Ablaßrohres überzeugen, ob das Ventil in geschlossenem Zustand dicht schließt.

Wenn irgend möglich, sollen bei dem Abschlämmen eines Kessels zwei Leute zugegen sein, von denen der eine den Wasserstand im Kessel beobachtet und der andere die Ablaßvorrichtung bedient.

Die Dampfabsperrventile sind direkt am Kessel zu befestigen. Große Ventile und Ventile für überhitzten Dampf sind aus einem besonderen Gußeisen oder aus gutem Stahlguß herzustellen. Ein Gußeisen, dessen Gehalt an Silizium, ferner an Phosphor (Kaltbruch) und Schwefel (Warmbruch) nicht bekannt ist, darf für Ventile für überhitzten Dampf nicht verwendet werden. Gußeisenventile sind zwar erheblich billiger als Stahlgußventile, doch kann die Kostenfrage wegen der Gefährlichkeit der billigeren Ware in solchen Fällen nicht ausschlaggebend sein. Man kann bei Dampftemperaturen bis zu 350° Celsius und bei gleichzeitiger Dampfspannung bis etwa 12 Atmosphären Überdruck die Ventilgehäuse bis etwa 150 Millimeter Durchgangsöffnung aus bestem Spezialgußeisen herstellen, darüber hinaus nur aus Stahlguß.

Während Gußeisen für größere Ventile nicht verwendet werden darf, ist auf der anderen Seite Stahlguß bei kleinen Ventilen, das heißt bei Ventilen mit geringen

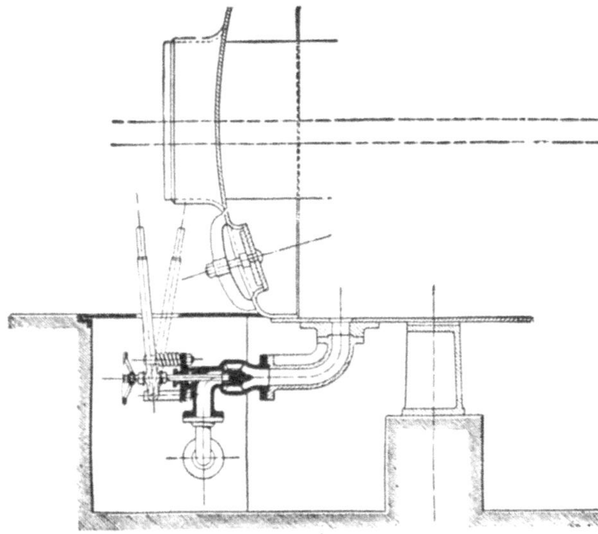

Fig. 140. Abschlämmvorrichtung am Kessel.

Wandstärken, nicht zu gebrauchen. Stahlguß besitzt die Eigentümlichkeit, daß er beim Gießen schlecht fließt, kleinere Räume der Gießformen schlecht ausfüllt und für geringe Wandstärken und für Körper feiner, exakter Ausführung nicht gebraucht werden kann. Ventile von weniger als 10 Millimeter Wandstärke sollten keinesfalls aus Stahlguß, sondern aus Gußeisen oder aus Nickellegierung oder dergleichen hergestellt werden. Die Nachteile von schlechtem Stahlguß bestehen in der Ungleichmäßigkeit seiner Beschaffenheit, die zu Brüchen führt, und in der Eigentümlichkeit, daß die aus solchem minderwertigen Stahlguß angefertigten Ventile beim ersten Gebrauche mit überhitztem Dampfe sich verziehen und auf lange Zeit nicht dicht zu bekommen sind.

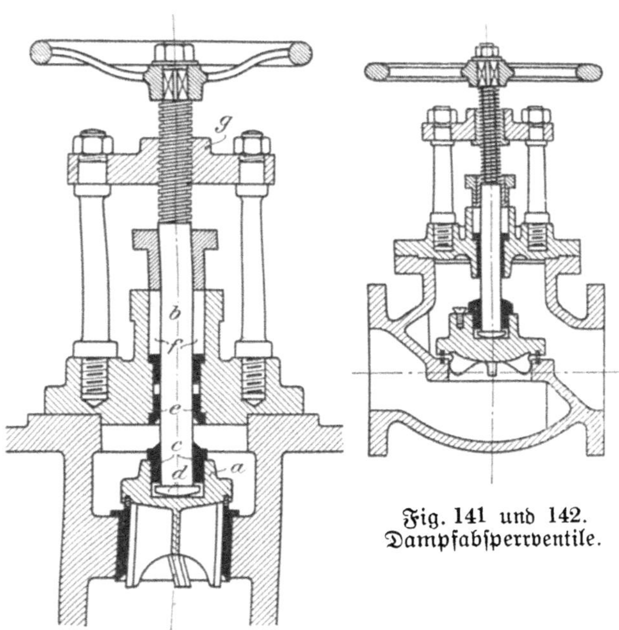

Fig. 141 und 142. Dampfabsperrventile.

Bei kleineren Ventilen macht man den Ventilteller und den Ventilsitz aus demselben Material, das heißt aus Gußeisen oder Rotguß. Rotguß ist vorzuziehen, weil er nicht rostet, für größere Ventile oder bei Ventilen für überhitzten Dampf wendet man jedoch Nickel oder Nickellegierungen an. Die metallenen Dichtungsringe müssen einerseits hart genug sein, damit sie beim Zuschrauben des Ventils ihre Form bewahren, andererseits müssen sie genügend nachgiebig sein, damit sie den Bewegungen des Ventilgehäuses, in welches sie schwalbenschwanzförmig eingesetzt sind, folgen können.

Die Ventilspindel ist aus Stahl, Schmiedeeisen oder aus Rotguß herzustellen und sauber abzudrehen, damit sie in der Stopfbüchse gut dicht hält. Die Ventilspindel b wird mit dem Ventilteller a unter Zuhilfenahme einer Büchse c aus Rotguß, Nickel oder anderem nicht rostendem Materiale möglichst dauerhaft verbunden. Der Ventilteller soll in senkrechter Richtung ganz wenig, dagegen um das untere, mit der Wulst d versehene Ende der Spindel hingegen möglichst viel Spiel haben, damit sich die beiden Dichtungsflächen unabhängig von der Richtung des Spindeldruckes dicht schließen können. Zu diesem Zwecke macht man das untere Ende der Spindel nicht gerade, sondern kugelförmig. Die Büchse c muß bei ganz hoch gehobenem Ventilteller das Ventilinnere gegen die Grundbüchse e dicht abschließen, damit die Stopfbüchse f während des Betriebes neu verpackt werden kann. Die Brücke g, in welcher die Spindel oben geführt wird, versieht man, um das Festrosten der Spindel zu verhüten, oder wenn eine größere Festigkeit erzielt werden soll, mit einer Büchse aus Rotguß (Fig. 142).

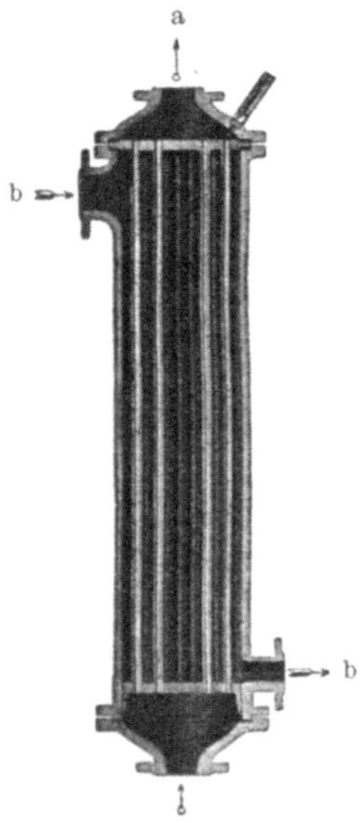

Fig. 143. Vorwärmer der Maschinenfabrik Mattick in Dresden. a Speisewasser, b Abdampf.

Abweichend von Ventilen für Sattdampf bringt man bei Ventilen für überhitzten Dampf am Ventilkegel keine Führungsflügel an, da sie sich bei derartigen Ventilen entweder in der Wärme verziehen oder von dem heißen Dampf zu sehr abgeschliffen werden. Man versieht derartige Ventilkegel mit ganz kurzen Führungsflügeln zum Einhalten der richtigen Mittellage des Ventilkegels beim Einschleifen.

Häufig hört man, gußeiserne Absperrventile seien bei überhitztem Dampf verbrannt. Die hohe Dampftemperatur ist hieran jedoch nicht schuld. Die auf den Überhitzer aufgeschraubten Ventile können aber verbrennen, wenn der Überhitzer ausgeschaltet wird, und die Ventile durch den Dampf nicht mehr gekühlt werden. Die Wärme der zu heller Weißglut erhitzten gemauerten Züge um den Überhitzer überträgt sich dann nicht nur auf die Überhitzerrohre, sondern auch auf die nahe dem Kesselmauerwerk befindlichen Ventile, die schließlich selbst bis zum Glühen oder bis nahe dahin erwärmt werden. Hierbei ändert das Gußeisen seine chemische Zusammensetzung, namentlich mit dem eingelagerten Kohlenstoff geht eine Umwandlung vor, wodurch das Eisen an Festigkeit verliert und brüchig wird. Schon beim Erkalten bekommen die Ventilgehäuse dann Risse. In derartigen Fällen dürfen keinesfalls gußeiserne Ventile verwendet werden.

Große Absperrventile sind so in die Rohrleitung einzubauen, daß der Dampf von unten auf den Kegel drückt, anderenfalls kann das Ventil schwer geöffnet werden. Kleinere Ventile kann man aber auch so einbauen, daß der Ventilkegel von oben vom Dampfe gedrückt wird. Dies hat den Vorzug, daß der Dampfdruck den dichten Abschluß des zugeschraubten Ventils erhöht. Alle Dampfventile müssen langsam geöffnet werden, damit sich die Rohrleitung zunächst anwärmen kann. Die Nichtbeachtung dieser Maßnahme hat schon häufig zu Wasserschlägen in den Rohrleitungen und zu Rissen in Dampfmaschinenzylindern geführt. Sehr große Ventile versieht man mit einem kleinen Umgehungsventil zum Anwärmen der Rohrleitung.

Die Speisewasservorwärmer. Das Speisewasser hat, je nachdem es einem Brunnen, einem Flusse oder einem Teiche entnommen wird, eine Temperatur von etwa 10 bis 25° Celsius. Benutzt man das aus der Einspritzkondensation einer Dampfmaschine abfließende Wasser, so beträgt dessen Temperatur etwa 38 bis 44° Celsius. Das auf diese Weise verfügbare Speisewasser ist demnach wesentlich kälter als das Wasser im Kessel. Wegen Kohlenersparnis benutzt man den Abdampf der Dampfmaschine oder die im Essenfuchs abziehenden Heizgase zum Vorwärmen des Kesselspeisewassers, bevor dasselbe in den Kessel gelangt, was zugleich den Vorteil hat, daß die Temperaturschwankungen im Kessel gemildert und ungleiche Ausdehnung der Kesselbleche vermieden werden.

Einen **Abdampfvorwärmer** stellt die Figur 144 und 145 dar. Derselbe besteht aus einem schmiedeeisernen Mantel und einem herausziehbaren Röhrensystem. Der

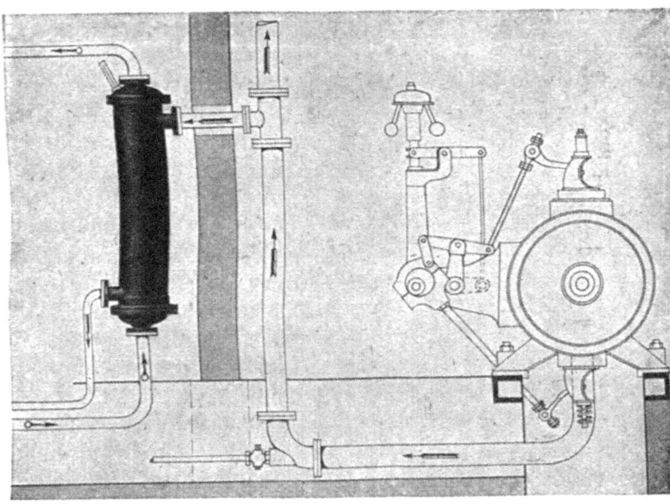

Fig. 144. Einbau eines Abdampfvorwärmers.
a = Speiseleitung nach dem Kessel, b = Kondenswasserleitung.

Dampf tritt durch die Rohre hindurch, wogegen das Wasser letztere von außen umgibt und den Vorwärmer in der Richtung der eingezeichneten Pfeile durchströmt. Der Dampfraum wird in der Regel mit einem Kondenstopfe verbunden, welcher das sich niederschlagende Dampfwasser ableitet. Es gibt auch Abdampfvorwärmer, bei denen die Rohre vom Wasser durchzogen und außen vom Dampf bespült werden. Damit sich die Rohre bei der Erwärmung ungehindert ausdehnen können, ist bei manchen Konstruktionen der eine Rohrboden fest, der andere frei beweglich angeordnet. Da der Abdampf wenig über 100° Celsius warm ist, kann das Speisewasser bei derartigen Vorwärmern nicht über 100° Celsius erwärmt werden. Es kann sich daher in derartigen Vorwärmern auch kein hoher Druck bilden, und sie bedürfen keines Sicherheitsventiles und Manometers. Sie sind für kleinere Anlagen bestimmt, da große Dampfmaschinen nicht mit Auspuffdampf, sondern mit Kondensationsanlagen arbeiten.

Die Abgas- oder Rauchgasvorwärmer oder Ekonomiser (Fig. 145) bestehen aus einer großen Anzahl von senkrechten Rohren von etwa 4 bis 5 Meter Höhe, die in einer Erweiterung des Essenfuchses aufgestellt sind. Die Rohre sind in Gruppen von je 24 Stück angeordnet und oben und unten reihenweise durch wagerechte Querrohre untereinander verbunden. Am oberen Ende der Rohre sind Verschlüsse zum zeitweiligen Reinigen angebracht. Die Verschlüsse sind konisch eingesetzt, werden im Betriebe durch den Wasserdruck fest angepreßt, so daß sie ohne besondere Dichtung halten, und sind beim Reinigen der Rohre einfach durch Aufschlagen mittels eines Hammers zu lösen. Damit sich die verhältnismäßig engen Zwischenräume zwischen den Rohren nicht mit Flugasche und Ruß verstopfen, wird jedes Rohr mit einem Schaber ausgestattet, der von einer maschinell bewegten Kette langsam auf- und niedergezogen wird und etwa anhaftende Ruß- und Flugaschenansammlungen von den Rohren entfernt.

Die Ekonomiser werden entweder aus Gußeisen oder aus Schmiedeeisen hergestellt. Gußeiserne Rohre haben den Vorzug, daß sie nicht so leicht rosten wie schmiedeeiserne, während letztere eine höhere Festigkeit besitzen, enger und dünnwandiger gemacht werden können und infolgedessen das Wasser schneller erwärmen als jene. Schmiedeeiserne Ekonomiserrohre ziehen sich unter der Einwirkung der Heizgase leicht krumm und werden deshalb nicht mit Schabern versehen, sondern zeitweilig in gleicher Weise wie der Dampfüberhitzer mittels Dampfstrahls von Flugasche und Ruß äußerlich gereinigt. Die äußeren Anrostungen der Ekonomiserrohre treten hauptsächlich an den Eintrittsstellen des Wassers auf, da die Rohre an dieser Stelle kalt sind und sich hier der Wasserdampf aus den Essengasen niederschlägt. Man mischt daher je nach der Anfangstemperatur des Speisewassers und dem Wassergehalt des Brennstoffes dem Speisewasser vor dem Eintritt in den Ekonomiser einen Teil des vorgewärmten Speisewassers bei. In den Rauchgasvorwärmern wird das Wasser beträchtlich höher als in den Abdampfvorwärmern erwärmt. Die Temperatur des darin vorgewärmten Speisewassers ist oft gleich der Temperatur des Kesselwassers. Zu hohen Druck im Ekonomiser verhindert man durch ununterbrochene, dem Dampfverbrauche im Kessel angepaßte Speisung und durch ein Sicherheitsventil am Ekonomiser, welches immer für eine Atmosphäre mehr als der Kesseldruck eingestellt wird.

Fig. 145. Ekonomiser von M. & E. Hartmann, Deuben-Dresden.

Ekonomiser darf man nur einbauen, wenn ein genügender Essenzug vorhanden ist. Wird letzterer durch den Ekonomiser beeinträchtigt, so muß er durch eine künstliche Zuganlage verstärkt werden, da andernfalls die Kesselleistung verringert und das Feuer an Luftmangel leiden würde. Die Essengase werden im Gegenstrome durch den Ekonomiser geführt, das heißt, sie treffen zuerst auf diejenigen Ekonomiserrohre, aus denen das Speisewasser aus dem Ekonomiser bereits wieder austritt. Um etwaige Reparaturen am Ekonomiser unabhängig vom Kesselbetrieb ausführen zu können, wird für die Essengase noch ein Essenzug angelegt, der um den Ekonomiserkanal herumführt. Durch

Drehen mehrerer Essenschieber kann man die Heizgase durch diesen Umzehungskanal direkt in den Schornstein ableiten und den Ekonomiserkanal völlig ausschalten und begehbar machen.

13. Die amtlichen Verhaltungsregeln für Dampfkesselheizer.

1. Bevor der Heizer den Dampfkessel anheizt, hat er nachzusehen, ob sich im Kessel die erforderliche Wassermenge befindet. Ist dies nicht der Fall, so muß zunächst das fehlende Wasser hineingespeist werden.

2. Ferner hat sich der Heizer davon zu überzeugen, daß die Sicherheitsvorrichtungen und Wasserstandszeiger in vorschriftsmäßigem Stande und insbesondere die Sicherheitsventile nicht überlastet sind. Das Feuer ist allmählich zu verstärken.

Der Heizer hat bei Schichtwechsel oder früh bei der Inbetriebnahme des Kessels als erste Handgriffe die Wasserstandshähne zu probieren und anzustellen. Erst wenn er sieht, daß der Wasserstand im Kessel in Ordnung ist und daß der Dampfdruck während des etwaigen Betriebsstillstandes (also etwa über Nacht) nur auf das gewohnte Maß zurückgegangen ist, darf er mit dem Anheizen beginnen.

Beim Anheizen muß der Heizer mit mäßigem Essenzuge arbeiten. Viele an Dampfkesseln vorkommende Undichtheiten sind die Folgen des zu schnellen Anheizens. Neues Mauerwerk darf nur mit schwachem Feuer und bei teilweise geöffneten Feuertüren ausgetrocknet werden, andernfalls wird es durch die schnelle Verdampfung der darin enthaltenen Feuchtigkeit zertrieben und bekommt Risse.

Während des Anheizens und des Betriebes ist nachzusehen, ob der Ablaßhahn oder das Ablaßventil dicht sind. Das Ablaßrohr muß sich kalt anfühlen; ist es heiß, so ist die Ablaßvorrichtung undicht.

Sind neue Dichtungen eingezogen worden, so sind die Schrauben der betreffenden Rohrverbindungen, Ventilverschraubungen oder Mannlochdeckel usw. beim Warmwerden des Kessels langsam, gleichmäßig und wiederholt anzuziehen.

Die Dampfventile am Kessel sind langsam zu öffnen. Besonders im Winter, wenn die Dampfrohrleitungen abgekühlt sind, ist der Dampf zur Verhütung von Wasserschlägen ganz allmählich in die Leitung einströmen zu lassen. Jede Rohrleitung soll mit einem Entwässerungshahn versehen sein, der bei der Ingebrauchnahme zu öffnen ist.

3. Während des Kesselbetriebes müssen die Wasserstandszeiger mit Hilfe der daran befindlichen Hähne und Ventile öfters probiert und vorhandene Schwimmer auf freies Spiel untersucht werden.

Die Wasserstandsgläser sind täglich einige Male durch Abblasen zu probieren. Hierbei sind sämtliche Hähne oder Ventile zu gebrauchen. Beim Schluß des unteren Hahnes ist darauf zu achten, ob das Wasser im Glase schnell oder langsam hochsteigt. In letzterem Falle ist eine Verstopfung vorhanden, die zunächst beiseitigt werden muß.

Ist ein Wasserstandsglas gesprungen, so ist sofort ein neues einzuziehen. Sind an einem Kessel zwei Wasserstandsgläser vorhanden, so müssen stets beide Gläser in Gebrauch sein, da die beiden Gläser zur gegenseitigen Kontrolle dienen sollen.

4. Das Manometer ist von Zeit zu Zeit darauf zu prüfen, ob seine Angabe dem Nullpunkt entspricht, wenn es abgesperrt wird.

Der Manometerhahn ist langsam zu öffnen und zu schließen, da die Manometerfeder durch das plötzliche Belasten und Entlasten vom Dampfdruck beschädigt wird. Ist das Manometer vom Kessel abgesperrt, so muß der Zeiger auf Null zurückgehen. Ob das Manometer den Kesseldruck richtig anzeigt, ersieht man an dem rechtzeitigen Abblasen des Sicherheitsventiles, wenn der höchste zulässige Kesseldruck erreicht ist. Das Manometerrohr nach dem Kessel ist öfters auszublasen. Damit sich die verhältnismäßig enge Durchgangsöffnung des Manometers nicht verstopft, darf die Manometerverschraubung nicht mit Hanf, sondern muß am besten mit einer Bleischeibe abgedichtet werden.

5. Die Sicherheitsventile sind täglich einige Male durch Anheben zu lüften, wobei sie Dampf entweichen lassen müssen. Eine Vermehrung der Belastung der Ventile ist verboten und auch dann nicht zulässig, wenn das Sicherheitsventil vor Erreichung des höchsten zulässigen Dampfdruckes abbläst.

6. Das Lüften der Sicherheitsventile hat vorsichtig zu erfolgen; auch ist das Öffnen der am Kessel befindlichen Hähne und Ventile langsam zu bewirken.

7. Die Speisevorrichtungen (Pumpen, Injektoren) sind dauernd im vorschriftsmäßigen Stande zu erhalten und so zu benutzen, daß der Wasserstand im Kessel stets über der Marke bleibt, welche den zulässig niedrigsten Wasserstand bezeichnet.

8. Geraten die Speisevorrichtungen während des Kesselbetriebes derart in Unordnung, daß die erforderliche Speisung nicht mehr bewirkt werden kann, und sinkt das Wasser trotz aller Bemühungen des Heizers unter den zulässig tiefsten Stand, so ist die Heizung des Kessels zu unterbrechen und das Feuer vom Roste zu entfernen.

9. Eine Überschreitung des für den Kessel genehmigten höchsten Dampfdruckes ist unzulässig. Steigt der Druck in unerwünschtem Maße, so ist der Dampfkessel zu speisen und gleichzeitig der Zug zu vermindern. Wenn trotzdem die Dampfspannung weiter steigt, muß die Heizung des Kessels unterbrochen, d. h. das Feuer ganz oder teilweise aus der Feuerung herausgezogen werden.

10. Während der Arbeitspausen oder kurz zuvor, sowie am Schlusse der Arbeitszeit ist unter gleichzeitiger Verminderung des Zuges zu speisen. Am Schluß der Arbeitszeit hat der Heizer das Feuer vom Roste zu entfernen, denselben von Asche und Schlacke zu reinigen, den Zugschieber und die Feuer- und Aschefalltüre zu schließen.

11. Solange ein Dampfkessel noch Dampf erzeugt, darf der Heizer seinen Posten nicht verlassen. Auch ist es dem Heizer nicht gestattet, sich während der Arbeitspausen von dem Kessel zu entfernen oder seine Obliegenheiten anderen Arbeitern ohne Genehmigung seines Vorgesetzten zu übertragen.

Gegen Schluß der Arbeitszeit ist, soweit dies mit den jeweiligen Betriebsverhältnissen in Einklang gebracht werden kann, das Feuer abzuschwächen und der Dampfdruck herunterzuarbeiten, damit nach Einstellung des Betriebes, wenn keine Dampfentnahme mehr stattfindet, die Dampfspannung nicht unter dem Einflusse des heißen Kesselgemäuers über die zulässige Höhe ansteigt. Das Decken des Feuers über Nacht ist unzulässig, da hierdurch beim Anheizen leicht Rauchgasexplosionen entstehen.

12. Die in angemessenen Zwischenräumen auszuführende Reinigung des Kessels von Schlamm und Kesselstein sowie der Feuerzüge von Ruß und Flugasche wird unter Mitwirkung des Heizers vorgenommen. Der Heizer hat hierbei, soweit es die Bauart des Kessels zuläßt, dessen Wandungen innen und außen genau zu besichtigen, nachzusehen, ob sich Risse oder Schiefer gebildet haben oder Rillen und Gruben im Kesselblech vorhanden sind, und ob dadurch oder durch Rost die Blechdicke vermindert worden ist und Undichtheiten des Kessels eingetreten sind. Die hierbei gemachten Wahrnehmungen hat der Heizer seinem Vorgesetzten oder dem Kesselbesitzer nach Befinden mit dem Antrage auf sofortige Reparatur mitzuteilen.

13. Ein Kessel darf erst ausgeblasen werden, nachdem das Feuer vom Roste entfernt worden ist und der Kessel und das Mauerwerk genügend abgekühlt sind. Auch ist es unzulässig, einen abgeblasenen, noch heißen Dampfkessel mit kaltem Wasser anzufüllen.

Im allgemeinen müssen Kessel mit Unterfeuerung, z. B. Heizrohrkessel und Batteriekessel, häufiger gereinigt werden, da sich der Schlamm und der Kesselstein auf den Blechen überm Feuer ansammeln und letztere infolgedessen leicht ausbeulen. In trockenen Jahren ist das Speisewasser meist härter als in wasserreichen Jahren, so daß dann eine öftere Reinigung der Kessel stattzufinden hat. Wird ein Dampfkessel vor dem Abblasen nicht genügend abgekühlt, so können die Bleche des leeren Kessels von dem heißen Mauerwerk zu sehr erhitzt und die Nietnähte und Rohrverbindungen undicht werden. Die Abkühlung des Kessels und des Mauerwerkes wird durch den Schornsteinzug beschleunigt. Kann der Dampfkessel nur unter Dampfdruck entleert werden, so ist mit dem Abblasen zu warten, bis die Dampfspannung bis auf ungefähr 1 Atmosphäre gefallen ist. Bläst der Heizer den Kessel ohne vorherige ausreichende Abkühlung ab, und füllt er ihn dann zur schnelleren Abkühlung mit kaltem Wasser, so kann hierdurch der heiße Kessel dermaßen abgeschreckt werden, daß er undicht wird.

Vor dem Öffnen der Mannlöcher ist durch Probieren an den Wasserstandshähnen oder durch Anheben des Sicherheitsventiles zu untersuchen, ob im Kessel noch gespannter Dampf vorhanden ist, und ob die Verschlußdeckel ohne Gefahr abgenommen werden können.

Ist der zu reinigende Kessel mit anderen unter Dampf stehenden Kesseln verbunden, so sind zur Sicherung der Kesselreiniger die Rohre **unbedingt durch Blind-**

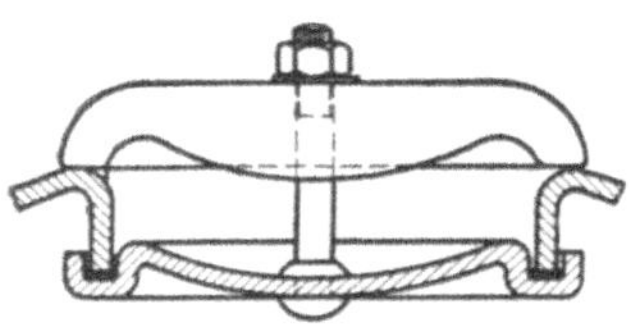

Fig. 146.

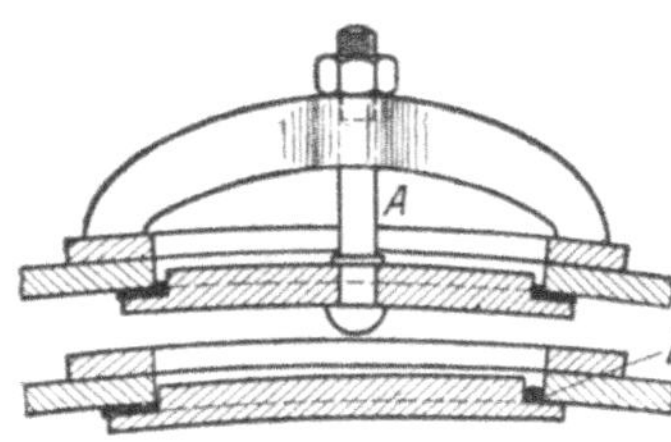

Fig. 147.

Mannlochverschlüsse, wobei auf gutes Sitzen der Dichtung zu achten ist. Bei B ist dieselbe schlecht eingesetzt.

flanschen sicher abzusperren. Die benützten Blindflanschen müssen einen vorstehenden Steg haben, so daß sie sich leicht einsetzen lassen und später, bei der Inbetriebnahme des Kessels, nicht übersehen werden können.

Aus demselben Grunde ist auch der Ablaßhahn nach der Entleerung des Kessels zu schließen, wenn der Kessel mit den andern in Betrieb befindlichen Kesseln ein gemeinsames Ablaßrohr hat. Wird diese Vorsichtsmaßnahme nicht beachtet, so kann beim Abschlämmen der übrigen Kessel das heiße ausströmende Wasser durch den offenen Ablaßhahn in den stillstehenden Kessel übertreten und die Kesselreiniger verbrühen.

Sehr zu empfehlen ist die Ventilation des Kessels während der Reinigung, wie dies im Abschnitt 8 ausführlich besprochen worden ist. Ist die Flugasche sehr heiß, so kann man sie mit einem Wasserstrahl vor dem Herausziehen ablöschen. Bleibt ein Kessel längere Zeit unbenutzt stehen, so ist auch der Ruß auf den Kesselwänden in den Zügen gründlich abzukratzen, da er Schwefelsäure enthält, die das Blech anfrißt, sobald der Ruß feucht wird. In Kesselanlagen mit feuchtem Boden ist der Essenschieber einige Zentimeter offen zu halten, damit die feuchte Luft aus den Kesselzügen abziehen kann. Außer Betrieb stehende, gereinigte Kessel läßt man am besten mit geöffneten Mannlöchern stehen und füllt sie erst kurz vor der Wiederinbetriebnahme mit Wasser, um Rostbildung im Innern zu verhüten.

14. Die Niederdruckdampfkessel.

Hiermit bezeichnet man solche Dampfkessel, deren Betriebsdruck höchstens $^1/_2$ Atmosphäre beträgt. Sie werden hauptsächlich zu Heizzwecken (in Wohnhäusern, Schulen, Krankenhäusern, Fabriken usw.) benutzt, in denen kein Hochdruckkessel vorhanden ist.

Infolge des niedrigen Dampfdruckes unterliegen sie nicht den strengen Gesetzesvorschriften über die Bauart, Ausrüstung und den Aufstellungsort der Dampfkessel für höheren Druck und können daher auch aus Gußeisen hergestellt und in Kellern oder sonstigen übersetzten Räumen aufgestellt werden. Gesetzliche Bedingung ist, daß sie mit einer Einrichtung, einem sog. Sicherheitsstandrohr, versehen sind, welches einen höheren als den zulässigen Druck von $^1/_2$ Atmosphäre im Kessel durch rechtzeitiges Abblasen wirksam verhindert.

Der Bau der Niederdruckkessel. Bahnbrechend war in der ganzen Welt und überaus verbreitet ist der gußeiserne **Strebelkessel** des Ingenieurs Strebel, des Begründers des Strebelwerkes in Mannheim, der nach Ablauf des Patentschutzes auch von vielen anderen Firmen in Abarten gebaut wird. Er besteht aus mehreren O-förmigen hohlen Gliedern (Fig. 148), deren Hohlraum als Wasser- und Dampfraum dient, und die auf den Außenseiten angegossene Rippen haben, wodurch die Heizkanäle gebildet werden. Der Heizkessel wird durch Aneinanderreihen mehrerer solcher Glieder zusammengebaut, die hierbei durch konische Rohrstutzen (Nippel) im Wasser- und Dampf-

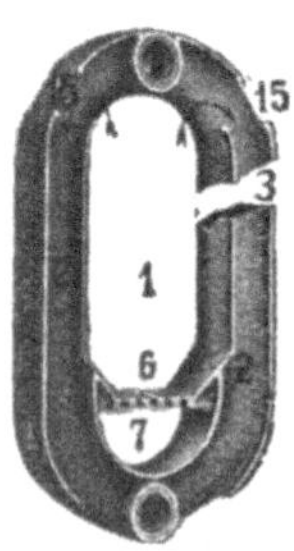

Fig. 148. Einzelnes Glied des Strebelkessels.

Fig. 149. Zusammenbau des Strebelkessels.

Fig. 150. Fertiger Strebelkessel mit Dampfsammler.

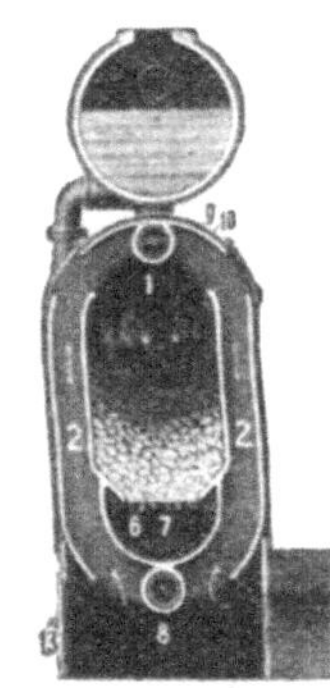

Fig. 151. Querschnitt durch den Strebelkessel (Feuerung mit Oberbrand).

raum miteinander verbunden werden (Fig. 149). Das erste und letzte Glied haben die für den Abschluß des Kessels erforderlichen Stirnwände sowie die für die Bedienung nötigen Aschefall- und Feuerungstüren, die Stutzen für den Wasserstandszeiger und die Verschraubungen vor den Reinigungsöffnungen. Jedes Kesselglied hat einen angegossenen Rost, der mit Rücksicht auf die Ausdehnung durch die Wärme in der Mitte geteilt und ferner an der Ansatzstelle ausgehöhlt ist, so daß er ständig durch das Kesselwasser gekühlt und vor dem Abbrand geschützt wird. Da bei jedem Kesselglied der Wasser- und Dampfraum, die Heizfläche, die Rauchgaszüge, der Rost, der Asche- und der Feuerraum im richtigen heiztechnischen Verhältnis zueinander vorhanden sind, kann durch das Zusammensetzen einer größeren oder kleineren Anzahl solcher Glieder stets ein in seinen Abmessungen normal ausgebildeter Kessel von größerer oder kleinerer Heizfläche hergestellt werden.

Der Betriebsdruck wird bei den Heizkesseln für Wohnräume usw. im allgemeinen wesentlich niedriger als die zulässige $^1/_2$ Atm., gewöhnlich etwa nur $^1/_{10}$ Atm. gewählt, weil bei niedrigem Dampfdruck die Dampftemperatur niedrig ist und eine milde, dem menschlichen Gefühl angenehmere Wärme erzielt wird. Je niedriger die Dampfspannung ist, um so weiter müssen aber die Dampfleitungsrohre nach den Heizkörpern sein, so daß natürlich auch die gesamte Heizanlage teurer wird. Zum Ablesen des Dampfdruckes wird ein Manometer am Kessel angebracht.

Das Sicherheitsstandrohr. Als Sicherheitsorgan gegen Drucküberschreitung im Niederdruckkessel dienen nicht, wie bei den Hochdruckkesseln, Sicherheitsventile, sondern es muß an jedem Kessel ein offenes, senkrechtes Rohr angebracht sein. Dieses Rohr, das auch Sicherheits- oder Standrohr genannt wird, muß direkt am Kessel angebracht und darf weder durch Hähne, Ventile oder Schieber verschließbar oder überhaupt vom Kessel absperrbar sein. Seine größte senkrechte Höhe darf nicht mehr als 5 Meter (= $^1/_2$ Atm.) betragen. Während des Betriebes ist es mit Wasser gefüllt, welches dem Dampfdruck das Gleichgewicht hält und dessen Ausströmen verhindert. Steigt der

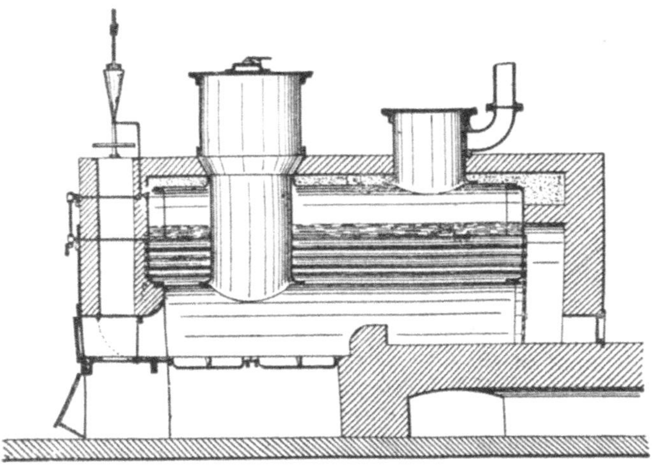

Fig. 152. Eingemauerter schmiedeeiserner Niederdruckdampfkessel mit Rauchrohren, Dampfdom, Füllschacht für Dauerbrand und automatischer Regulierung der Verbrennungsluft.

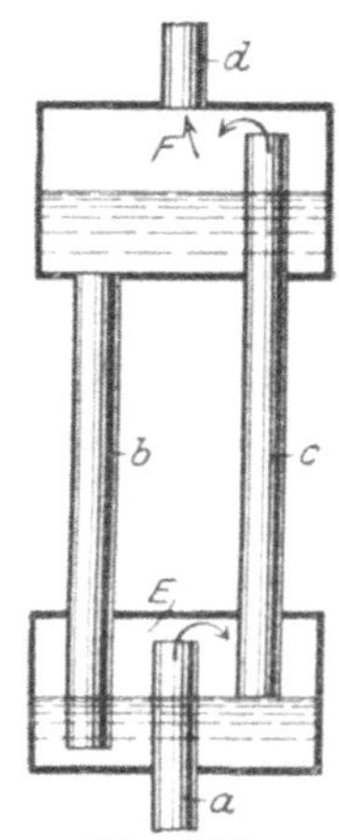

Fig. 153. Sicherheitsstandrohr für Niederdruckkessel.

Dampfdruck im Kessel zu hoch an, so wird das Wasser aus dem Sicherheitsrohr herausgeschleudert, so daß das Sicherheitsrohr innen frei wird und der gesamte Dampf aus dem Kessel ins Freie entströmt. Einer Drucküberschreitung im Kessel und der Gefahr einer Kesselexplosion ist daher durch das Sicherheitsstandrohr sehr wirksam und besser als durch Sicherheitsventile vorgebeugt. Das Standrohr wird häufig nicht als einfaches Rohr, sondern wie in Fig. 153 dargestellt ausgeführt. Das Rohr a geht nach dem Dampfraum des Niederdruckkessels. In dem unteren Behälter E sammelt sich Wasser an. Steigt der Dampfdruck zu hoch an, so wird, wie dies die Fig. 153 anzeigt, das Wasser durch das Rohr b in den oberen Behälter F gedrückt, bis das untere Ende des Rohres c frei wird und der Dampf durch dieses, den Behälter F und das Rohr d hindurch ins Freie entweicht. Ist alsdann der Dampfdruck unter den zulässigen Höchstdruck gefallen, so fließt das Wasser aus dem Behälter F durch das Rohr b hindurch in den unteren Behälter E zurück und verschließt auch das Rohr c wieder, so daß kein weiterer Dampf entweichen kann.

Die Speisung des Heizkessels erfolgt durch eine Wasserleitung, die an den Kessel angeschlossen ist und durch einen einfachen Hahn abgesperrt oder geöffnet werden kann. Eine Speisung während des Betriebes ist nur in sehr beschränktem Maße nötig, da das verdampfte Wasser sich in den Heizkörpern niederschlägt und selbsttätig wieder in den Kessel zurückfließt. Infolge dieses steten Wasserumlaufes setzt sich im Kessel auch fast kein Kesselstein ab, was sehr wesentlich ist, da die Kessel für die Beseitigung etwa anhaftenden Kesselsteins nicht zugänglich sind. Aus diesem Grunde ist jede unnötige Erneuerung des Kesselwassers zu vermeiden, und es darf daher dem Kessel auch niemals Wasser zu Reinigungs- oder anderen Zwecken entnommen werden. Zur Speisung ist nur reines Wasser zu verwenden, welches zur Verhütung von Kesselsteinansatz entweder Regenwasser oder vorher abgekocht sein soll.

Zur Erkennung des **Wasserstandes** dient ein reguläres Wasserstandsglas, welches öfters zu probieren ist. Mit dem Anheizen darf erst begonnen werden, nachdem sich der Kesselwärter überzeugt hat, daß genügend Wasser im Kessel ist. Ist der Kessel infolge Abblasens durch das Sicherheitsrohr entleert, so ist vorher das Feuer aus dem Kessel herauszuziehen und letzterer vollständig abzukühlen. Keinesfalls darf bei solchen Unregelmäßigkeiten der Kessel vor dem Abkühlen gespeist werden, da andernfalls durch das Speisewasser das Zerspringen der erhitzten gußeisernen Kesselglieder herbeigeführt werden kann.

Die Feuerung ist eine Füllfeuerung für Dauerbrand. Der Feuerraum ist daher groß angelegt und wird, nachdem der kalte Kessel langsam angeheizt worden ist, bis an die Unterkante der Feuertüre mit Brennstoff gefüllt. Bei mildem Wetter genügt natürlich eine geringere Füllung des Feuerraumes. Das Feuer erfordert sehr wenig Wartung. Vor dem Beschicken mit frischem Brennstoff hat der Heizer die Schlacke aus dem niedergebrannten Feuer herauszuziehen. Das geeignetste Brennmaterial ist Koks, doch sind seit einigen Jahren auch Niederdruckkessel mit Brikettfeuerung im Gebrauch. Der Koks eignet sich deshalb gut, weil er keine flüchtigen Bestandteile enthält, und infolge der geringen Rauchentwicklung die Heizflächen des Kessels nicht so schnell mit Ruß beschlagen werden. Brennstoffe, die erheblich schlacken, zusammenbacken und viel Rauch entwickeln, eignen sich für Füllfeuerungen nicht. Für stark backenden Koks empfiehlt sich eine Vermischung mit Braunkohlenbriketts, deren sandartige Asche das Zusammenbacken der Schlacken und des Kokses teilweise verhindert. Soll ein für Koksdauerbrand eingerichteter Heizkessel mit Braunkohlenbriketts befeuert werden, so ist die Schütthöhe wesentlich niedriger zu halten, da bei der leichten Entzündlichkeit der Briketts der ganze Füllraum in kurzer Zeit durchbrennen und der Kessel überheizt werden würde. Feuerungen für Braunkohlenbriketts müssen daher von besonderer Bauart sein, wobei immer nur eine geringe Schütthöhe im Feuer vorhanden sein darf, oder es muß auf den Dauerbrand verzichtet werden und eine regelmäßige Bedienung des Feuers stattfinden. Fig. 151 zeigt den Füllraum (1) im Brande. Die Heizgase gelangen von demselben in die Heizkanäle 2 und von letzteren in den Abzugkanal 8. Die durch den Rost 6 hindurchfallende Asche sammelt sich im Aschefall 7 an.

Hinsichtlich der Bauart der Feuerung unterscheidet man Feuerungen für **oberen** und für **unteren Abbrand**. Bei ersteren werden die Heizgase im oberen Teile des Füllschachtes, und zwar im Raume über dem Brennmaterial abgezogen. Bei ihnen steht somit die ganze Brennstoffmenge in Brand, was eine große und sehr wirksame Berührungsheizfläche zwischen dem glühenden Brennstoff und der Kesselheizfläche ergibt.

Bei den Feuerungen mit unterem Abbrand liegen die Öffnungen der Heizkanäle nur in geringer Höhe über dem Rost, so daß nur die untere Schicht der Brennstoff-Füllung in Brand steht, während der darüber befindliche Brennstoff kalt bleibt und allmählich in dem Maße in die Brennzone herabsinkt, in welchem sich die Höhe der glühenden Brennschicht durch den Abbrand vermindert. Bei den Kesseln mit oberem Abbrand fallen die Heizkanäle von oben nach unten ab (siehe Fig. 151), während sie bei den Kesseln mit unterem Abbrand erst aufwärts und dann abwärts geführt werden müssen (Fig. 154 und 155).

Die Feuerungen mit unterem Abbrand sind vorwiegend für Braunkohlen und Briketts, aber auch für rauchschwachen Brennstoff (Koks) in Anwendung. Fig. 154 zeigt den Lollarkessel der Buderusschen Eisenwerke in Wetzlar mit Brikettfüllung und Schrägrost. An den mit Pfeilen bezeichneten Stellen tritt Zusatzluft zu der Braunkohlenflamme, wodurch eine vollständige Verbrennung der Rauchgase erreicht werden soll. Der Füllraum für Braunkohlen und Briketts wird bei den einzelnen Kesselarten in verschiedener Weise ausgeführt; bei dem Brikettkessel der Firma Strebel, Mannheim, ist er außen am Kessel angebracht und durch schräg verlaufende Wände so eingerichtet, daß das Brennmaterial selbsttätig in das Feuer nachrutscht.

Fig. 155 zeigt ein Kesselglied des Hildekessels der Rheinischen Stahlwerke in Hilden, der eine Feuerung mit Unterbrand hat. Der Feuerraum hat im Scheitel der innen verlaufenden Rippe eine Lücke, so daß die dem Brennstoff entsteigenden Schwelgase und der in der Feuerung befindliche Luftüberschuß in die Feuerzüge abgeleitet werden und eine nachträgliche Rauchverbrennung bewirken. Durch diese oberen Schlitzöffnungen hindurch findet außerdem ein Absaugen der Füllschachtgase statt, was insbesondere für die Verhütung von Gasexplosionen beim Öffnen der Feuertüre und zur Verhütung des Ausströmens von unangenehmen Gasgerüchen vorteilhaft ist.

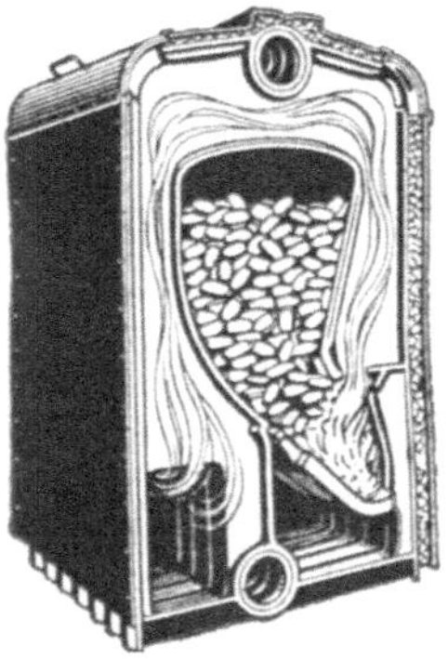

Fig. 154. Lollarkessel der Buderusschen Eisenwerke, Wetzlar, für Brikettfeuerung mit unterem Abbrand.

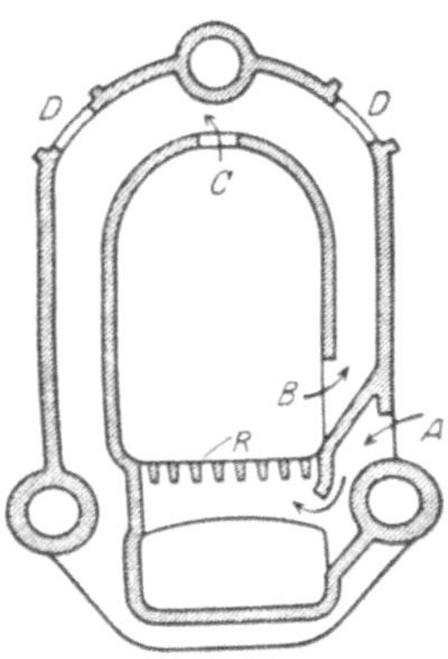

Fig. 155. Kesselglied des Hildekessels der Rheinischen Stahlwerke in Hilden, eingerichtet für Feuerungen mit unterem Abbrand.

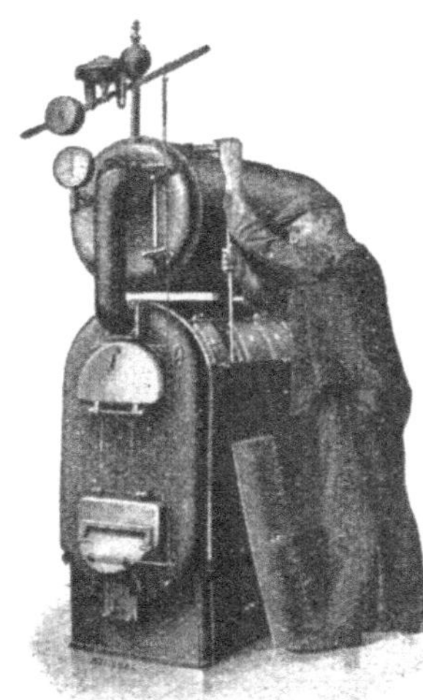

Fig. 156. Die Reinigung der Rauchkanäle des Strebelkessels. Auf dem Dampfsammler befindet sich der Verbrennungsregler.

Die Frage nach der Zweckmäßigkeit des oberen oder unteren Abbrandes bei Gliederkesseln ist danach zu entscheiden, ob hierbei die Heizgase im Gegenstrom zum Wasserinhalt abziehen, ob ferner bei der Erwärmung der Kesselglieder eine ungleichmäßige Spannung auftritt und ob sich schließlich das Brennmaterial infolge seines mehr oder weniger großen Gehaltes an Rauchgasen für die eine oder andere Bauart eignet.

Die Regulierung des Feuers erfolgt im groben durch die Einstellung eines im Abzugkanal 8 (Fig. 151) befindlichen Rauchschiebers, dessen untere Kante meist nach oben eingebogen ist, so daß er auch beim völligen Niederlassen zur Vermeidung von Gasansammlungen in den Heizkanälen einem geringen Luftzug den Durchtritt gestattet und nicht völlig dicht schließt. Die feinere Regulierung des Feuers erfolgt selbsttätig durch einen Regler, der in verschiedenen Bauarten ausgeführt wird und bei abnehmendem Dampfdruck mehr, bei zunehmendem Dampfdruck weniger Luft zum Feuer hinzutreten läßt und letzteres infolgedessen vermindert oder verstärkt.

Die Regulierung des Luftzutrittes zum Feuer bewirkt der Regulator durch Verstellen der Klappe des Aschefalls, mit welcher er durch eine Kette verbunden ist. In Fig. 156 (Strebelkessel) ist der Regler, der durch einen Wassersack mit dem Dampfraum verbunden ist, ein Membranregler, dessen Membran bei verschieden hohem Dampfdruck mehr oder weniger gespannt wird. Die Bewegung der Membran wird durch einen Bolzen, der durch die Mitte des Reglergehäuses hindurchgeht, auf einen Hebel übertragen, der mit der Aschenklappe durch eine Kette verbunden ist.

Der Verbrennungsregler der Firma Kämnitz in Chemnitz (Fig. 157) besteht aus einem hohlen Blechtrichter, der durch einen beweglichen Schlauch mit dem Wasserraum des Kessels verbunden ist und an einem Balancier hängt. Bei ansteigendem Dampf-

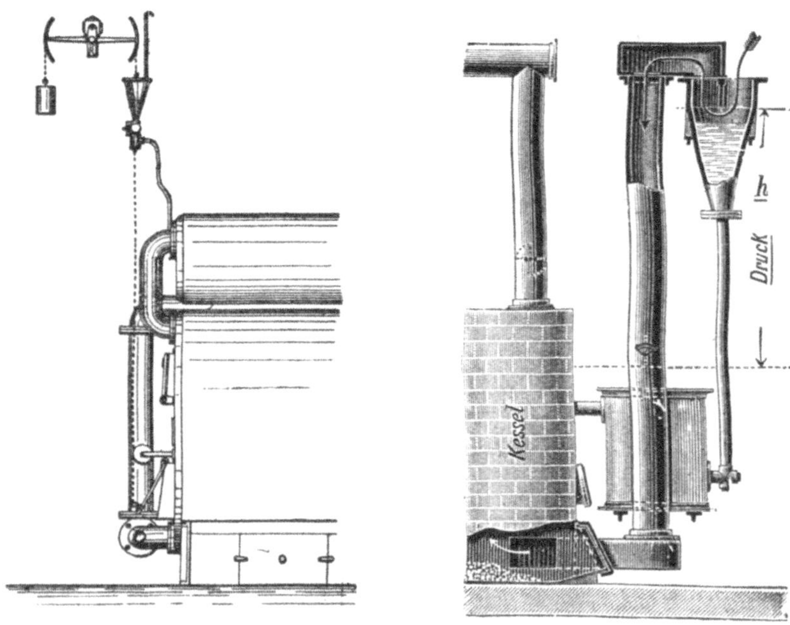

Fig. 157 und 158. Die Verbrennungsregler der Firma Kämnitz in Chemnitz.

druck steigt das Wasser in dem Trichter in die Höhe, so daß letzterer schwerer wird, niedersinkt und hierbei die Ascheklappe teilweise schließt. Fig. 158 zeigt einen Verbrennungsregler derselben Firma. Derselbe ist mit dem Sicherheitsrohr h vereinigt, in welchem sich bei ansteigendem Dampfdruck der Wasserspiegel hebt und hierbei den Luftdurchlaß nach der Feuerung verengt.

Das Reinigen der Heizzüge von Ruß und Flugasche erfolgt bei Koksbrand nach je 6 bis 8 Wochen mit einer Drahtbürste. Die Reinigungsöffnungen werden durch die an den Rippen der Heizkörper angebrachten Lücken gebildet, die während des Betriebes doppelt verschlossen sind, und zwar innen durch passende Deckel und außen durch abnehmbare Verschlußbleche. Die Lücken an den Gliedern sind aus Fig. 148 deutlich ersichtlich. Fig. 149 stellt die Reinigung des Kessels dar. Letztere ist bei Verwendung von anderen Brennstoffen als Koks, also bei Braunkohlenbriketts und dem mitunter noch verwendeten gasarmen Anthrazit, wegen der stärkeren Ablagerungen von Teer und Ruß öfter vorzunehmen.

Wie spart man Brennstoff bei Zentralheizungen?

Im nachstehenden sind die wichtigsten Regeln über die Bedienung von Zentralheizungen nach dem von Magistratsbaurat Arnold in Dortmund herausgegebenen Merkblatt wiedergegeben.

1. Nur bei Außentemperatur von weniger als 12° C über Null heizen. Bei milderem Wetter die Heizung sofort einstellen. Jeder fortgefallene Heiztag erspart $^{1}/_{200}$ des Jahresverbrauchs.
2. Haustüren, Dach- u. Kellerfenster geschlossen halten. Unnötige Abkühlung der Häuser vermeiden. Nur so viel Räume heizen, wie unbedingt erforderlich. Aborte, Schlafzimmer, Treppenhäuser nur bei starker Kälte frostfrei halten.
3. Heizflächen des Kessels reinhalten. Siederohre und andere Rauchzüge jeden Sonnabend nachmittag durchstoßen und Flugasche entfernen.
4. Morgens nicht zu rasch anheizen. Nach dem Hochheizen schwachen Zug geben. Bei schnellem Anheizen wird zu viel Brennstoff verbraucht.
5. Beim Anheizen darauf achten, welche Räume in der Temperatur nachhinken. Abhilfe: Vergrößerung der Heizfläche in diesen Räumen oder Aufstellen eines Ofens.
6. Bei mehreren Kesseln die einzelnen Rauchschieber so einstellen, daß alle Kessel gleichmäßig abbrennen.
7. Die verbrauchte Brennstoffmenge sowie die Außentemperatur täglich notieren. Die zweckmäßigste Füllhöhe richtet sich nach der Außentemperatur. In Übergangszeiten nur wenig Brennstoff aufwerfen. Kessel mit unterem Abbrand können höher aufgefüllt werden als solche mit oberem (durchgehendem) Abbrand).
8. Koksstückchen und brennbare Reste aus Schlacke und Asche auslesen und wieder verwenden. Schlackenstücken hierbei zerschlagen! Ersparnis: mitunter bis zu 40 Proz.
9. Abbrand im Kessel während der Nacht so klein wie möglich halten!
10. Bei öffentlichen Gebäuden: Nach Abstellung des Kessels am Abend alle Heizkörperventile öffnen. Grund: Räume, in denen die Ventile morgens zu spät geöffnet werden, hinken beim Anheizen nach, die übrigen Räume werden überheizt.

Fremdwörter-Erläuterungen

Sonstige Ausrüstungsteile für Dampfanlagen

Kondenstöpfe Druckminderungs-(Reduzier-)ventile, Rohrleitungen, Pulsometer, Dampfentöler, Schmierapparate	sind im Leitfaden **„Die Maschinistenschule"** Vorträge über die Bedienung von Dampfmaschinen und Dampfturbinen von F. O. Morgner behandelt.

Bezugsquellen-Nachweis.

Abdampfvorwärmer.

Sächsische Maschinenfabrik vorm. Rich. Hartmann Akt.-Ges., Chemnitz.
Seiffert & Co., Franz, Aktiengesellschaft, Berlin C. 19.

Armaturenfabriken.

a) Abschlämmventile.

Breitkopf, Karl, Halle (Saale).
Rasmussen & Ernst, G. m. b. H., Maschinenfabrik, Chemnitz i. Sa. 120.
Schumann & Co., Maschinen- und Armaturenfabrik, Leipzig-Plagwitz.

b) Absperrventile.

Klein, Schanzlin & Becker Act.-Ges., Frankenthal (Rheinpfalz), Armaturen und Pumpen aller Art.
Körting, Gebr., Aktiengesellschaft, Körtingsdorf b. Hannover.
Schäffer & Budenberg, G. m. b. H., Magdeburg-Buckau.
Schumann & Co., Maschinen- und Armaturen-Fabrik, Leipzig-Plagwitz.
Seiffert & Co., Franz, Aktiengesellschaft, Berlin C. 19.

c) Hähne.

Klein, Schanzlin & Becker Act.-Ges., Frankenthal (Rheinpfalz), Armaturen und Pumpen aller Art.
Körting, Gebr., Aktiengesellschaft, Körtingsdorf b. Hannover.
Schaaf, Otto, Böhlitz-Ehrenberg b. Leipzig.
Schumann & Co., Maschinen- und Armaturen-Fabrik, Leipzig-Plagwitz.
Stoll & Elschner, Armaturen- u. Maschinenfabrik, Leipzig-Plagwitz-F
Wintzer, Herm., Halle a. S.

d) Injektoren.

Körting, Gebr., Aktiengesellschaft, Körtingsdorf b. Hannover.
Schäffer & Budenberg, G. m. b. H., Magdeburg-Buckau.
Schumann & Co., Maschinen- und Armaturen-Fabrik, Leipzig-Plagwitz.
Stoll & Elschner, Armaturen- & Maschinenfabrik, Leipzig-Plagwitz-F.
Wintzer, Herm., Halle a. S.

e) Kolbenpumpen.

Klein, Schanzlin & Becker Act.-Ges., Frankenthal (Rheinpfalz), Armaturen und Pumpen aller Art.
Körting, Gebr., Aktiengesellschaft, Körtingsdorf b. Hannover.

f) Kondenstöpfe.

Klein, Schanzlin & Becker Act.-Ges., Frankenthal (Rheinpfalz), Armaturen und Pumpen aller Art.
Körting, Gebr., Aktiengesellschaft, Körtingsdorf b. Hannover.
Mattick, F., Dresden-A. 24/a1, Münchnerstr. 30.
Rasmussen & Ernst, G. m. b. H., Maschinenfabrik, Chemnitz i. Sa. 120.
Schumann & Co., Maschinen- und Armaturen-Fabrik, Leipzig-Plagwitz.
Seiffert & Co., Franz, Aktiengesellschaft, Berlin C. 19.

g) Manometer.

Manoma-Apparate-Fabrik, Berlin SW. 68, Alte Jacobstr. 156/57, Drahtanschr.: Manoma — Fernruf: Moritzpl. 3528.
Rosentahl & Schäde, Berlin SW. 29, Zossener Str. 55.

Schäffer & Budenberg, G. m. b. H., Magdeburg-Buckau.
Schubert junior, Max, Manometerfabrik, Chemnitz, Waisenstr. 3.
Schumann & Co., Maschinen- und Armaturenfabrik, Leipzig-Plagwitz.

h) Reduzierventile.

Klein, Schanzlin & Becker Act.-Ges., Frankenthal (Rheinpfalz), Armaturen und Pumpen aller Art.
Körting, Gebr., Aktiengesellschaft, Körtingsdorf b. Hannover.
Schumann & Co., Maschinen- und Armaturen-Fabrik, Leipzig-Plagwitz.
Seiffert & Co., Franz, Aktiengesellschaft, Berlin C. 19.
Wintzer, Herm., Halle a. S.

i) Schmierapparate.

Sächsische Armaturenfabrik W. Michalk & Sohn, Deuben (Bez. Dresden), Oelpreßschmierpumpen, Graphitschmierapparate Kombinationen.

k) Sicherheitsventile.

Klein, Schanzlin & Becker Act.-Ges., Frankenthal (Rheinpfalz), Armaturen und Pumpen aller Art.
Schäffer & Budenberg, G. m. b. H., Magdeburg-Buckau.
Schumann & Co., Maschinen- und Armaturen-Fabrik, Leipzig-Plagwitz.
Seiffert & Co., Franz, Aktiengesellschaft, Berlin C. 19.
Stoll & Elschner, Armaturen- u. Maschinenfabrik, Leipzig-Plagwitz-F.
Wintzer, Herm., Halle a. S.

l) Wasserstände.

Klinger Berlin, Rich., G. m. b. H., Berlin-Tempelhof (Klinger's Reflexions-Wasserstands-Anzeiger).
Schumann & Co., Maschinen- und Armaturen-Fabrik, Leipzig-Plagwitz.
Stoll & Elschner, Armaturen- u. Maschinenfabrik, Leipzig-Plagwitz-F.
Vogel, Carl, Dampfkesselarmaturenfabrik, Chemnitz, Zwickauerstr. 15.
Wintzer, Herm., Halle a. S.

m) Zentrifugalpumpen.

Asbrand, Heinrich, Lößnitz i. Sa.
Klein, Schanzlin & Becker Act.-Ges., Frankenthal (Rheinpfalz), Armaturen und Pumpen aller Art.
Körting, Gebr., Aktiengesellschaft, Körtingsdorf b. Hannover.

Dampfentöler.

Körting, Gebr., Aktiengesellschaft, Körtingsdorf b. Hannover.
Mattick, F., Dresden-A. 24/a 1, Münchnerstr. 30.
Rasmussen & Ernst, G. m. b. H., Maschinenfabrik, Chemnitz i. Sa. 120.
Scheibe & Söhne, R., Leipzig.
Schumann & Co., Maschinen- und Armaturen-Fabrik, Leipzig-Plagwitz.
Seiffert & Co., Franz, Aktiengesellschaft, Berlin C. 19.
Wasserreinigungs- u. Wärmeausnutzungs-G. m. b. H., „WRUWAG", Bad Nauheim.

Dampfüberhitzer.

Oschatz, Emil, Meerane i. Sa.
Oschatz, F. L., Meerane i. Sa
Steinmüller, L. & C., Gummersbach (Rhld.).
Weißbach, Gebrüder, Abtlg. Carl Sulzberger & Co.. Chemnitz.

Dichtungsmaterial.

Klinger Berlin, Rich., G. m. b. H., Berlin-Tempelhof (Original „Klingerit" Hochdruckdichtungsplatten- und -Ringe).
Manganesit-Werke, G. m. b. H., Hamburg (Dichtungskitt Manganesit).
Greiserwerke, G. m. b. H., Hannover (It-Platten).

Economiser.

Deutsche Babcock & Wilcox-Dampfkessel-Werke A. G., Oberhausen (Rhld.).
Deutsche Economiser-Werke G. m. b. H., Düsseldorf.
Eisenwerk und Maschinenbau Aktiengesellschaft, Düsseldorf-Heerdt.
Gesia Aktiengesellschaft für industrielle Anlagen, Wien I. Ring des 12. Novembers Nr. 10, Prag, Budapest, Mailand, Düsseldorf.

Hartmann, Max & Ernst, Deuben, Bez. Dresden (Gußeiserne Economiser).
Heinicke, H. R., Chemnitz, Berlin, Breslau, Düsseldorf, Mannheim und München.
Märkische Rohrleitungsbau-Ges. m. b. H., Düsseldorf.
Maschinenfabrik Germania vorm. J. S. Schwalbe & Sohn, Chemnitz.
Oschatz, Emil, Meerane i. Sa.
Richter, Georg, Ingenieurbureau für Feuerungsanlagen, Chemnitz.
Rietschel & Henneberg G. m. b. H., Zentralheizungs- und Lüftungs-Anlagen, Maschinen- und Apparatebau, Abwärme-Verwertung, Berlin, Breslau, Dresden, Karlsruhe, Königsberg i. Pr., Magdeburg, Nürnberg, Wiesbaden.
Steinmüller, L. & C., Gummersbach (Rhld.).
Wasserreinigungs- u. Wärmeausnutzungs-G. m. b. H. „WRUWAG", Bad Nauheim.

Feuerungen.

Adler & Hentzen, Coswig i. Sa.
Deutsche Babcock & Wilcox-Dampfkessel-Werke A. G., Oberhausen (Rhld.).
Deutsche Roststab-Industrie, Berlin S. 42, Prinzenstraße 100, Automat. Pat. Treppenrost „Heureka" für minderwertige Brennstoffe etc.
Gesia Aktiengesellschaft für industrielle Anlagen, Wien I. Ring des 12. Novembers Nr. 10, Prag, Budapest, Mailand, Düsseldorf.
Heinicke, H. R., Chemnitz, Berlin, Breslau, Düsseldorf, Mannheim und München.
Lambion & Förstermann, Eisenach, Feuerungsanlagen für Sägespäne, Holzabfälle, Braunkohlen und Flachsscheben.
Ludwig, K. H. Paul, Magdeburg.
Rasmussen & Ernst, G. m. b. H., Maschinenfabrik, Chemnitz i. Sa. 120.
Richter, Georg, Ingenieurbureau für Feuerungsanlagen, Chemnitz.
Spezialwerk Thost'scher Feuerungsanlagen, vormals Otto Thost G. m. b. H., Zwickau i. Sa.
Steinmüller, L. & C., Gummersbach, Rhld.
Voggi-Kessel Gesellschaft m. b. H., München 2, Berlin, Düsseldorf, Stuttgart, Wien.

Feuerungsapparate.

Adler & Hentzen, Coswig i. Sa.
Fröhlich, Theodor, Berlin NW. 7, Dorotheenstr. 35 (Unterwind- und Saugzug-Ventilatoren).
Gußwerk Aachen G. m. b. H., Aachen.
Maschinenfabrik J. E. Christoph A.-G., Niesky (O.-L.).
Oschatz, Emil, Meerane i. Sa.
Oschatz, F. L., Meerane i. Sa. (Mechanische Treppenroste für starkschlackende minderwertige Brennstoffe).
Sächsische Maschinenfabrik vorm. Rich. Hartmann Akt.-Ges., Chemnitz.

Feuerungstechnische Laboratorien.

Tschöpe, Felix, Chemnitz, Langestr. 10.

Flugaschenfänger.

Habeln, Friedrich von, Hannover.
Heinicke, H. R., Chemnitz, Berlin, Breslau, Düsseldorf, Mannheim und München.
Richter, Georg, Ingenieurbureau für Feuerungsanlagen, Chemnitz.

Gegenstrom-Vorwärmer.

Mattick, F., Dresden-A. 24/a 1, Münchnerstr. 30.
Rietschel & Henneberg G. m. b. H., Zentralheizungs- und Lüftungs-Anlagen, Maschinen- und Apparatebau, Abwärme-Verwertung, Berlin, Breslau, Dresden, Karlsruhe, Königsberg i. Pr., Magdeburg, Nürnberg, Wiesbaden.
Seiffert & Co., Franz, Aktiengesellschaft, Berlin C. 19.

Heizkessel.

Buderus-Lollar-Kessel der Buderus'schen Eisenwerke, Wetzlar.
Rietschel & Henneberg G. m. b. H., Zentralheizungs- und Lüftungs-Anlagen, Maschinen- und Apparatebau, Abwärme-Verwertung, Berlin, Breslau, Dresden, Karlsruhe, Königsberg i. Pr., Magdeburg, Nürnberg, Wiesbaden.
Sächsische Maschinenfabrik vorm. Rich. Hartmann Akt.-Ges., Chemnitz.
Voggi-Kessel Gesellschaft m. b. H., München 2, Berlin, Düsseldorf, Stuttgart, Wien.

Heizkörper.

Buderus-Lollar-Radiatoren der Buderus'schen Eisenwerke, Wetzlar.
Rietschel & Henneberg G. m. b. H., Zentralheizungs- und Lüftungs-Anlagen, Maschinen- und Apparatebau, Abwärme-Verwertung, Berlin, Breslau, Dresden, Karlsruhe, Königsberg i. Pr., Magdeburg, Nürnberg, Wiesbaden.
Weißbach, Gebrüder, Chemnitz.

Kesseleinmauerungen.

Brocke & Schreckhaas, Ingenieure, Charlottenburg 5, Pestalozzistr. 53a.
Hadeln, Friedrich von, Hannover.
Heinicke, H. R., Chemnitz, Berlin, Breslau, Düsseldorf, Mannheim u. München.
Herrmann & Voigtmann, Chemnitz (auch Schornsteinbau).
Ludwig, K. H. Paul, Magdeburg.
Maihak Aktiengesellschaft, H., Hamburg 39.
Neubert, Th. Max, Chemnitz.
Reimer, W. & H., G. m. b. H., Arnstadt in Thür.
Richter, Georg, Ingenieurbureau für Feuerungsanlagen, Chemnitz.
Wessels, B. & G., Bauunternehmung für industrielle Feuerungsanlagen, Bremen, Obernstr. 41/43, Fernruf Roland 5031.

Kesselfabriken.

Deutsche Babcock & Wilcox-Dampfkessel-Werke A. G., Oberhausen (Rhld.).
Maschinenfabrik J. E. Christoph A.-G., Niesky (O.-L.).
Maschinenfabrik Germania vorm. J. S. Schwalbe & Sohn, Chemnitz.
Möller, K. & Th., G. m. b. H., Brackwede.
Oschatz, F. L., Meerane i. Sa. (Großwasserraumkessel, Hochleistungssteilrohrkessel).
Sächsische Maschinenfabrik vorm Rich. Hartmann Akt.-Ges., Chemnitz.
Streicher, M., Eisengießerei u. Dampfkesselfabrik, Stuttgart-Cannstatt.
Steinmüller, L. & C., Gummersbach (Rhld.).
Voggi-Kessel Gesellschaft m. b. H., München 2, Berlin, Düsseldorf, Stuttgart, Wien.
Weißbach, Gebrüder, Abtlg. Carl Sulzberger & Co., Chemnitz.

Kesselhauseinrichtungen.

Tschöpe, Felix, Chemnitz, Langestr. 10.

Kesselklopfapparate.

Bock & Söhne, Karl, Renal-Werk, Brandis b. Leipzig 24, Einfachstes Verfahren zur Kesselsteinverhütung.
Dampfüberhitzerbau Zobler, Dresden-N. 6.
Hannoversche Eisengießerei- und Maschinenfabrik A. G., Hannover, Postfach 15 (Kesselreinigungsapparate D. R. P.).
Neuhaus & Co., Velbert (Rhld.) (Sieberohrreinigungsketten).

Kondenswasser-Rückleiter.

Mattick, F., Dresden-A. 24/a 1, Münchnerstr. 30.

Kontrollapparate.

Ados G. m. b. H., Aachen (mit Durchperl- u. Oberflächenabsorption).
Gesia Aktiengesellschaft für industrielle Anlagen, Wien I. Ring des 12. Novembers Nr. 10, Prag, Budapest, Mailand, Düsseldorf.
„Gesko" Gesellschaft für Kohlenersparnis, M. Arndt & Co., Köln.
Gehre Dampfmesser-Ges., Berlin N. 31 (Dampfmesser).
Heinz, Cornelius, Aachen, Vincenzstraße 15, Fabrik chemischer Apparate, Gasanalysen-Apparate, Thermometer.
Kegler, Emil, Doppelkolben-Wassermesser zur Kontrolle des Kohlenverbrauchs im Kesselhause, Düsseldorf 8.
Maihak Aktiengesellschaft, H., Hamburg 39.
Schubert junior, Max, Manometerfabrik, Chemnitz, Waisenstr. 3 (Heizkontrollapparate, Rauchgasbüretten).
Ströhlein & Co., G. m. b. H., Düsseldorf 39, Aderstr. 93/89.
Wolff & Söhne, P. J., Düren (Rhenania Dampfmesser D.R.P.).

Mannlochbänder und -Ringe.

Greiserwerke, G. m. b. H., Hannover.

Metall-Schläuche.

Fraissinet, Alfred, Chemnitz i. Sa.

Pyrometer.

Schubert junior, Max, Manometerfabrik, Chemnitz, Waisenstr. 3.

Rauchgasprüfer.

Ados G. m. b. H., Aachen (mit Durchperl- u. Oberflächenabsorption).

Rohrleitungsfirmen.

Dampfüberhitzerbau Zobler, Dresden-N. 6.
Märkische Rohrleitungsbau-Ges. m. b. H., Düsseldorf.
Sächsische Maschinenfabrik vorm. Rich. Hartmann Akt.-Ges., Chemnitz.
Seiffert & Co., Franz, Aktiengesellschaft, Berlin C. 19.
Steinmüller, L. & C., Gummersbach (Rhld.).
Weißbach, Gebrüder, Chemnitz.

Rohrreinigungs-Firmen.

Rietschel & Henneberg G. m. b. H., Zentralheizungs- und Lüftungs-Anlagen, Maschinen- und Apparatebau, Abwärme-Verwertung, Berlin, Breslau, Dresden, Karlsruhe, Königsberg i. Pr. Magdeburg, Nürnberg, Wiesbaden.

Roststäbe.

Adler & Hentzen, Coswig i. Sa.
Deutsche Roststab-Industrie, Berlin S. 42, Prinzenstraße 100. Pat. Roste für minderwertige Brennstoffe etc.
Eisengießerei u. Maschinenfabrik A. G., Bautzen (Spezialroststabfabrik).
Gußwerk Aachen G. m. b. H., Aachen.
Laubaner Spezialfabrik für Feuerungsanlagen, M. Hayeck, Lauban.
Ludwig, K. H. Paul, Magdeburg.
Mattick, F., Dresden-A. 24/a 1, Münchnerstr. 30.
Spezialfabrik Thost'scher Feuerungsanlagen, vormals Otto Thost G. m. b. H., Zwickau i. Sa.

Ruß- und Flugaschenfeger.

Fraissinet, Alfred, I. Spezialfabrik, Chemnitz i. Sa.

Schornsteinbau.

Hadeln, Friedrich von, Hannover.
Heinicke, H. R., Chemnitz, Berlin, Breslau, Düsseldorf, Mannheim u. München.
Ludwig, K. H. Paul, Magdeburg.
Reimer, W. & H., G. m. b. H., Arnstadt in Thür.
Richter, Georg, Ingenieurbureau für Feuerungsanlagen, Chemnitz.
Wessels, B. & G., Bauunternehmung für industrielle Feuerungsanlagen, Bremen, Obernstraße 41/43, Fernruf Roland 5031.

Stopfbüchsen-Packungen.

Greiserwerke, G. m. b. H., Hannover.

Überhitzerfirmen.

Dampfüberhitzerbau Zobler, Dresden-N. 6.
Steinmüller, L. & C., Gummersbach (Rhld.).

Unterwindfeuerungen.

Adler & Hentzen, Coswig i. Sa.
Deutsche Evaporator A. G., Berlin W. 15, Kaiser-Allee 21.
Gesia Aktiengesellschaft für industrielle Anlagen, Wien I. Ring des 12. Novembers Nr. 10, Prag, Budapest, Mailand, Düsseldorf.
Laubaner Spezialfabrik für Feuerungsanlagen, M. Hayeck, Lauban.
Ludwig, K. H. Paul, Magdeburg.
Steinmüller, L. & C., Gummersbach (Rhld.).
Unterwindfeuerungen und Saugzuganlagen, Emil Oschatz, Meerane i. Sa.

Vorwärmerfabriken.

Steinmüller, L. & C., Gummersbach (Rhld.).
Weißbach, Gebrüder, Abtlg. Carl Sulzberger & Co., Chemnitz.

Wärmeschutzmassenfabriken.

Kaiser & Co., Halle a. S., Beesenerstr. 61.

Wärmeschutzmittelfabriken.

Süddeutsches Isolier-Werk G. m. b. H., Mannheim-Industriehafen. Bau- und Maschinentechnische Isolierungen.

Wasserreinigungsanlagen.

Bock & Söhne, Karl, Renal-Werk, Brandis b. Leipzig 24, Einfachstes Verfahren zur Kesselsteinverhütung.
Frischauer & Co., Asperg 28 (Württ.). Patent. Dampfkessel-Innenanstr.-Verfahren (gegen Rost und Kesselstein) mit „Saxol".
Gesia Aktiengesellschaft für industrielle Anlagen, Wien I. Ring des 12. Novembers Nr. 10, Prag, Budapest, Mailand, Düsseldorf.
„Gesko" Gesellschaft für Kohlenersparnis, M. Arndt & Co., Köln.
Hannoversche Eisengießerei- und Maschinenfabrik A. G., Hannover, Postfach 15 (Reinigungen inkrustierter Rohrleitungen).
Körting, Gebr., Aktiengesellschaft, Körtingsdorf b. Hannover.
Kyll, P., G. m. b. H., Cöln-Lindenthal, gegr. 1864. Telephon A. 1327, Telegramm-Adresse: Kyllmasch.
Lehmann, Wold., Berlin W. 35, Flottwellstr. 7.
Martiny & Co., Paul, Dresden-A. 71 (Wasserreinigung).
Mattick, F., Dresden-A. 24/a 1, Münchnerstr. 30.
Rasmussen & Ernst, G. m. b. H., Maschinenfabrik, Chemnitz i. Sa. 120.
Reisert, Hans, G. m. b. H., Köln-Braunsfeld (Apparate zur Reinigung von Speisewasser).
Schumann & Co., Maschinen- und Armaturen-Fabrik, Leipzig-Plagwitz.
Seiffert & Co., Franz, Aktiengesellschaft, Berlin C. 19.
Steinmüller, L. & C., Gummersbach (Rhld.).
Wasserreinigungs- u. Wärmeausnutzungs-G. m. b. H., „WRUWAG", Bad Nauheim.

Zentralheizungs-Bestandteile

Buderus-Lollar-Kessel und Radiatoren der Buderus'schen Eisenwerke, Wetzlar.
Rietschel & Henneberg G. m. b. H., Zentralheizungs- und Lüftungs-Anlagen, Maschinen- und Apparatebau, Abwärme-Verwertung, Berlin, Breslau, Dresden, Karlsruhe, Königsberg i. Pr., Magdeburg, Nürnberg, Wiesbaden.
Weißbach, Gebrüder, Chemnitz.

Zugmesser.

Schubert junior, Max, Manometerfabrik, Chemnitz, Waisenstr. 3.
Steinmüller, L. & C., Gummersbach (Rhld.).

Betrieb und Bedienung von ortsfesten Viertakt-Dieselmaschinen. Von Dipl.-Ing. **Arthur Balog** und Werkführer **Salomon Sygall.** Mit 58 Textfiguren und 8 Tafeln. Preis M. 7,—.

Schnellaufende Dieselmaschinen unter besonderer Berücksichtigung der während des Krieges ausgebildeten U-Boots-Dieselmaschinen und Bord-Dieseldynamos. Von Dr.-Ing. **Otto Föppl,** Marinebaumeister, Wilhelmshaven und Dr.-Ing. **H. Strombeck** in Wilhelmshaven. Mit 95 Textfiguren und 6 Tafeln, darunter Zusammenstellungen von Maschinen von A. E. G., Benz, Daimler, Germaniawerft, Görlitzer M. A.-G. Körting, und M A N Augsburg. Preis M. 16,—; gebunden M. 21,—.

Ölmaschinen, ihre theoretischen Grundlagen und deren Anwendung auf den Betrieb unter besonderer Berücksichtigung von Schiffsbetrieben. Von Marine-Oberingenieur **M. W. Gerhards.** Zweite, vermehrte und verbesserte Auflage. Mit 77 Textfiguren. Gebunden Preis M. 30,—.

Schiffsölmaschinen. Ein Handbuch zur Einführung in die Praxis des Schiffs-Ölmaschinenbetriebes. Von Direktor Dipl.-Ing. Dr. **W. Scholz** in Hamburg. Zweite, verbesserte und erheblich erweiterte Auflage. Mit 143 Textabbildungen. Preis M. 12,-; gebunden M. 14,—.

Leitfaden der Werkzeugmaschinenkunde. Von Prof. Dipl.-Ing. **Hermann Meyer,** Magdeburg. Zweite, neubearbeitete Auflage. Mit 330 Textfiguren. Preis M. 28,50.

Kurzes Lehrbuch der Elektrotechnik. Von Dr. **Adolf Thomälen,** a. o. Professor an der Technischen Hochschule Karlsruhe. Achte, verbesserte Auflage. Mit 499 Textbildern. Gebunden Preis M. 30,—.

Kurzer Leitfaden der Elektrotechnik für Unterricht und Praxis in allgemeinverständlicher Darstellung. Von Ingenieur **Rudolf Krause.** Vierte, verbesserte Auflage. Herausgegeben von Prof. **H. Vieweger.** Mit 375 Textfiguren. Gebunden Preis M. 20,—.

Herstellen und Instandhalten elektrischer Licht- und Kraftanlagen. Ein Leitfaden auch für Nicht-Techniker unter Mitwirkung von Gottlob Lux und Dr. C. Michalke verfaßt und herausgegeben von S. Freiherr von **Gaisberg.** Neunte, umgearbeitete und erweiterte Auflage. Mit 66 Abbildungen im Text. Preis M. 4,80.

Hierzu Teuerungszuschläge

GPSR Compliance

The European Union's (EU) General Product Safety Regulation (GPSR) is a set of rules that requires consumer products to be safe and our obligations to ensure this.

If you have any concerns about our products, you can contact us on ProductSafety@springernature.com

In case Publisher is established outside the EU, the EU authorized representative is:

Springer Nature Customer Service Center GmbH
Europaplatz 3
69115 Heidelberg, Germany

Batch number: 10682323

Printed by Printforce, the Netherlands